Protel 99 SE

Protel 99 SE
实用教程

◎赵景波 张伟 编著

人民邮电出版社
北 京

图书在版编目（ＣＩＰ）数据

Protel 99 SE实用教程 / 赵景波，张伟编著. -- 3
版. -- 北京：人民邮电出版社，2017.1（2022.12重印）
ISBN 978-7-115-44509-4

Ⅰ. ①P… Ⅱ. ①赵… ②张… Ⅲ. ①印刷电路—计算
机辅助设计—应用软件—教材 Ⅳ. ①TN410.2

中国版本图书馆CIP数据核字(2017)第000883号

内 容 提 要

　　Protel 99 SE 是目前应用广泛的 EDA 设计软件之一。本书按照学习和认知电路板设计的规律进
行讲解，首先介绍电路板设计的基础知识，然后通过丰富的实例介绍原理图设计与 PCB 设计的基本
流程，内容包括电路板设计基础、原理图编辑器基础、原理图设计、原理图符号制作、原理图编辑
器报表文件、PCB 编辑器、元器件布局、电路板布线、元器件封装的制作和多层电路板设计，最后
通过 4 个典型的实例和 4 个课程设计综合应用了前面所有的基础知识和操作技巧。

　　本书重视对基础知识的介绍和动手能力的培养，可作为普通高等院校计算机、电子技术、电子
信息、通信工程和自动化等专业 Protel 及 EDA 设计等课程的教材，也可作为各类培训班及大专院校
相关专业学生的学习用书。

♦　编　　著　　赵景波　张 伟
　　责任编辑　　吴 婷
　　责任印制　　沈 蓉　彭志环
♦　人民邮电出版社出版发行　　北京市丰台区成寿寺路 11 号
　　邮编　100164　　电子邮件　315@ptpress.com.cn
　　网址　http://www.ptpress.com.cn
　　北京九州迅驰传媒文化有限公司印刷
♦　开本：787×1092　1/16
　　印张：18.75　　　　　2017 年 1 月第 3 版
　　字数：469 千字　　　2022 年 12 月北京第 8 次印刷

定价：48.00 元
读者服务热线：(010)81055256　印装质量热线：(010)81055316
反盗版热线：(010)81055315

《Protel 99 SE 实用教程》第 2 版于 2012 年出版，至今已印刷上万册。为了适应教学改革的需要，同时为了让学生能参加由人力资源和社会保障部职业技能鉴定中心在全国统一组织实施的，全国计算机信息高新技术考试中的 Protel 模块考试，以及训练学生工程设计能力，本书进行了修订。

现就修订的具体情况做如下说明。

（1）补充和修改了实例，增加了两个栏目——课堂实例和课堂练习，加强学生实训能力的培养。

（2）本次修订为了让学生能很快适应职业资格考试，在习题中增加了标准化试题的选择题和填空题题型。

（3）在第 2 版两个课程设计的基础上又增加了两个课程设计，以提高学生的工程分析和设计能力。

（4）为方便教学和自学，免费提供课件。

本次修订工作由赵景波、张伟完成。参与本书编写、修改和整理的还有沈精虎、黄业清、宋一兵、谭雪松、冯辉、计晓明、董彩霞、滕玲、管振起等，在此对以上人员致以诚挚的谢意！

实用、易读、全面是本书的编写宗旨。限于编者水平，疏漏之处在所难免，敬请读者批评指正。

编　者
2016 年 9 月

目　录

第1章　电路板设计基础 ················ 1

1.1　电路板类型 ························· 1
1.2　电路板类型选择 ···················· 2
1.3　常用工作层面、图件和电气构成···· 3
 1.3.1　常用工作层面 ··············· 3
 1.3.2　认识电路板上的图件 ·········· 5
 1.3.3　电路板的电气连接方式 ········ 6
1.4　电路板设计基本步骤 ··············· 6
1.5　常用的编辑器 ····················· 7
 1.5.1　原理图编辑器 ··············· 7
 1.5.2　原理图库编辑器 ·············· 8
 1.5.3　PCB 编辑器 ················· 8
 1.5.4　元器件封装库编辑器 ·········· 9
 1.5.5　常用编辑器之间的关系 ········ 9
1.6　初识 Protel 99 SE ················ 10
 1.6.1　启动 Protel 99 SE ·········· 10
 1.6.2　Protel 99 SE 设计浏览器 ···· 11
 1.6.3　Protel 99 SE 的文件存储
   方式 ···················· 12
 1.6.4　启动常用编辑器 ············· 12
1.7　课堂案例——认识电路板 ········· 16
1.8　课堂练习——快捷键的人性化
  设置 ····························· 17
 习题 ································· 18

第2章　原理图编辑器基础 ········· 19

2.1　启动原理图编辑器 ················ 19
2.2　原理图编辑器管理窗口 ············ 21
 2.2.1　载入/删除原理图库文件 ······· 23
 2.2.2　查找元器件 ················· 24
 2.2.3　查看原理图设计中的图件 ······ 28
2.3　原理图编辑器工具栏管理 ·········· 29
 2.3.1　工具栏的打开与关闭 ·········· 29
 2.3.2　工具栏的排列 ··············· 31

2.4　原理图编辑器的画面管理 ·········· 32
 2.4.1　画面的移动 ················· 32
 2.4.2　画面的放大 ················· 32
 2.4.3　画面的缩小 ················· 33
 2.4.4　选定区域放大 ··············· 33
 2.4.5　显示整个图形文件 ············ 34
 2.4.6　显示所有图件 ··············· 34
 2.4.7　刷新画面 ··················· 35
2.5　课堂案例——查找元器件 ········· 35
2.6　课堂练习——查找网络标号 ······· 37
 习题 ································· 38

第3章　原理图设计 ·················· 39

3.1　原理图设计基本流程 ·············· 39
3.2　设置图纸区域工作参数 ············ 40
 3.2.1　定义图纸外观 ··············· 40
 3.2.2　栅格参数设置 ··············· 42
 3.2.3　自定义图纸外形 ············· 43
3.3　载入原理图库 ···················· 43
3.4　放置元器件 ······················ 45
 3.4.1　利用菜单命令放置元器件 ······ 45
 3.4.2　利用快捷键 P P 放置元器件···· 46
 3.4.3　利用放置工具栏中的 ⬠ 按钮
   放置元器件 ·············· 46
 3.4.4　利用原理图符号列表栏放置元
   器件 ···················· 47
 3.4.5　删除元器件 ················· 48
3.5　调整元器件的位置 ················ 49
 3.5.1　移动元器件 ················· 50
 3.5.2　元器件的旋转和翻转 ·········· 51
 3.5.3　图件的排列和对齐 ············ 52
3.6　编辑元器件属性 ·················· 54
3.7　原理图布线 ······················ 55
 3.7.1　原理图放置工具栏 ············ 55
 3.7.2　原理图布线 ················· 64

3.8 课堂案例——绘制指示灯显示
　　 电路 64
3.9 课堂练习——单片机最小系统的
　　 原理图绘制 66
习题 72

第4章　原理图符号制作 73

4.1 制作原理图符号基础知识............73
　4.1.1 概念辨析 73
　4.1.2 原理图符号的组成 73
　4.1.3 制作原理图符号的基本步骤....73
4.2 新建原理图库文件 75
4.3 原理图库编辑器管理窗口............76
　4.3.1 原理图符号列表栏..........76
　4.3.2 原理图符号操作栏..........78
4.4 绘图工具栏 78
　4.4.1 绘图工具栏各工具的功能....79
　4.4.2 绘制直线 79
　4.4.3 绘制贝塞尔曲线 80
　4.4.4 绘制椭圆弧 81
　4.4.5 绘制多边形 82
　4.4.6 添加文字注释 83
　4.4.7 新建元器件 84
　4.4.8 添加子件 84
　4.4.9 绘制矩形 84
　4.4.10 绘制椭圆或圆 85
　4.4.11 放置图片 86
　4.4.12 放置元器件引脚 87
4.5 课堂案例 88
　4.5.1 制作接插件的原理图符号......88
　4.5.2 制作单片机 AT89C52 的
　　　 原理图符号 90
4.6 课堂练习 91
　4.6.1 绘制 IGBT 模块 91
　4.6.2 制作带子件的原理图符号....98
习题 100

第5章　原理图编辑器报表文件...101

5.1 电气法则测试 101

5.1.1 电气法则测试的具体步骤 101
5.1.2 使用 No ERC 符号 103
5.2 创建元器件报表清单 104
5.3 创建网络表文件 106
5.4 生成元器件自动编号报表文件 ...108
5.5 电路原理图的打印输出 110
5.6 课堂案例——根据 ERC 报告
　　 修改原理图设计 114
5.7 课堂练习——电气规则检查 115
习题 116

第6章　PCB 编辑器 117

6.1 利用生成向导创建 PCB 设计
　　 文件 117
6.2 PCB 编辑器管理窗口 121
　6.2.1 网络标号 121
　6.2.2 元器件 123
　6.2.3 元器件封装库 124
　6.2.4 设计规则冲突 125
　6.2.5 浏览设计规则 127
6.3 画面管理 127
6.4 设置 PCB 编辑器的环境参数 128
6.5 PCB 放置工具栏 129
　6.5.1 绘制导线 129
　6.5.2 放置焊盘 130
　6.5.3 放置过孔 132
　6.5.4 放置字符串 132
　6.5.5 设置坐标原点 133
　6.5.6 放置元器件 134
　6.5.7 放置矩形填充 135
　6.5.8 放置多边形填充 135
6.6 编辑功能介绍 137
　6.6.1 选择图件 137
　6.6.2 取消选中图件 139
　6.6.3 删除功能 139
　6.6.4 修改图件属性 139
　6.6.5 移动图件 140
　6.6.6 快速跳转 142
　6.6.7 复制、粘贴操作命令 143

6.7 课堂案例——利用绘制导线的工具
　　 绘制图案及复制粘贴多组图件 146
6.8 课堂练习——PCB 文件的导出 ...147
习题 148

第7章 元器件布局 149

7.1 电路板设计的基本流程 149
7.2 设置电路板类型 150
7.3 规划电路板 153
7.4 准备电路板设计的原理图文件和
　　 网络表文件 154
7.5 载入网络表文件和元器件封装 155
　　 7.5.1 载入元器件封装库 155
　　 7.5.2 利用原理图编辑器设计同步
　　　　　 器更新网络表文件和元器件
　　　　　 封装 156
　　 7.5.3 在 PCB 编辑器中载入网络表
　　　　　 文件和元器件封装 157
7.6 元器件布局 158
　　 7.6.1 元器件布局基础知识 158
　　 7.6.2 关键元器件的布局 161
　　 7.6.3 元器件的自动布局 162
　　 7.6.4 元器件布局的自动调整 166
　　 7.6.5 手工调整元器件布局 168
　　 7.6.6 网络密度分析 168
　　 7.6.7 3D 效果图 168
7.7 课堂案例——指示灯显示电路的
　　 布局 169
7.8 课堂练习——线性电源电路的
　　 布局 172
习题 174

第8章 电路板布线 175

8.1 电路板布线基础知识 175
8.2 设置布线设计规则 176
　　 8.2.1 设置安全间距限制设计规则 ...176
　　 8.2.2 设置短路限制设计规则 177
　　 8.2.3 设置布线宽度限制设计
　　　　　 规则 178

8.3 预布线 178
8.4 自动布线 179
　　 8.4.1 自动布线器参数设置 179
　　 8.4.2 自动布线的方式 181
8.5 自动布线的手工调整 183
　　 8.5.1 手工调整布线结果 183
　　 8.5.2 利用拆线功能调整布线
　　　　　 结果 184
8.6 覆铜 184
8.7 设计规则检验 186
8.8 电路板布线总结 187
8.9 课堂案例——指示灯显示电路的
　　 布线 188
8.10 课堂练习——线性电源电路的
　　　 布线 189
习题 194

第9章 元器件封装的制作 195

9.1 制作元器件封装基础知识 195
9.2 新建元器件封装库文件 196
9.3 元器件封装库编辑器 197
9.4 利用生成向导创建元器件
　　 封装 198
9.5 手工创建元器件的封装 200
　　 9.5.1 环境参数设置 200
　　 9.5.2 绘制元器件封装的外形 201
　　 9.5.3 调整焊盘的间距 201
　　 9.5.4 手工制作元器件封装 202
9.6 课堂案例——异形接插件
　　 "CN8"的元器件封装 203
9.7 课堂练习——IGBT 模块封装 204
习题 209

第10章 多层电路板设计 210

10.1 多层电路板设计基础知识 210
10.2 浏览内电层 211
10.3 设置内电层设计规则 213
10.4 添加内电层 214
10.5 分割内电层 214

10.6 课堂案例——多层板设计..........215
10.7 课堂练习——4 层板电路设计....216
习题 222

第 11 章 电路板设计典型实例 ...223

11.1 驱动电路及外接 IGBT 电路设计
综合实例..223
11.1.1 准备电路原理图设计..........223
11.1.2 创建一个 PCB 设计文件 224
11.1.3 PCB 设计的前期准备..........224
11.1.4 将电路原理图设计更新到
PCB 中..225
11.1.5 元器件布局..........................225
11.1.6 电路板布线..........................232
11.1.7 设计规则检验......................236
11.1.8 驱动电路及外接的 IGBT
电路的双面板的手工设计 ...237
11.2 单片机最小系统的电路设计
综合实例..240
11.2.1 双面板布线的准备工作......241
11.2.2 布线设计规则的设置..........243
11.2.3 电路板的自动布线..............244
11.2.4 手动调整布线......................245
11.2.5 电路板的手动布线..............247
11.2.6 电路板的交互式布线..........248
11.2.7 覆铜......................................249
11.2.8 DRC 设计校验 253
11.3 原理图设计技巧实例....................255
11.3.1 应用原理图模板创建
原理图 255
11.3.2 全局编辑功能......................257
11.3.3 放置 PCB 电路板布线规则
符号 258
11.3.4 原理图的拼接打印..............260
11.4 PCB 电路板设计技巧实例........262
11.4.1 放置不同宽度导线..............262
11.4.2 放置屏蔽导线......................264
11.4.3 放置泪滴..............................264
11.4.4 全局编辑功能......................265
11.4.5 网络类的定义......................268

11.4.6 设置图纸标记 269
习题 270

课程设计一 电源模块电路设计 ... 271

F1.1 设计目标..271
F1.2 解题思路..272
F1.3 绘制原理图符号..............................273
F1.4 原理图设计......................................273
F1.5 制作元器件封装..............................273
F1.6 电路板设计......................................274
F1.6.1 电路板设计准备工作......274
F1.6.2 电路板手工设计..............274
F1.6.3 电路板覆铜......................274
F1.6.4 DRC 设计校验................274

课程设计二 电子开关电路设计... 275

F2.1 设计目标..275
F2.2 解题思路..276
F2.3 绘制原理图符号..............................276
F2.4 原理图设计......................................277
F2.5 制作元器件封装..............................277
F2.6 电路板设计......................................277
F2.6.1 电路板设计准备工作..........277
F2.6.2 电路板手工设计..............277
F2.6.3 电路板覆铜......................278
F2.6.4 DRC 设计校验................278

课程设计三 电动自行车控制器
设计 279

F3.1 工作原理..279
F3.2 系统方框图......................................280
F3.3 控制器电气规格要求......................280
F3.4 控制器功能介绍..............................280
F3.5 控制器的结构图..............................281

课程设计四 6 层电路板设计...... 283

F4.1 功能要求..283
F4.2 原理图设计......................................283
F4.3 电路板设计......................................287

第 1 章　电路板设计基础

在正式学习 Protel 99 SE 之前，有必要先对电路板设计有个粗略的了解，这对于提高学习效率是十分有帮助的。本章主要介绍电路板的分类、如何选择电路板、电路板设计的基本步骤、电路板设计过程中常用的编辑器以及 Protel 99 SE 的基础知识，目的是从感性上认识电路板、电路板设计和 Protel 99 SE。

1.1　电路板类型

通常意义上说的电路板指的就是印制电路板，即完成了印制线路或印制电路加工的板子，包括印制线路和印制元器件或者由两者组合而成的电路。具体来讲，一个完整的电路板应当包括一些具有特定电气功能的元器件和建立起这些元器件电气连接的铜箔、焊盘及过孔等导电图件。

按照工作层面的多少，电路板可以分为单面板、双面板和多层板，下面对这几类电路板进行简要介绍。

1. 单面板

单面板是指仅在电路板的一面上有导电图形的印制电路板，如图 1-1 所示。

（a）单面板顶层　　　　　　　　　　（b）单面板底层

图 1-1　单面板

一般在电路板的顶层（Top Layer）放置元器件，而在底层（Bottom Layer）放置导电图件（元器件的焊盘、导线等）。但是，根据用户的具体设计要求，也可以将导电图件放置在顶层。元器件一般插在没有导电图件的一面以方便焊接。

单面板只需在电路板的一个面上进行光绘和放置导线等操作，因而其制造成本比其他类型的电路板要低得多。然而由于电路板的所有走线都必须放置在一个面上，使得单面板的布线相对来说比较困难。通常，单面板只适用于比较简单的电路设计。

2. 双面板

双面板是指在电路板的顶层和底层都有导电图件的印制电路板，如图 1-2 所示。

（a）双面板顶层　　　　　　　　　　　　　（b）双面板底层

图 1-2　双面板

双面板是最常见、最通用的电路板。双面板在电路板的顶层和底层都可以进行走线，元器件通常放置在电路板的顶层，上下两层间的电气连接主要通过过孔或焊盘进行连接，中间为绝缘层。因为双面都可以走线，大大降低了布线的难度，因此是一种广泛采用的印制电路板。

3. 多层板

多层板是指由 3 层或 3 层以上的导电图形层与其间的绝缘材料层相隔离、层压后结合而成的印制电路板，其各层间导电图形按要求互连。目前，常用的是 4 层板，包括顶层、底层、内部电源层（简称"内电层"）1（+12V）和内电层 2（GND），其示意图如图 1-3（a）所示，图 1-3（b）所示为一设计好的多层板。

（a）多层板示意图　　　　　　　　　　　　（b）多层板实例

图 1-3　多层板

在电路设计中，多层板一般是指 4 层板或 4 层以上的印制电路板。多层板由于增加了内电层（包括电源层和接地层）甚至增加了内部信号层（比如 6 层板），很好地解决了芯片集成度越来越高所引起的电路板布线困难的问题，同时还大大提高了电路板的抗干扰性能。但是随着电路板层数的增加，电路板的制造难度和成本也大大增加。

随着电子技术的飞速发展，芯片的集成度越来越高，多层板的应用也越来越广泛。

1.2　电路板类型选择

在设计电路板时，选择电路板的类型主要从电路板的可靠性、工艺性和经济性等方面进行综合考虑，尽量从这几方面的最佳结合点出发来选择电路板的类型。

印制电路板的可靠性是影响电子设备和仪器可靠性的重要因素。从设计角度考虑，影响印制电路板可靠性的首要因素是所选印制电路板的类型，即印制电路板是选择单面板、双面板还是多层板。国内外长期使用这些类型印制电路板的实践证明，类型越复杂，可靠性越低。各类型印制电路板的可靠性由高到低的顺序是单面板—双面板—多层板，并且多层板的可靠性会随着层数的增加而降低。

在设计印制电路板的整个过程中，设计人员应当始终考虑印制电路板的制造工艺要求和装配工艺要求，尽可能有利于制造和装配。在布线密度较低的情况下可考虑设计成单面板或双面板，而在布线密度很高、制造困难较大且可靠性不易保证时，可考虑设计成印制导线宽度和间距都比较宽的多层板。对多层板层数的选择同样既要考虑可靠性，又要考虑制造和安装的工艺性。

印制电路板的设计人员也应当把产品的经济性纳入设计过程中，这在商品生产竞争激烈的今天尤为必要。印制电路板的经济性与印制电路板的类型、基材选择、制造工艺方法和技术要求的内容密切相关。就电路板类型而言，其成本递增的顺序一般也是单面板—双面板—多层板。但是，在布线密度高到一定程度时，与其设计成复杂的制造困难的双面板，倒不如设计成较简单的低层次的多层板，这样也可以降低成本。

1.3　常用工作层面、图件和电气构成

在设计电路板的过程中通常要用到许多工作层面，不同的工作层面具有不同的功能。比如顶层丝印层（Top Overlay）用来绘制元器件的外形、放置元器件的序号和注释等，顶层和底层信号层则用来放置导线，以构成一定的电气连接，多层面（MultiLayer）则用来放置焊盘和过孔等导电图件。

下面以常见的双面板为例介绍一下电路板的工作层面、图件以及电路板的电气构成等。

1.3.1　常用工作层面

双面板设计过程中常用的工作层面如图1-4所示。

在图1-4中，方框区域内复选框为选中状态的工作层面即为双面板设计中常用到的工作层面。下面以图1-5所示的双面电路板为例简单介绍一下电路板上的工作层面。

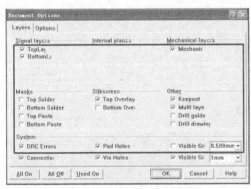

图1-4　普通双面板包含的工作层面

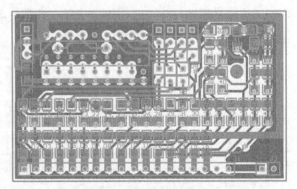

图1-5　双面板示例

在Protel 99 SE的PCB编辑器中，按 Shift+S 快捷键，将电路板的显示模式切换到单层显示模式，即可逐层显示电路板的工作层面。

利用 $\boxed{\text{Shift}}$+$\boxed{\text{S}}$ 快捷键将电路板切换到单层显示模式时，应当将输入法设置成英文的输入方式。

（1）【Top Layer】（顶层信号层）。在双面板中，顶层信号层用来放置铜箔导线，以连接不同的元器件、焊盘和过孔等实现特定的电气功能，如图1-6所示。

（2）【Bottom Layer】（底层信号层）。底层信号层的功能与顶层信号层的功能相同，也是用来放置导线的，如图1-7所示。

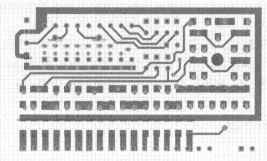

图1-6　顶层信号层　　　　　　　　　　　　　　图1-7　底层信号层

一般情况下，顶层信号层的导线为红色，底层信号层的导线为蓝色。在电路板布线时，为了提高电路板抗干扰的能力，顶层信号层布线横线居多，而底层信号层布线竖线居多。

（3）【Mechanical Layer】（机械层）。机械层主要用来对电路板进行机械定义，包括确定电路板的物理边界、尺寸标注和对齐标志等。然而在电路板设计过程中，通常将电路板的物理边界等同于电路板的电气边界，而不对电路板的物理边界进行规划。

（4）【Top Overlay】（顶层丝印层）。顶层丝印层主要用来绘制元器件的外形和注释文字，如图1-8所示。

如果在双面板的底层还放置有元器件，则还应当激活【Bottom Overlay】（底层丝印层）。

（5）【KeepOut Layer】（禁止布线层）。禁止布线层主要用来规划电路板的电气边界，电路板上所有导电图件均不能超出该边界，否则系统在进行DRC设计校验时汇报错误。图1-9所示为一块规划好的电路板的电气边界。

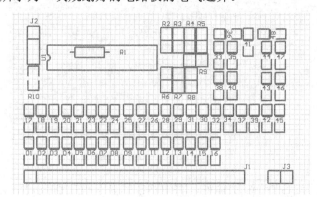 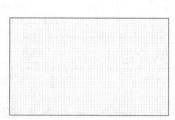

图1-8　顶层丝印层　　　　　　　　　　　　　　图1-9　禁止布线层

（6）【Multi Layer】（多层面）。多层面主要用来放置元器件的焊盘和连接不同工作层面上的导电图件的过孔等图件，如图 1-10 所示。

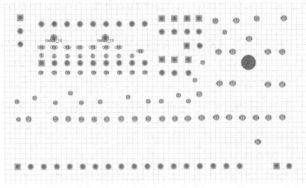

图 1-10　多层面

单面板只有一个信号层，通常选用底层信号层。而多层板，除了增加内部电源层外，对于层数较多的多面板可能还有多个信号层。

1.3.2　认识电路板上的图件

电路板上的图件包括两大类：导电图件和非导电图件。导电图件主要包括焊盘、过孔、导线、多边形填充、矩形填充等。非导电图件主要包括介质、抗蚀剂、阻焊图形、丝印文字、图形等。下面主要介绍一下导电图件。

图 1-11 所示为一块电路板的 PCB 文件，该电路板上的导电图件主要有焊盘、过孔、导线、矩形填充等。下面分别介绍这些图件的功能。

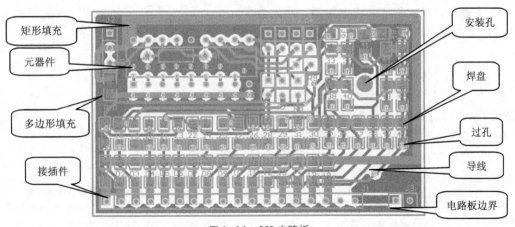

图 1-11　PCB 电路板

（1）安装孔：主要用来把电路板固定到机箱上，图 1-11 中的安装孔是用焊盘制作的。

（2）焊盘：用于安装并焊接元器件引脚的金属化孔。

（3）过孔：用于连接顶层、底层或中间层导电图件的金属化孔。

（4）元器件：这里是指元器件封装，一般由元器件的外形和焊盘组成。

（5）导线：用于连接具有相同电气特性网络的铜箔。

（6）矩形填充：一种矩形的连接铜箔，其作用同连接导线，将具有相同电气特性的网络连接起来。

（7）接插件：属于元器件的一种，主要用于电路板之间或电路板与其他元器件之间的连接。

（8）电路板边界：是指定义在机械层和禁止布线层上的电路板的外形尺寸。制板商最后就是按照这个外形对电路板进行剪裁的，因此用户所设计的电路板上的图件不能超过该边界。

（9）多边形填充：在后续章节中，还将提到多边形填充，它主要用于地线网络的覆铜。

1.3.3　电路板的电气连接方式

电路板的电气连接方式主要有两种：板内互连和板间互连。

电路板内的电气构成主要包括两部分，电路板上具有电气特性的点（包括焊盘、过孔以及由焊盘的集合组成的元器件）和将这些点互连的连接铜箔（包括导线、矩形填充、多边形填充等）。具有电气特性的点是电路板上的实体，连接铜箔是将这些点连接到一起实现特定电气功能的手段。

总的来说，通过连接铜箔将电路板上具有相同电气特性的点连接起来就可以实现一定的电气功能，然后无数的电气功能的集合就构成了整块电路板。

以上介绍的电路板的电气连接是属于电路板内的互连，还有一种电气连接是属于电路板间的互连。板间互连主要是指多块电路板之间的电气连接，它们主要采用接插件或者接线端子进行连接。

1.4　电路板设计基本步骤

电路板设计的过程就是将电路设计思路变为可以制作电路板文件的过程，其基本步骤如图1-12所示。

（1）原理图设计。在正式进入电路板设计之前，往往需要先设计原理图。原理图设计的任务就是将设计思路或草图变成规范的电路图，为电路板设计准备网络连接和元器件封装。

（2）原理图符号设计。在原理图设计的过程中常常遇到有的原理图符号在系统提供的原理图库中找不到的情况，这时就需要自己动手设计原理图符号。

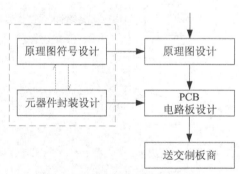

图1-12　电路板设计的基本步骤

（3）PCB 电路板设计。在网络标号和元器件封装准备好后就可以进行 PCB 电路板设计了。电路板设计是在 PCB 编辑器中完成的，其主要任务是对电路板上的元器件按照一定的要求进行布局，然后用导线将相应的网络连接起来。

（4）元器件封装设计。电路板设计经常会用到许多异形、不常用的元器件，这些元器件封装在系统提供的元器件封装库中是找不到的，也需要自己设计。

需要说明的是：元器件封装和原理图符号是相互对应的。在一个电路板设计中，一个原理图符号一定有与之对应的元器件封装，并且该原理图符号中具有相同序号的引脚与元器件封装中具有相同序号的焊盘是一一对应的，它们具有相同的网络标号。

（5）送交制板商。电路板设计好后，将设计文件导出并送交制板商即可制作出满足设计要求的电路板。

1.5　常用的编辑器

从电路板设计的基本步骤可以看出，电路板设计过程中常用的编辑器主要有原理图编辑器、原理图库编辑器、PCB 编辑器和元器件封装库编辑器。下面简要介绍一下这些常用编辑器的主要功能。如何启动这些常用的编辑器，将在 1.6.4 小节中进行介绍。

1.5.1　原理图编辑器

在介绍电路板设计的基本流程时提到，一个完整的电路板必须经过原理图设计和 PCB 电路板设计两个阶段。电路板设计第一阶段的原理图绘制就是在原理图编辑器中完成的。原理图编辑器的操作界面如图 1-13 所示。

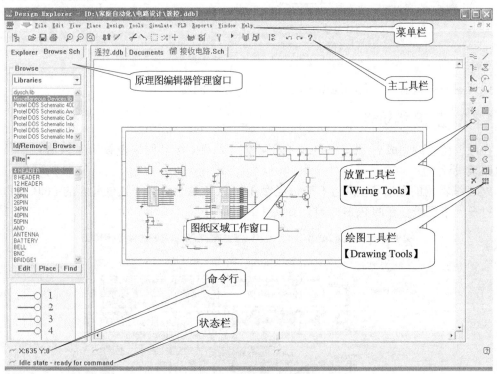

图 1-13　原理图编辑器

原理图编辑器的主要功能是设计原理图，为 PCB 电路板设计准备网络表文件和元器件封装。在原理图设计过程中，可以为每一个原理图符号指定元器件封装。在原理图设计完成后，执行菜单命令【Design】/【Create Netlist…】可以生成网络表文件。

此外，在原理图编辑器中利用原理图库提供大量原理图符号的优势，还可以快速绘制电子设备的接线图。

1.5.2 原理图库编辑器

在绘制原理图的过程中，经常需要自己动手制作原理图符号。在正式制作原理图符号之前，需要创建一个原理图库文件，以存放即将制作的原理图符号。新建一个原理图库文件或者打开已有的原理图库文件就可以激活原理图库编辑器。激活后的原理图库编辑器如图1-14所示。

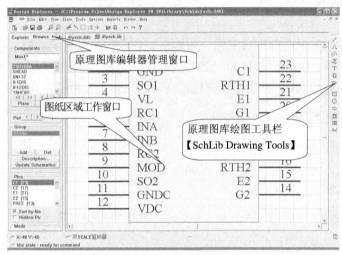

图1-14 原理图库编辑器

原理图库编辑器的主要功能就是制作和管理原理图符号。

1.5.3 PCB 编辑器

在原理图绘制完成后，下一步工作就需要将元器件封装和网络表载入到 PCB 编辑器中进行电路板设计。

PCB 编辑器的激活可以通过打开已经存在的 PCB 文件或者通过创建新的 PCB 文件来完成。打开一个已经存在的 PCB 文件，如图1-15所示。

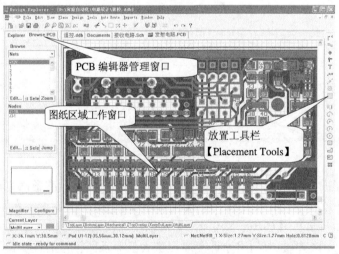

图1-15 PCB 编辑器

在 PCB 编辑器中，将完成电路板设计第二阶段的任务，即根据原理图设计完成电路板设计。电路板设计主要包括电路板选型、规划电路板的外形、元器件布局、电路板布线、覆铜、设计规则校验等工作。

1.5.4 元器件封装库编辑器

在将元器件封装和网络表载入 PCB 编辑器之前，必须确保所有用到的元器件封装所在的元器件封装库都已经载入了 PCB 编辑器，否则将导致元器件封装和网络表载入的失败。

如果个别元器件封装在系统提供的元器件封装库中不能找到，解决的办法就是自己动手制作元器件封装。同制作原理图符号一样，在制作元器件封装之前，也应当创建一个新的 PCB 元器件封装库文件，或者是打开一个已经存在的元器件封装库。元器件封装库编辑器如图 1-16 所示。

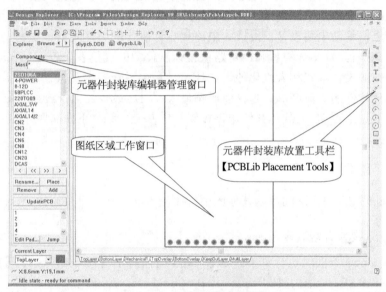

图 1-16 元器件封装库编辑器

1.5.5 常用编辑器之间的关系

原理图编辑器、原理图库编辑器、PCB 编辑器和元器件封装库编辑器贯穿了电路板设计的全过程。根据电路板设计不同阶段的要求，可以激活相应的编辑器来完成特定的任务。

在电路板的设计过程中，4 个常用编辑器之间的关系如图 1-17 所示。

由图 1-17 可以看出，原理图编辑器和 PCB 编辑器是进行电路板设计的两个基本工作平台，并且原理图和 PCB 电路板的更新是实时同步的。原理图库编辑器是根据原理图设计过程中的需求被激活的，并且修改完原理图符号后一定要存储修改结果和更新原理图中的原理图符号。同理，元器件封装库也是在需要制作或

图 1-17 4 个常用编辑器之间的关系

修改元器件封装时才被激活。

从编辑器之间的关系来看，原理图库编辑器是服务于原理图编辑器，主要是用米制作原理图符号，以保证原理图设计的顺利完成。而元器件封装库编辑器是服务于 PCB 编辑器，主要是用来制作元器件封装，以保证所有的元器件都能有对应的元器件封装，使原理图设计能够顺利地转入 PCB 电路板的设计。原理图设计是电路设计思路的图纸化，是电路板设计过程中的准备阶段。PCB 电路板设计是整个电路板设计过程中的实现阶段。在整个电路板设计过程中，元器件封装和网络表是联系原理图设计和 PCB 电路板设计的桥梁和纽带。

1.6 初识 Protel 99 SE

随着新技术和新材料的出现，电子工业得到了蓬勃发展。各种大规模和超大规模集成电路的出现使电路板变得越来越复杂，从而使越来越多的电路板设计工作已经无法单纯依靠手工来完成，计算机辅助电路设计已经成为电路板设计制作的必然趋势。

Protel 99 SE 就是众多计算机辅助电路板设计软件中的佼佼者。Protel 99 SE 以其强大的功能、方便快捷的设计模式和人性化的设计环境，赢得了众多电路板设计人员的青睐，成为当前电路板设计软件的主流产品，是目前影响最大、用户最多的电子线路 CAD 软件包之一。

本书将以 Protel 99 SE 为载体介绍电路板设计的基础知识。下面简要介绍 Protel 99 SE 的基础知识。

1.6.1 启动 Protel 99 SE

启动 Protel 99 SE 的方法同启动其他应用程序的方法一样，只要运行 Protel 99 SE 的可执行程序就可以了。

启动 Protel 99 SE 具体操作步骤如下。

（1）在 Windows 桌面上执行菜单命令【开始】/【程序】/【Protel 99 SE】/【Protel 99 SE】，即可启动 Protel 99 SE，如图 1-18 所示。

（2）在启动 Protel 99 SE 应用程序的过程中，显示屏幕上弹出 Protel 99 SE 的启动画面，如图 1-19 所示。接下来系统便打开 Protel 99 SE 的主窗口，如图 1-20 所示。

图 1-18　启动 Protel 99 SE 菜单命令

图 1-19　Protel 99 SE 启动画面

启动 Protel 99 SE 还有以下两种简便方法。

（1）如果在安装 Protel 99 SE 的过程中，在桌面上创建了快捷方式，那么双击 Windows 桌面上的 Protel 99 SE 图标也可以启动 Protel 99 SE。

（2）直接单击【开始】菜单中的 Protel 99 SE 图标，即可启动 Protel 99 SE，如图 1-21 所示。

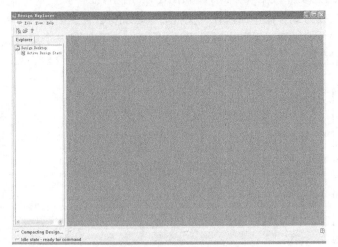

图 1-20　Protel 99 SE 主窗口　　　　　　　　图 1-21　从【开始】菜单中启动 Protel 99 SE

1.6.2　Protel 99 SE 设计浏览器

启动 Protel 99 SE 后，即可打开 Protel 99 SE 设计浏览器。

在 Protel 99 SE 设计浏览器中，主要包括菜单栏、工具栏、浏览器管理窗口、工作窗口、命令行及状态栏等，如图 1-22 所示。

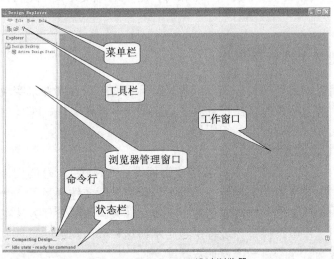

图 1-22　Protel 99 SE 设计浏览器

Protel 99 SE 设计浏览器是电路板设计的大平台。在这个大平台上，根据电路板设计的需要可以激活原理图编辑器进行原理图设计，在原理图设计完成后可以激活 PCB 编辑器进行电路板设计，以及完成电路分析和仿真设计等。

1.6.3 Protel 99 SE 的文件存储方式

Protel 99 SE 系统为用户提供了两种可选择的文件存储方式，即【Windows File System】（文档方式）和【MS Access Database】（设计数据库方式），如图 1-23 所示。

【Windows File System】：当选择文档方式存储电路板设计文件时，系统将会首先创建一个文件夹，而后将所有的设计文件存储在该文件夹下；系统在存储设计文件时，不仅存储一个集成数据库文件，而且将数据库文件下所有的设计文件都独立地存储在该文件夹下，如图 1-24 所示。

图 1-23　文件存储方式　　　　　　　　　图 1-24　文档方式存储电路板设计文件

【MS Access Database】：当选择集成设计数据库存储方式时，系统只在指定的硬盘空间上存储一个设计数据库文件。

不管选用哪一种文件存储方式，Protel 99 SE 都采用设计浏览器来组织设计文档，即在设计浏览器下创建文件，并将所有设计文件都存储在一个设计数据库文件中。

　　　在 Protel 99 SE 中设计电路板时，通常选择设计数据库的方式来组织和管理设计文件。

1.6.4 启动常用编辑器

启动编辑器可以通过新建设计文件或者是打开已有的设计文件来实现。

下面介绍如何通过新建原理图设计文件、原理图库设计文件、PCB 电路板设计文件和元器件封装库设计文件来启动相应的编辑器。

1. 新建设计数据库文件

Protel 99 SE 采用设计数据库文件来组织管理设计文件，将所有的设计文档和分析文档都放在一个设计数据库文件中，进行统一管理。设计数据库文件相当于一个文件夹，在该文件夹下可以创建新的设计文件，也可以创建下一级文件夹。这种管理方法在设计一个大型的电路系统时非常实用，在电路板设计过程中应当掌握这种分门别类的管理方法。因此，在新建设计文件之前，应当首先新建一个设计数据库文件。

下面介绍新建设计数据库文件的操作。

（1）启动 Protel 99 SE，打开设计浏览器。

（2）执行菜单命令【File】/【New】，系统打开【New Design Database】（新建设计数据库文件）对话框，如图 1-25 所示。

（3）在【Database File Name】（设计数据库文件名称）文本框中输入设计数据库文件的名称。本例中命名为"MyfirstDesign.ddb"。

（4）单击 Browse... 按钮，打开【Save As】（存储文件）对话框，然后将存储位置定位到指定的硬盘空间上，结果如图 1-26 所示。

图 1-25 新建设计数据库文件　　　　　　　　　图 1-26 保存设计数据库文件

（5）单击 保存(S) 按钮，回到新建设计数据库文件对话框，确认各项设置无误后，单击 OK 按钮即可创建一个新的设计数据库文件，结果如图 1-27 所示。

2. 启动原理图编辑器

启动原理图编辑器的方法非常简单，新建一个原理图设计文件或者打开已有的原理图设计文件，就能启动原理图编辑器。下面介绍如何新建一个原理图设计文件。

（1）双击图 1-27 中的 Documents 图标，打开该文件夹，将新建的原理图设计文件放置在该文件夹下。

（2）执行菜单命令【File】/【New...】，打开【New Document】（新建设计文件）对话框，如图 1-28 所示。

图 1-27 新建的设计数据库文件　　　　　　　　　图 1-28 新建设计文件

（3）在新建设计文件对话框中，单击【Schematic Document】（原理图设计文件）图标选中新建原理图设计文件选项，然后单击 OK 按钮，新建一个原理图设计文件，结果如图 1-29 所示。

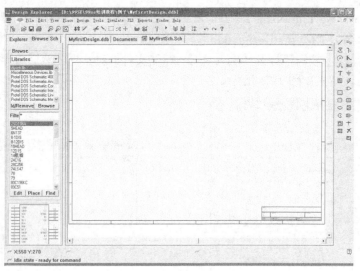

图 1-29　新建的原理图设计文件

（4）给原理图设计文件命名为"MyfirstSch.Sch"。

（5）执行菜单命令【File】/【Save All】，将该原理图设计文件存储至当前设计数据库文件中。

3．启动 PCB 编辑器

下面介绍如何新建 PCB 设计文件。

（1）执行菜单命令【File】/【New…】，打开新建设计文件对话框。

（2）在新建设计文件对话框中，单击【PCB Document】（PCB 设计文件）图标，选中新建 PCB 设计文件选项，然后单击 OK 按钮，系统将会新建一个 PCB 设计文件，结果如图 1-30 所示。

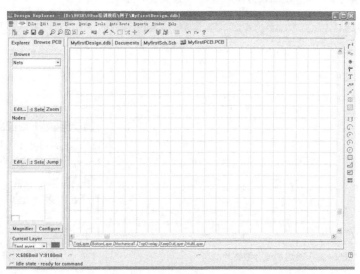

图 1-30　新建的 PCB 设计文件

（3）给 PCB 设计文件命名为"MyfirstPCB.PCB"。

（4）执行菜单命令【File】/【Save All】，将该 PCB 设计文件存储至当前设计数据库文件中。

4. 启动原理图库编辑器

当原理图设计过程中需要编辑或自己制作原理图符号时，就需要启动原理图库编辑器。下面介绍如何通过新建原理图库文件来启动原理图库编辑器。

（1）执行菜单命令【File】/【New...】，打开新建设计文件对话框。

（2）在新建设计文件对话框中，单击【Schematic Library Document】（原理图库文件）图标，选中新建原理图库设计文件选项，然后单击 OK 按钮，系统将会新建一个原理图库设计文件，结果如图 1-31 所示。

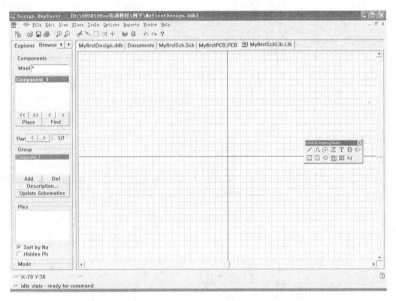

图 1-31　新建的原理图库设计文件

（3）给原理图库设计文件命名为"MyfirstSchLib.lib"。

（4）执行菜单命令【File】/【Save All】，将该原理图库设计文件存储至当前设计数据库文件中。

5. 启动元器件封装库编辑器

在电路板设计过程中，如果元器件封装在系统提供的元器件封装库中找不到，这时就需要自己制作元器件封装。元器件封装的制作是在元器件封装库编辑器中完成的。下面介绍如何通过新建一个元器件封装库设计文件来启动元器件封装库编辑器。

（1）执行菜单命令【File】/【New...】，打开新建设计文件对话框。

（2）在新建设计文件对话框中，单击【PCB Library Document】（PCB 元器件封装库文件）图标，选中新建元器件封装库设计文件选项，然后单击 OK 按钮，系统将会新建一个元器件封装库设计文件，结果如图 1-32 所示。

（3）给元器件封装库设计文件命名为"MyfirstPCBLib.lib"。

（4）执行菜单命令【File】/【Save All】，将该元器件封装库设计文件存储至当前设计数据库文件中。

6. 编辑器窗口的切换与关闭

在 Protel 99 SE 中，如果同时打开或新建多个设计文件，则所有打开的设计文件在工作窗口上部会有一个相应的标签，而工作窗口中只显示当前处于激活状态的编辑器工作窗口。

单击这些标签就可以在不同设计文件之间自由切换。要关闭其中的一个文件，可以在标签上单击鼠标右键，在打开的菜单命令中选择【Close】，即可关闭相应的设计义件。

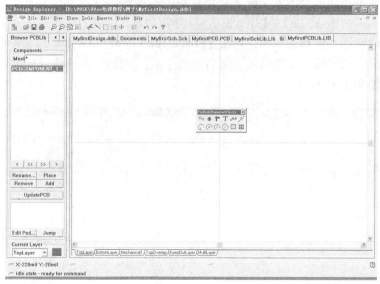

图1-32 新建的元器件封装库设计文件

1.7 课堂案例——认识电路板

请根据图1-33回答以下问题：

（1）请指出图1-33所示的电路板中标示的图件各指什么。

（2）指出该电路板的结构类型属于哪种电路板。

（3）为什么该电路板要选择这种结构类型？请应用本章的知识进行分析。

（4）图1-33所示电路板的电气连接有何特点？

课堂案例解答如下。

（1）答：①是电路板上的安装孔；②是元器件的焊盘；③是元器件；④是矩形填充；⑤是用于板间互连的接插件，它也属于元器件。

（2）答：该练习中的电路板属于单面板。

（3）答：选择电路板的主要依据是电路板的可靠性、工艺性和经济性，可靠性是选择电路板结构类型的首要前提，工艺性是电路板能够加工成型的保证，经济性是锦上添花的工作。在电路板设计中用户应当

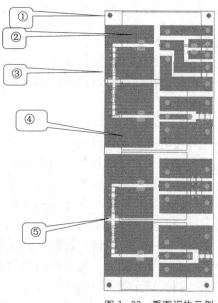

图1-33 看图识物示例

能够根据实际电路板的需要正确选择电路板的类型。单面板适用于比较简单的电路设计，元器件作为常见的 DC-DC 模块，在本例中，它具有引脚少、布线空间大的特点，因此采用单面印制电路板，既可靠又经济实用，并且能够保证工艺制作的方便。

（4）答：本实例中的电气连接完全采用矩形填充铜箔进行连接，连接方式更加灵活，并且与普通的导线连接相比，增加了导电面积。由此可以看出，电路板布线，不仅限于放置导线，只要是导电图件都可充当导线的脚色。除了矩形填充外，多边形填充也是电路板设计中常用的布线工具，尤其常用于地线网络的覆铜。

1.8　课堂练习——快捷键的人性化设置

在 PCB 编辑器中，系统默认切换工作层面的快捷键为小键盘上的+和-键。但是，对于使用笔记本电脑进行电路设计的用户来说却不是这样的，因为在笔记本电脑上没有设置小键盘，这样就使得工作层面的切换比较麻烦。

Protel 99 SE 支持用户编辑、创建自己的快捷键。为了解决上述问题，用户可以利用系统提供的编辑快捷键功能，对切换工作层面的快捷键进行重新设置。

（1）单击【Design Explorer】窗口左上角的 ▼ 按钮，弹出系统参数设置快捷菜单，如图1-34 所示。

（2）执行菜单命令【Customize...】，即可打开【Customize Resources】（系统资源）设置对话框，如图 1-35 所示。

图 1-34　系统参数设置快捷菜单

图 1-35　系统资源设置对话框

（3）进入【Shortcut Keys】选项卡，即可进入系统快捷键设置对话框，如图 1-36 所示。

要点提示　　在系统快捷键设置对话框中，只有当前处于激活状态的编辑器的快捷键才能被编辑，因此为了编辑 PCB 编辑器中的快捷键，应当首先激活 PCB 编辑器。

（4）单击 Menu 按钮，在弹出的下拉菜单中选择【Edit...】菜单命令，即可打开【Shortcut Table】（系统快捷键列表）对话框，如图 1-37 所示。

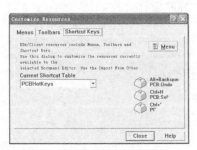

图 1-36　系统快捷键设置对话框

图 1-37　系统快捷键列表对话框

（5）在图 1-37 所示的快捷键列表对话框中浏览快捷键，选择需要编辑的快捷键，然后在其上双击鼠标左键，即可打开【Shortcut】（快捷键属性）设置对话框，如图 1-38 所示。

（6）在快捷键属性设置对话框中浏览【Primary】（第一快捷键）下的列表，从中选择一个快捷键，例如 S，然后单击 OK 按钮回到系统快捷键列表对话框，即可将切换工作层面的快捷键设置成 S，如图 1-39 所示。

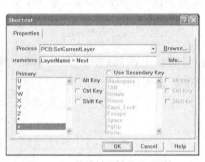

图 1-38　快捷键属性设置对话框

图 1-39　切换工作层面快捷键的设定

这样，就完成了一个快捷键的重新设置。按照相同的方法，可以编辑其他的快捷键。

如果将快捷键设置为单独的字母，例如本例中的"S"，则只有在英文输入法时该快捷键才有效。

习　　题

1-1　填空题

Protel 99 SE 的状态栏位于窗口的_____，其右边部分显示了_____信息。

1-2　选择题

Protel 99 SE 在初次启动时没有以下（　　）菜单。

A.【File 】　　　　　B.【View】　　　　　C.【Design】

1-3　单面板、双面板和多层板各有什么特点？

1-4　电路板设计中常用的编辑器有哪几个？它们之间的关系是什么？

1-5　新建一个设计数据库文件，然后在该数据库文件下新建一个原理图设计文件、一个 PCB 设计文件、一个原理图库设计文件和一个元器件封装库设计文件。

第2章 原理图编辑器基础

在开始学习绘制原理图之前，先学会如何使用 Protel 99 SE 的原理图编辑器，这对于以后绘制原理图将大有益处。本章主要介绍原理图编辑器管理窗口的运用、常用工具栏的管理、工作窗口中的画面管理等基本操作功能。熟练掌握这些操作知识，对于原理图设计有事半功倍的效果。

2.1 启动原理图编辑器

启动原理图编辑器的方法非常简单，新建原理图设计文件或者打开已有的原理图设计文件，就能启动原理图编辑器。下面介绍如何通过新建原理图设计文件来启动原理图编辑器。

（1）启动 Protel 99 SE，打开设计浏览器。

（2）在 Protel 99 SE 设计浏览中，执行菜单命令【File】/【New】，打开【New Design Database】（新建设计数据库文件）对话框，如图 2-1 所示。

（3）在【Database File Name】（设计数据库文件名称）文本框中输入设计数据库文件的名称。这里命名为"MyfirstDesign.ddb"。

（4）单击 Browse... 按钮，打开【Save As】（存储文件）对话框，将存储位置定位到指定的硬盘空间上，结果如图 2-2 所示。

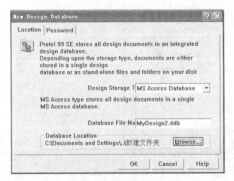

图 2-1　新建设计数据库文件

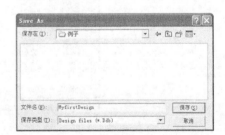

图 2-2　保存设计数据库文件位置

（5）单击 保存(S) 按钮，回到新建设计数据库文件对话框，确认各项设置无误后，单击 OK 按钮即可创建一个新的设计数据库文件，结果如图 2-3 所示。

（6）双击图 2-3 中的图标 （设计文档），打开设计数据库文件下的文档管理文件夹，拟在该文件夹下新建原理图设计文件。

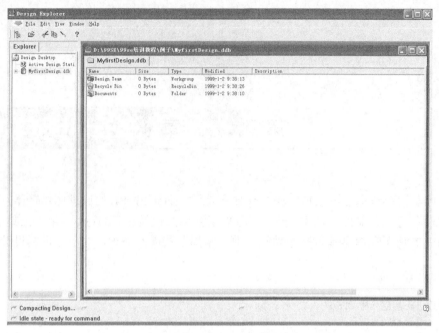

图 2-3　新建的设计数据库文件

在进行电路板设计时，通常将新建的设计文件（包括原理图设计文件和 PCB 设计文件）都存放在 "Document" 文件夹下，这样可以方便设计文件的管理。同时，如果设计项目的图纸较多的话，为了对设计文件进行更细的分类管理，还可以在 "Document" 文件夹下新建子文件夹。

（7）执行菜单命令【File】/【New...】，打开【New Document】（新建设计文件）对话框，如图 2-4 所示。

图 2-4　新建设计文件

（8）在新建设计文件对话框中，单击【Schematic Document】（原理图设计文件）图标选中新建原理图设计文件选项，然后单击 OK 按钮，即可新建一个原理图设计文件，结果如图 2-5 所示。

图 2-5　新建原理图设计文件

（9）给原理图设计文件重命名，本例中将其命名为"MyfirstSch.Sch"。

（10）执行菜单命令【File】/【Save All】，即可将新建的原理图设计文件存储到当前设计数据库文件中。

（11）将鼠标光标移到原理图设计文件名上，然后双击鼠标左键，即可启动原理图编辑器，结果如图 2-6 所示。

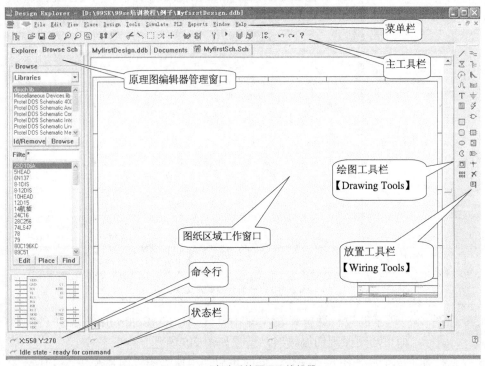

图 2-6　启动后的原理图编辑器

2.2　原理图编辑器管理窗口

Protel 99 SE 专门为用户提供了原理图编辑器管理窗口对原理图设计进行管理。在原理图设计过程中，原理图编辑器管理窗口的功能主要有以下几种。

（1）载入/删除原理图库。

（2）查找元器件库中的原理图符号。

（3）快速查找定位当前原理图设计中的图件。

下面将以系统安装目录下的"...\Design Explorer 99 SE\Examples\LCD Controller.ddb"设计数据库中的原理图文件为例详细介绍原理图编辑器管理窗口的主要功能。

（1）执行菜单命令【File】/【Open...】，在 Protel 99 SE 的安装目录中找到并选中"...\Design Explorer 99 SE\Examples\LCD Controller.ddb"，如图 2-7 所示。

图 2-7 打开原理图设计文件

（2）单击 打开(O) 按钮，即可将 LCD Controller.ddb 设计数据库文件打开，结果如图 2-8 所示。

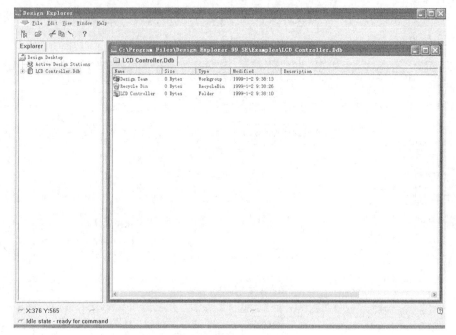

图 2-8 打开设计数据库文件

（3）在图 2-8 所示的设计数据库浏览器中打开"LCD Controller"文件夹，然后双击 RBG DAC.Sch 图标，即可启动原理图编辑器，结果如图 2-9 所示。

这样就打开了一个原理图设计文件，同时也启动了原理图编辑器。进入【Browse sch】选项卡，将浏览器管理窗口切换到【Browse sch】（原理图编辑器管理）窗口，如图 2-10 所示。

在原理图编辑器管理窗口中，各栏的意义如下。

（1）原理图库列表栏：在该栏中罗列了全部已经载入原理图编辑器中的原理图库。

（2）原理图符号列表栏：该栏中将会显示原理图库列表栏中当前选中的原理图库中所包含的原理图符号。

（3）原理图符号浏览栏：该栏显示原理图符号列表栏中当前处于选中状态的原理图符号的图形。通过该栏可以浏览该原理图符号的外形和引脚是否符合需要。

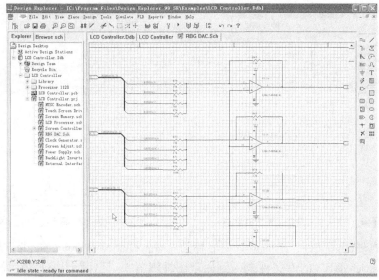

图 2-9　打开原理图设计文件

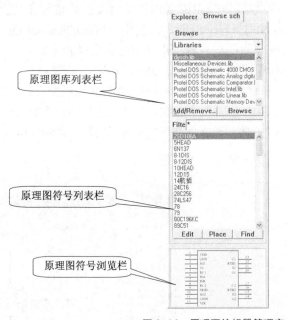

图 2-10　原理图编辑器管理窗口

2.2.1　载入/删除原理图库文件

在原理图库列表栏中，单击 Add/Remove.. 按钮可以打开载入/删除原理图库文件对话框，下面简单介绍载入/删除原理图库的操作，更加详细的介绍请参考本书第 3 章。

（1）在原理图库列表栏中，单击 Add/Remove.. 按钮，打开【Change Library File List】（载入/删除原理图库文件）对话框，如图 2-11 所示。

（2）删除原理图库文件。选中图 2-11 中【Selected Files】（已选中的原理图库文件）栏中的原理图库文件，然后单击 Remove 按钮，即可将选中的文件从当前的窗口中删除，结果如图 2-12 所示。

图 2-11　【载入/删除原理图库文件】对话框　　　　　　图 2-12　删除选中的库文件

（3）载入原理图库文件。下面重新将名称为"Miscellaneous Devices.ddb"和"Protel DOS Schematic Libraries.ddb"的库文件载入到原理图编辑器中，这两个原理图库文件在系统的安装目录"…\Program Files\Design Explorer 99 SE\Library\Sch\…"下。

① 首先在图 2-12 所示窗口上部查找原理图库文件栏中将文件的位置定位到安装目录"…\Program Files\Design Explorer 99 SE\Library\Sch\…"，选中"Miscellaneous Devices.ddb"文件，然后单击 Add 按钮即可将该库文件载入到下部选中的库文件栏中。

② 重复上面的操作，载入"Protel DOS Schematic Libraries.ddb"库文件。

③ 单击 OK 按钮，即可返回原理图编辑器，其中原理图编辑器管理窗口如图 2-13 所示。

此外，在原理图库文件管理窗口中单击 Browse 按钮，用户可在打开的【Browse Libraries】（浏览原理图库文件）对话框中直接浏览、查找该库文件下的所有元器件，如图 2-14 所示。

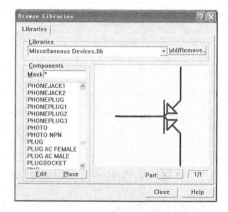

图 2-13　重新载入库文件后的原理图编辑器管理窗口　　　　图 2-14　浏览元器件库文件

2.2.2　查找元器件

在原理图设计过程中，经常会遇到不知道名称的元器件，这时就需要根据有限的信息在原理图库文件中查找元器件。查找元器件的方法主要可以分为两种。

（1）逐一浏览元器件库文件。该方法的适用情况是：了解元器件和元器件各引脚的电气功能，但不知道具体应该使用什么原理图符号。这时可以根据元器件及其引脚的电气功能来选择原理图符号。

（2）关键字查找元器件。该方法的适用情况是：知道原理图符号的名称或者是名称中的关键字，但不知道该原理图符号具体在哪个原理图库中。

下面详细介绍这两种查找元器件的方法。

1. 浏览元器件库查找元器件

原理图符号只是表征元器件电气特性的一种符号。在原理图的设计过程中选择原理图符号的基本原则是：原理图符号的引脚功能必须与实际的元器件的引脚功能一致，同时原理图符号引脚的序号必须与元器件封装的焊盘序号对应，而其外在的表达形式只要直观、明了即可。

浏览元器件库文件的方法主要有两种：一种是通过原理图编辑器管理窗口中的原理图符号列表栏来浏览元器件，另一种就是通过图 2-14 所示的浏览元器件库文件窗口来浏览元器件。

这两种浏览元器件库文件的方法的操作基本相同，只是浏览窗口有所不同而已。因此，下面将以浏览"Miscellaneous Devices.ddb"元器件库为例介绍如何在原理图编辑器管理窗口中浏览原理图符号。

（1）通过原理图编辑器管理窗口载入"Miscellaneous Devices.ddb"原理图库。

（2）在原理图编辑器管理窗口中，单击【Browse】栏下方文本框后的下拉按钮，然后在打开的下拉菜单中选择【Libraries】选项，原理图库列表栏中将列出当前原理图编辑器中已载入的原理图库文件。

（3）在原理图库列表栏中，选中"Miscellaneous Devices.lib"库文件，使原理图符号列表栏显示"Miscellaneous Devices.lib"库文件中的原理图符号。

（4）在原理图符号列表栏中单击鼠标左键选中第一个原理图符号，然后按 ↑ 键或 ↓ 键即可逐一浏览元器件库中的元器件。在库文件面板中的原理图符号图示栏中浏览当前选中的元器件的原理图符号，如图2-15所示。

图 2-15 浏览元器件

通过 Page Up 键和 Page Down 键还可以跳跃式地浏览元器件库中的元器件。

2. 关键字查找元器件

在原理图编辑器管理窗口中，根据关键字查找元器件的方法主要有两种。

（1）通过元器件的首字母查找元器件。

（2）任意字母查找元器件。

下面将对上述两种查找元器件的方法一一进行介绍。

下面以查找普通电阻的原理图符号为例，介绍通过元器件首字母查找元器件的方法。电阻的英文名称为"Resistance"，在 Protel 99 SE 中缩写为"Res"，其首字母为"R"。

（1）打开一个原理图设计文件，载入原理图符号可能所在的原理图库"Miscellaneous Devices.ddb"。

（2）将【Fliter】（过滤筛选）文本框中的"*"替换为"R*"，如图2-16所示。

（3）在原理图库列表栏中，选中除"Miscellaneous Devices.lib"外的任意原理图库文件，然后再次选中"Miscellaneous Devices.lib"库文件，则原理图符号列表栏中将会显示该库文件中所有首字母为"R"的原理图符号，结果如图 2-17 所示。

首字母为"R"的原理图符号

图 2-16 按首字母查找元器件   图 2-17 首字母为"R"的原理图符号

 要点提示　在原理图符号列表栏中任意选中一个原理图符号，则将在原理图符号浏览栏中显示相应的原理图符号。

 实用技巧　在操作步骤（3）中，如果已经选中了"Miscellaneous Devices.ddb"原理图库，则在"*"替换为"R*"后直接按 Enter 键，原理图符号列表栏中也会显示该库文件中所有首字母为"R"的原理图符号。

首字母查找元器件的方法在已载入的元器件库中查找原理图符号十分方便快捷，但是其前提是要知道该元器件的首字母。此外，首字母还可与鼠标和键盘配合起来实现元器件的快速查找。下面将介绍如何利用鼠标+键盘+首字母功能实现电阻（RES2）原理图符号的快速查找。

（1）在原理图库管理栏中载入"Miscellaneous Devices.ddb"库文件。

（2）在原理图库管理栏中选中"Miscellaneous Devices.lib"。

（3）将鼠标移到原理图符号列表栏中，在任意的元器件上单击鼠标左键，激活原理图符号列表栏。

（4）按 R 键，系统将自动执行首字母"R"的查找，结果如图 2-18 所示。

 经验总结　在操作步骤（4）中，应当将系统的输入法切换至英文输入，否则可能会导致查找元器件失败。

（5）用鼠标左键按住原理图符号浏览栏右边的滚动条，往下滚动即可找到电阻的原理图符号，如图 2-19 所示。

图 2-18　鼠标+键盘+首字母查找元器件　　　图 2-19　查找电阻（RES2）原理图符号的结果

　　　操作步骤中直接按 R + E + S 快捷键，则系统将会自动跳转到前3个字母为"RES"的元器件处。

当不知道元器件的首字母时，也不用犯愁，只要知道该元器件中的任意字母也能很快地查找到所想要的原理图符号。查找方法与首字母查找元器件的方法大致相同，只是在"*"前面或后面输入原理图符号的关键字，主要的匹配方式有以下几种。

（1）元器件的关键字在前面："XXX*"。

（2）元器件的关键字在后面："*XXX"。

（3）元器件的关键字在前面和后面："XX*X"。

现在，以元器件的关键字在前面的形式（XXX*）为例介绍通过任意字母匹配查找元器件的方法。

我们以查找齐纳二极管为例介绍通过任意字母匹配查找元器件。齐纳二极管的英文名字为"Zener"，因此可以用"Zen"去匹配查找该元器件的原理图符号。

（1）打开原理图编辑器，载入原理图设计中需要的元器件库。齐纳二极管属于常用的元器件，应从系统提供的杂库中进行查找，因此首先应载入"Miscellaneous Devices.lib"库文件。

（2）在【Filter】文本框中输入"Zen*"，然后选中除"Miscellaneous Devices.lib"外的任意原理图库文件，之后再次选中"Miscellaneous Devices.lib"库文件，则原理图符号列表栏中将会显示该库文件中所有前面字母为"Zen"的原理图符号，其结果如图 2-20 所示。

图 2-20　任意字母匹配查找元器件

此外，通过单击 Find 按钮还可以打开【Find Schematic Component】（查找元器件）对话框，如图 2-21 所示。

在该对话框中，可以通过设定待查元器件的名称在指定的原理图库中进行查找，查找的结果将显示在空白框中，图 2-22 所示为输入"RES*"后的查找结果。

图 2-21　查找元器件对话框　　　　　图 2-22　在所有元器件库中查找 "RES*" 的结果

关于在【Find Schematic Component】对话框中查找元器件的具体操作，会在今后的实践中不断学习，在这里就不再介绍了。

2.2.3　查看原理图设计中的图件

在原理图编辑器管理窗口中，单击【Browse】栏下方文本框后的 下拉按钮，打开浏览列表菜单，如图 2-23 所示。在该列表菜单中选择 "Primitives"（图件）选项，即可将原理图编辑器管理窗口切换到浏览原理图设计图件的模式，如图 2-24 所示。其中，原理图设计图件管理窗口主要包括两部分内容：图件分类列表栏和图件列表栏。

（1）图件分类列表栏。该栏中罗列出原理图设计中的所有图件，包括【Parts】（元器件）、【Net Labels】（网络标号）和【Wires】（导线）等图件。在该栏中，选中某一选项，即可在图件列表栏中列出原理图设计中的有关图件，比如本例中选择 "Parts" 选项，即可在图件列表栏中列出原理图设计中的所有元器件，如图 2-25 所示。

图 2-23　切换浏览器窗口菜单　　　图 2-24　浏览原理图设计图件模式　　　图 2-25　列表显示元器件

（2）图件列表栏。该栏将显示图件分类列表栏中选中图件类所包含全部图件，如图 2-26 所示。

在图件列表栏中选中某一图件，然后单击 Text 按钮，可以打开图 2-26 所示的修改图件序号的对话框，在该对话框中可以编辑图件的序号。

图 2-26　修改图件的序号

单击 Jump 按钮可以将工作窗口中的画面定位到图件所在位置，如图 2-27 所示。单击 Edit 按钮，可以打开编辑图件属性对话框，如图 2-28 所示。

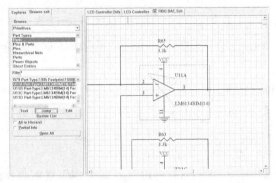

图 2-27　定位到图件所在位置

图 2-28　编辑图件属性

要点提示　在图件列表栏中，查找图件的操作与前面介绍的在原理图符号列表栏中查找元器件的方法基本相似，也包括逐一浏览图件和关键字查找图件两大类方法，并且具体的操作也基本相同。

2.3　原理图编辑器工具栏管理

为了方便进行原理图绘制，Protel 99 SE 原理图编辑器提供了丰富的设计工具，从而使操作更加简单、方便。但是，在进行某项设计时，并不会同时使用所有的设计工具，为了使绘图的工作区域更加简洁、明快，可以将不使用的工具栏关闭。此外，还可以根据不同的习惯，重新调整工具栏布局。

综上所述，工具栏的管理包括工具栏的打开与关闭以及工具栏的布局等内容。

2.3.1　工具栏的打开与关闭

在原理图编辑器中，执行菜单命令【View】/【Toolbars】，即可打开图 2-29 所示的菜单命令列表。选择并执行相应的命令即可打开或关闭对应的工具栏。

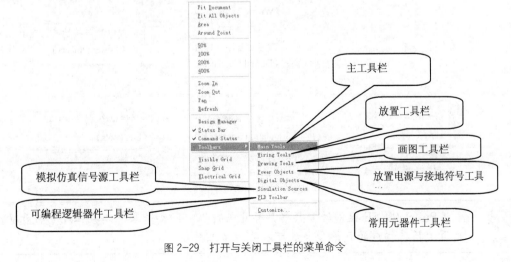

图 2-29　打开与关闭工具栏的菜单命令

（1）主工具栏（Main Tools）的打开或关闭。

执行菜单命令【View】/【Toolbars】/【Main Tools】可以打开或关闭主工具栏。主工具栏打开后，屏幕显示如图 2-30 所示。

（2）放置工具栏（Wiring Tools）的打开或关闭。

执行菜单命令【View】/【Toolbars】/【Wiring Tools】可以打开或关闭放置工具栏。放置工具栏打开后，屏幕显示如图 2-30 所示。

（3）画图工具栏（Drawing Tools）的打开或关闭。

执行菜单命令【View】/【Toolbars】/【Drawing Tools】可以打开或关闭画图工具栏。画图工具栏打开后，屏幕显示如图 2-30 所示。

（4）放置电源及接地符号工具栏（Power Objects）的打开或关闭。

执行菜单命令【View】/【Toolbars】/【Power Objects】可以打开或关闭放置电源及接地符号工具栏。放置电源及接地符号工具栏打开后，屏幕显示如图 2-30 所示。

（5）常用元器件工具栏（Digital Objects）的打开或关闭。

执行菜单命令【View】/【Toolbars】/【Digital Objects】可以打开或关闭常用元器件工具栏。常用元器件工具栏打开后，屏幕显示如图 2-30 所示。

（6）模拟仿真信号源工具栏（Simulation Sources）的打开或关闭。

执行菜单命令【View】/【Toolbars】/【Simulation Sources】可以打开或关闭模拟仿真信号源工具栏。模拟仿真信号源工具栏打开后，屏幕显示如图 2-30 所示。

（7）可编程逻辑器件工具栏（PLD tools）的打开或关闭。

执行菜单命令【View】/【Toolbars】/【PLD tools】可以打开或关闭可编程逻辑器件工具栏。可编程逻辑器件工具栏打开后，屏幕显示如图 2-30 所示。

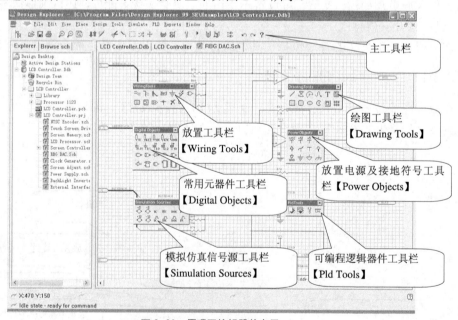

图 2-30　原理图编辑器的布局

要点提示　　Protel 99 SE 提供的工具栏具有开关特性，即如果某一工具栏处于打开状态，则再次执行相应的菜单命令就可以关闭该工具栏。

2.3.2　工具栏的排列

从图 2-30 所示中可以看出，在设计原理图时如果将原理图编辑器中的各种工具栏都放在工作窗口的图纸区域，则会妨碍绘制原理图。此时，设计者可以根据绘制原理图的需要和习惯，关闭一些暂时不用的工具栏，并将其余的工具栏放置在适当的位置。

调整工具栏的布局，只需将鼠标左键单击工具栏上方蓝条并按住鼠标左键，此时鼠标光标由箭号变成箭号+纸状即可拖动该工具栏，然后将所移动的工具栏放置到合适的地方即可，如图 2-31 所示。

图 2-31　拖动工具栏前后鼠标的形状对比

通过这种方法，可以将原理图绘制过程中需要经常使用的工具栏调整到合理的状态，调整好的工具栏如图 2-32 所示。

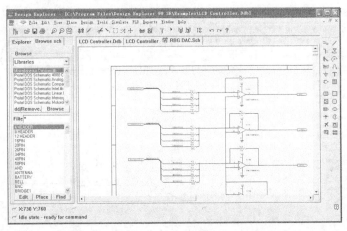

图 2-32　调整工具栏布局之后的原理图编辑器

如果需要将工具栏从原理图编辑器的边框移到图纸区域，则将鼠标光标移到工具栏中央的空白处，单击鼠标左键并按住，此时鼠标光标由箭号变成箭号+纸状即可拖动该工具栏，然后将所移动的工具栏放置到合适的地方即可，如图 2-33 所示。

图 2-33　将工具栏拖动到工作窗口图纸区域

2.4 原理图编辑器的画面管理

原理图编辑器的画面管理是指工作窗口中图纸的移动、放大、缩小和刷新等工作。在本节中，考虑到读者初学 Protel 99 SE，对原理图设计不是特别熟悉，因此选择 Protel 99 SE 安装目录下的一个实例"…\Design Explorer 99 SE\Examples\LCD Controller.ddb"来介绍画面管理的基本操作。下面将以这个原理图设计为例介绍原理图编辑器的画面管理。

2.4.1 画面的移动

在设计原理图的过程中，通常利用工作窗口的滚动条来移动画面，以便观察图纸的其他部分。

将鼠标光标放在水平或垂直滚动条的箭头按钮上，按住鼠标左键不放，这时工作窗口中的画面就会随着滚动条左右或上下移动，如图 2-34 所示。松开鼠标左键，工作窗口中的画面就会停止移动。

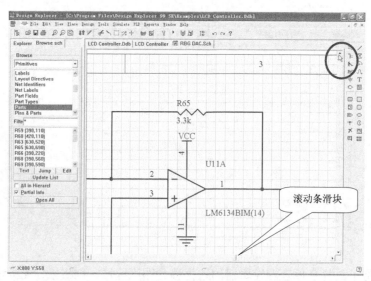

图 2-34 利用工作窗口的滚动条移动画面

 移动画面还可以将鼠标光标放在滚动条的滑块上，然后按住鼠标左键不放，同时移动鼠标光标，这时工作窗口中的画面就会随着滚动条左右或上下移动。

2.4.2 画面的放大

当设计者要对原理图的图纸作进一步细致观察，并希望对线路图进行调整或修改时，往往需要对图纸进行放大。在 Protel 99 SE 中，可以通过以下几种方法来放大画面。

（1）执行菜单命令【View】/【Zoom In】，即可将当前画面放大 1 次。

（2）单击主工具栏中的 🔍 按钮，即可将当前画面放大 1 次。

（3）按 Page Up 键 1 次，可以将画面放大 1 次。

2.4.3 画面的缩小

当图纸较大而无法浏览全图时，经常需要缩小图纸的画面。Protel 99 SE 缩小画面的方法有以下 3 种。

（1）执行菜单命令【View】/【Zoom Out】，即可将当前画面缩小 1 次。

（2）单击主工具栏中的 ⊘ 按钮，即可将当前画面缩小 1 次。

（3）按 Page Down 键 1 次，可以将画面缩小 1 次。

在利用键盘快捷键对画面进行放大或缩小时，最好将鼠标光标置于工作平面上的适当位置，这样画面将以鼠标箭头为中心进行缩放。另外，利用快捷键对画面缩放既可以在空闲状态下进行，也可以在执行命令的过程中进行，这一点在原理图设计过程中是非常方便的，因此读者必须熟练掌握 Page Up 键和 Page Down 键对画面的放大和缩小操作。

2.4.4 选定区域放大

如果原理图设计较大，设计者希望对局部区域的图纸进行观察、修改时，可以选定图纸区域进行放大。放大方法包括角对角放大和中心放大两种。下面分别介绍一下两种选定区域放大的操作。

1. 角对角放大

（1）执行菜单命令【View】/【Area】（角对角选定区域放大），之后鼠标光标变成十字形。

（2）将鼠标光标移到需要放大的线路图上，单击鼠标左键确定放大区域的一角，然后用鼠标光标拖出一个适当的虚线框选定所要放大的区域，最后再单击鼠标左键确定放大区域的另一角，所选中的区域就会被放大，显示在工作窗口中，如图 2-35 所示。

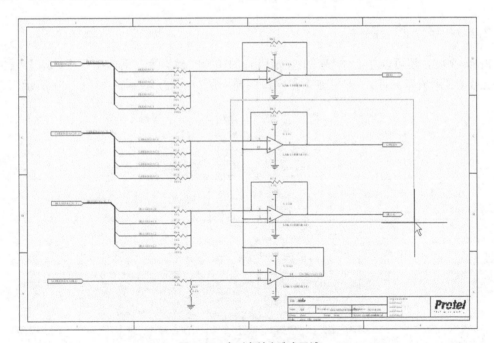

图 2-35 角对角放大选定区域

2. 中心放大

（1）执行菜单命令【View】/【Around Point】（中心放大），鼠标光标变成十字形。

（2）将鼠标光标移到所要放大的线路图上，单击一点确定放大区域的中心，然后用鼠标光标拖出一个适当的虚线框选定所要放大的区域，再单击鼠标左键确定放大区域的边界，即可以选定点为中心将选定区域放大并显示在工作窗口中。

2.4.5 显示整个图形文件

执行菜单命令【View】/【Fit Document】（显示整个图形文件），即可显示整个图形文件，如图 2-36 所示。

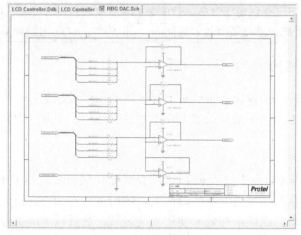

图 2-36 显示整个图形文件

2.4.6 显示所有图件

Protel 99 SE 还可以在工作窗口中显示所有的图形文件。执行菜单命令【View】/【Fit All Objects】（显示所有图件），即可在工作窗口中显示所有的图形文件，如图 2-37 所示。

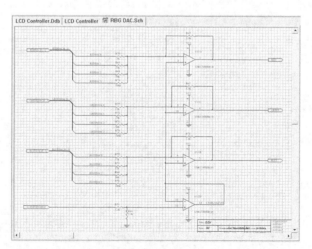

图 2-37 显示所有的图形文件

【Fit Document】（显示整个图形文件）菜单命令指的是将整个原理图设计图纸显示在工作窗口中，包括图纸的标题栏和图纸边框等。【Fit All Objects】（显示所有图件）菜单命令指的是将原理图设计中所有图件显示在工作窗口中，但是并不包括图纸的边框和标题栏。

2.4.7　刷新画面

在设计原理图过程中，设计者可能会发现，在滚动画面、移动元件等操作后，有时会出现画面上显示残留斑点、线段或图形变形等问题。为了保证画面不影响设计工作的进行，可以通过执行菜单命令【View】/【Refresh】来刷新画面。

刷新画面还可以使用快捷键 End，快捷键的使用既可以在空闲状态下进行，也可以在命令状态下进行。

2.5　课堂案例——查找元器件

为了巩固原理图编辑器基本操作功能，课堂案例将介绍如何利用原理图编辑器管理窗口在系统提供的所有元器件库文件中查找元器件。

在原理图编辑器管理窗口中单击 Find 按钮，即可打开【Find Schematic Component】（查找元器件）对话框。下面将以"MAX232"为例介绍如何在系统提供的元器件库文中查找元器件。

（1）在原理图编辑器管理窗口中单击 Find 按钮，打开查找元器件对话框，在该对话框中可以对查找元器件的属性进行配置。本例中以元器件的名称作为查找条件，为了扩大搜索的范围，在【By Library Reference】（通过元器件的名称）选项后的文本框中将搜索名称设置为"*MAX232*"，并选中该选项前的复选框，如图2-38所示。

（2）单击【Path】（路径）文本框后的 … 按钮，打开【浏览文件夹】对话框。在该对话框中，可以指定查找元器件的路径，如图2-39所示。

图 2-38　查找元器件对话框

图 2-39　【浏览文件夹】对话框

本例拟在系统提供的所有元器件库中查找元器件，因此应当将查找元器件的路径设定为系统安装目录下的原理图库"…\Design Explorer 99 SE\Library\Sch\…"。

（3）设置好查找元器件的路径后，单击 确定 按钮回到查找元器件对话框，然后单击 Find Now 按钮执行查找元器件的命令，系统将会自动在指定路径下的库文件中查找元器件，查找的结果如图2-40所示。

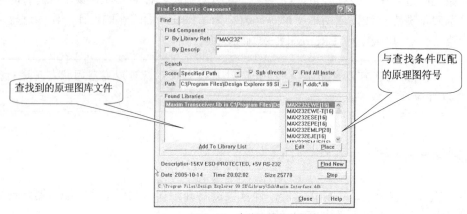

图 2-40　查找元器件的结果

在图 2-40 所示的对话框中，在查找结果栏选中需要的元器件，然后单击 Place 按钮即可将当前选中的元器件放置到原理图设计中，如图2-41所示。单击 Add To Library List 按钮可以把当前选中的原理图库文件载入到原理图编辑器中，如图2-42所示。

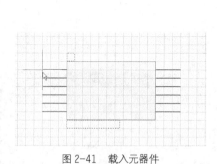

图 2-41　载入元器件

图 2-42　载入库文件

在系统提供的所有元器件库文件中查找元器件的适用情况是：仅知道元器件的名称，但不知道元器件可能会在哪个原理图库中。

2.6 课堂练习——查找网络标号

本练习介绍利用原理图编辑器管理窗口中的快速查找图件的功能在原理图中快速查找并定位网络标号。

在原理图设计中经常需要查看元器件之间的电气连接，即查找具有相同网络标号的元器件引脚之间的连接。

通过原理图编辑器管理窗口查找图件的功能可以快速查找到网络标号，而且可以快速定位到网络标号在图纸上的具体位置。下面以查找网络标号"TDI"为例介绍如何在原理图设计中查找网络标号。

（1）执行菜单命令【File】/【Open…】，在 Protel 99 SE 的安装目录中找到并选中"…\Design Explorer 99 SE\Examples\LCD Controller.ddb"，打开其中的"LCD Processor.sch"原理图设计文件。

（2）在原理图编辑器管理窗口中，将【Browse】下方文本框中的选项设置成"Primitives"，则原理图编辑器管理窗口将变为图 2-43 所示的浏览图件模式。

（3）在图件分类列表栏中选择"Net Labels"（网络标号），则系统将会变为查看网络标号的模式，并在图件列表栏中显示当前原理图设计中的所有网络标号，如图 2-44 所示。

（4）查找网络标号。将鼠标光标移到图件浏览栏中，单击鼠标左键激活图件列表栏，接着再按T+D+I快捷键，则系统将会自动转到名称为"TDI"的网络标号处，并且使名称为"TDI"的网络标号处于选中状态，如图 2-45 所示。

图 2-43 浏览图件窗口

图 2-44 查看原理图设计中的网络标号

图 2-45 查找网络标号的结果

在图 2-45 中，单击 Jump 按钮即可跳转到当前选中的网络标号在原理图设计中所在的位置，如图 2-46 所示。单击 Text 按钮可以编辑当前选中网络标号的名称，如图 2-47 所示。单击 Edit 按钮可以编辑当前选中网络标号的属性，如图 2-48 所示。

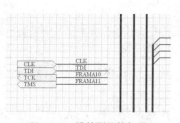

图 2-46 跳转到网络标号

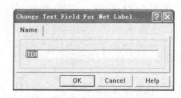

图 2-47 修改网络标号的名称

图 2-48 编辑网络标号的属性

经验总结

利用原理图编辑管理窗口快速查找并定位图件的功能来浏览、修改原理图设计，可以大大缩短查找图件的时间，提高原理图设计的效率。还需要说明一点，除了查找网络标号外，查找元器件也是常用的操作，其操作方法与查找网络标号基本一样，只是将图件的类型选择为【Parts】（元器件）即可。

习　题

2-1　填空题

（1）新建文件的快捷键为_____，取消选取所有对象的快捷键为_____，使当前视图能够刚好查看原理图上所有图件对象的快捷键为_____。

（2）原理图编辑中的查找命令或替换命令是针对_____对象进行的。

（3）删除对象除了使用【Delete】命令之外还可以使用_____命令，它的快捷键为_____。

2-2　选择题

（1）电路原理图中的某一个元器件已经与其他一些元器件有了相应的电气连接关系，如果想在移动元器件的过程中保持这种连接关系，应该使用 Move 子菜单中的（　　）命令。

A.【Move】　　　　　B.【Drag】　　　　　C.【Drag Selection】

（2）如果要删除原理图中的许多对象，可以先选取这些对象，然后利用 Edit 菜单中的（　　）命令将它们一次性全部删除。

A.【Cut】　　　　　B.【Delete】　　　　　C.【Clear】

（3）使用【Window】菜单中的（　　）命令，可以让 Protel 99 SE 中所有打开的窗口重叠排列。

A.【Tile 】　　　　　B.【Cascade 】　　　　　C.【Arrange Icons】

2-3　在原理图编辑器管理窗口中查找名称为"CAP"的原理图符号。

2-4　打开原理图文件"LCD Processor.SchDoc"，利用原理图编辑器管理窗口快速找到元器件 U2 所在位置。

2-5　熟悉工具栏打开与关闭的方法，并了解各个工具栏的功能。

2-6　熟悉画面管理的方法。

第 3 章　原理图设计

电路板设计主要包括两个阶段：原理图设计和 PCB 设计。原理图设计是在原理图编辑器中完成的，而 PCB 设计是在 PCB 编辑器中进行的。只有原理图设计完成并经过编译、修改无误之后，才能进行 PCB 电路板的设计。

本章将详细介绍原理图设计的全过程。原理图设计的任务是将电路设计人员的设计思路用规范的电路语言描述出来，为电路板的设计提供元器件封装和网络表连接。设计一张正确的原理图是完成具备指定功能的 PCB 电路板设计的前提条件，原理图正确与否直接关系到后面制作的电路板能否正常工作。此外，原理图设计还应当本着整齐、美观的原则，能清晰、准确地反映设计者意图，方便日常交流。

3.1　原理图设计基本流程

一般地，原理图设计的基本流程如图 3-1 所示。

1．新建原理图设计文件

为了方便电路板设计文件的管理，在新建原理图设计之前，应当先创建一个设计数据库文件，然后在该设计数据库文件下新建原理图设计文件。

2．设置图纸区域工作参数

图纸区域工作参数的设置指的是图纸大小、电气栅格、可视栅格和捕捉栅格等参数的设置，它们构成了原理图设计的工作环境。只有这些参数设置合理，才能有助于提高原理图设计的质量和效率。

3．载入原理图库

在原理图设计过程中，放置的元器件全部来源于载入到原理图编辑器中的原理图库。如果原理图库没有载入原理图编辑器，那么在绘制原理图时就找不到所需的元器件。因此，在绘制原理图之前，应当先将需要的原理图库载入原理图编辑器中。

需要注意的是，系统提供的原理图库涵盖了众多厂商、种类齐全的元器件，并非每一个原理图库在原理图的设计过程中都会用到。因此，根据原理图设计的需要只将所需的原理图库载入到原理图编辑器即可。

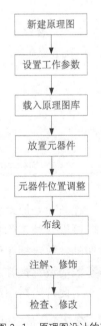

图 3-1　原理图设计的基本流程

4. 放置元器件

放置元器件指的是从原理图库中选择所需的各种元器件，并将其逐一放置到原理图设计中，然后根据电气连接的设计要求和整齐美观的原则，调整元器件的位置。一般地，在放置元器件的过程中，需要同时完成对元器件的编号、添加封装形式和定义元器件的显示状态等操作，以便为后面的电路板设计工作打好基础。

5. 原理图布线

原理图布线指的是在放置完元器件后，用具有电气意义的导线、网络标号、电源和接地符号以及端口等图件将元器件连接起来，使各元器件之间具有特定的电气连接关系，能够实现某项电气功能的过程。

6. 补充完善

在原理图设计基本完成之后，可以在原理图上作一些相应的说明、标注和修饰，以增强原理图的可读性和整齐美观性。

7. 校验、调整和修改

完成原理图设计和调整后，读者可以利用 Protel 99 SE 提供的各种校验工具，根据设定规则对原理图设计进行检验，然后再做进一步的调整和修改，以保证原理图的正确无误。

下面以图 3-2 所示的指示灯显示电路为例，向读者详细介绍原理图的基本绘制过程。

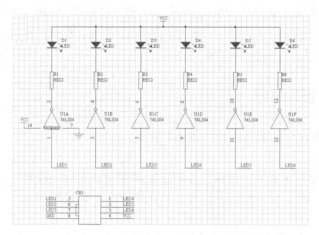

图 3-2　原理图设计实例

3.2　设置图纸区域工作参数

在新建好原理图设计文件后，下一步就可以设置图纸区域工作参数了。

图纸区域工作参数的设置包括图纸选项和一些参数的设置。其中，与原理图设计关系最密切的参数包括图纸大小和方向的设定、电气栅格、可视栅格和捕捉栅格等。本节中将对这些参数的设置作详细的介绍。

下面首先对图纸的外形进行设置。

3.2.1　定义图纸外观

设置图纸的外观参数可按照以下步骤进行。

（1）执行菜单命令【Design】/【Options…】，打开【Document Options】（文档参数）对话框，如图 3-3 所示。

（2）设置图纸尺寸。将鼠标光标移至图 3-3 中的【Standard Style】（标准图纸格式）选项，单击【Standard Styles】文本框后的 ▾ 按钮，在下拉菜单列表中选择【A4】选项，即可将图纸尺寸设定为 A4 大小，如图 3-4 所示。

图 3-3　设置图纸属性对话框

图 3-4　选择图纸

在图 3-4 中，Protel 99 SE 提供的标准图纸有下列几种。

① 公制：A0，A1，A2，A3，A4。

② 英制：A，B，C，D，E。

③ Orcad 图纸：OrcadA，OrcadB，OrcadC，OrcadD，OrcadE。

④ 其他：Letter，Legal，Tabloid。

　　　　　一般情况下，如果原理图设计不是太复杂，就可以选择标准 A4 图纸。

（3）设定图纸方向。对图纸方向的设定是在图 3-4 所示窗口中的【Options】（选项）栏中完成的，该区域中包括图纸方向的设定、标题栏的设定及边框底色的设定等几部分。单击【Orientation】（方向）选项的 ▾ 按钮，在下拉列表框中选择【Landscape】（水平）选项，即可将图纸的方向设定为水平方向，如图 3-5 所示。

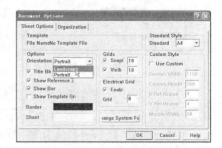
图 3-5　设定图纸方向

Protel 99 SE 的图纸方向有以下两种选择。

● 【Landscape】（水平）：图纸水平横向放置。

● 【Portrait】（垂直）：图纸垂直纵向放置。

在进行电路图设计时，将图纸方向设定为水平方向，不过这也不一定，应当根据图纸最终的布局来决定图纸的方向。两种方式下图纸的外形如图 3-6 所示。

（4）设置【Title Block】（图纸标题栏）。单击【Title Block】选项后的 ▾ 按钮，在下拉列表中选择【Standard】（标准型）选项，即可将图纸的标题栏设置为标准型，如图 3-7 所示。

　　　　　系统提供的标题栏有【Standard】（标准型）和【ANSI】（美国国家标准协会）模式两种。

（5）设置【Title Block】（显示图纸标题栏）。选中【Title Block】选项前的复选框，复选框中为"√"表示选中该项，选中此项可以显示图纸标题栏。

（a）水平方向

（b）垂直方向

图 3-6　图纸的两种放置方向

（6）设置【Show Reference Zones】（显示参考边框）。选中此项可以显示参考图纸边框。

（7）设置【Show Border】（显示图纸边框）。选中此项可以显示图纸边框。

（8）设置【Show Template Graphics】（显示图纸模板图形）。选中此项可以显示图纸模板图形。

（9）设置【Border】（图纸边框的颜色）。单击图 3-7 中【Border】选项后的颜色框，即可弹出如图 3-8 所示的【Choose Color】（选择图纸边框颜色）对话框。

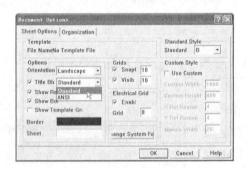
图 3-7　选择标题栏类型

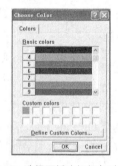
图 3-8　选择图纸边框颜色对话框

在图 3-8 中，设计者可以根据自己绘制电路图的习惯选择一种颜色作为图纸的边框，在默认情况下，图纸边框的颜色为黑色。

（10）设置【Sheet】（图纸的颜色）。此项可设置图纸工作区域的颜色。设置的方法同设置图纸边框颜色的方法一样。

3.2.2　栅格参数设置

栅格参数设置包括图纸栅格设置和电气栅格设置两部分。栅格参数设置的好坏与否直接影响原理图设计的效率和质量，如果电气栅格和捕捉栅格相差太大，则在原理图设计过程中就不易捕捉到电气节点，这样将会极大地影响绘图效率。

（1）设置【Grids】（图纸栅格）。

此项设置包括两个部分：【SnapOn】（捕捉栅格）的设置和【Visible】（可视栅格）的设置，如图 3-9 所示。设置的方法是：首先选中相应的复选框，然后在后面的文本框中输入所要设定的值即可。本例中将两项的值均设定为"10"。

【Snap On】：捕捉栅格。

此项设置将影响到原理图设计过程中放置和拖动元器件、布线时鼠标在图纸上能够捕捉到的最小步长。设定值的系统默认单位为 mil，即 1/1000 英寸。例如【Snap On】设定为 "20" 时，鼠标在拖动元器件时，元器件将以 20mil 为基本单位沿鼠标拖动方向移动。

【Visible】：可视栅格。

设置图纸上实际显示的栅格的距离，系统默认单位为 mil。

（2）设置【Electrical Grid】（电气栅格）。

选中该项时，系统在放置导线时会以【Electrical Grid】栏中的设定值为半径，以鼠标箭头为圆心，向周围搜索电气节点。如果找到了此范围内最近的节点，就会把鼠标光标移至该节点上，并在该节点上显示出一个 "×"。

设置方法是：首先选中【Enable】前的复选框，然后在【Grid】（栅格间距）后的文本框中输入所要设定的值，如 "8"，单位为 mil，如图 3-10 所示。

图 3-9　图纸栅格的设定　　　　　　　　　　　　　　图 3-10　电气栅格的设定

电气栅格的大小应该接近且略小于捕捉栅格的大小，只有这样才能准确地捕获元器件的电气节点。

3.2.3　自定义图纸外形

如果在绘制原理图的过程中，系统提供的图纸类型不能满足原理图设计的需要，则可以自定义图纸的外形。自定义图纸外形的方法是：选中文档参数设置对话框中【Custom Style】（自定义样式）栏中【Use Custom】（自定义图纸大小）前的复选框，然后在各选项后的文本框中输入相应的值即可，如图 3-11 所示。

图 3-11　自定义图纸外形

自定义图纸外形对话框中各选项的意义如下。

【Custom Width】（图纸宽度）：该选项用于自定义图纸的宽度，默认单位为 mil。

【Custom Height】（图纸高度）：该选项用于自定义图纸的高度，默认单位为 mil。

【X Ref Region Count】（X 轴方向等分数目）：该选项用于定义 x 轴方向（水平方向）参考边框划分的等分个数。

【Y Ref Region Count】（Y 轴方向等分数目）：该选项用于定义 y 轴方向（垂直方向）参考边框划分的等分个数。

【Margin Width】（边框宽度）：该选项用于定义图纸边框的宽度。

3.3　载入原理图库

在原理图设计中，元器件通常叫做原理图符号。原理图符号代表着实际元器件的引脚电气分布关系。为了方便对原理图符号的管理，Protel 将所有的元器件按制造厂商和元器件的功能进行分类整理，将具有相同特性的原理图符号存放在一个文件中。原理图库文件就是存储原理图符号的文件。

Protel 99 SE 作为专业的计算机辅助电路板设计软件，常用元器件的原理图符号，都可以在 Protel 99 SE 的原理图库中找到。读者在放置元器件时只需在原理图库中调用所需的原理图符号即可，而不需要逐个去制作原理图符号。因此，在正式绘制原理图之前，应当先载入原理图库文件。

还有一点需要提醒读者，对于某个原理图设计，可能只需要几个原理图库就可以完成原理图设计，把这几个原理图库载入到原理图编辑器即可，而不必载入所有的原理图库。这样做可以减轻系统运行负担，加快运行速度。

下面是几个常用的原理图库文件。

【Miscellaneous Devices.ddb】：该库文件包含常用的元器件，比如电阻、电容和二极管等元器件。

【Protel DOS Schematic Libraries.ddb】：该库文件包含一些通用的集成电路元器件，在该设计数据库文件中还包括了多个原理图库文件，如图 3-12 所示。

下面介绍在原理图编辑器中载入元器件的具体操作。

（1）在原理图编辑器中，单击 Browse Sch 按钮，将原理图编辑器管理窗口切换到浏览原理图管理窗口。

（2）单击【Browse】栏右下方的下拉按钮，在下拉列表中选择【Libraries】（原理图库文件）选项，切换至浏览原理图库的状态。

（3）在原理图编辑管理窗口中，单击 Add/Remove... 按钮，打开【Change Library File List】（载入原理图库）对话框，如图 3-13 所示。

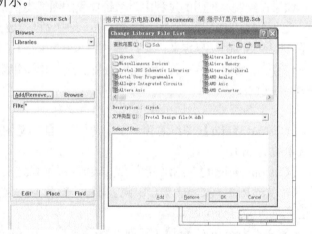

图 3-12　通用集成电路库文件　　　　　　　图 3-13　【载入原理图库】对话框

（4）单击【查找范围】文本框后的下拉按钮，将硬盘空间指向原理图库所在的位置。系统提供的原理图库文件在安装目录："…\Design Explorer 99 SE\Library\Sch\…"下。

（5）在系统提供的原理图库列表中选择原理图库文件"Miscellaneous Devices.ddb"和"Protel DOS Schematic Libraries.ddb"，分别单击 Add 按钮将这两个库文件添加到【Selected Files】（选中的原理图库文件）栏中，结果如图 3-14 所示。

（6）单击 OK 按钮，结束添加库文件操作，则添加原理图库后的原理图管理窗口如图 3-15 所示。

图 3-14　添加库文件　　　　　　　　　　图 3-15　新装入原理图库后的原理图管理窗口

　执行菜单命令【Design】/【Add/Remove Library】也可以进入【载入原理图库】对话框。

3.4　放置元器件

当原理图库载入到原理图编辑器中后，就可以从原理图库中调用元器件并把它们放置到图纸上了。

放置元器件的方法主要有以下几种。

（1）利用菜单命令【Place】/【Part...】放置元器件。

（2）利用快捷键 P/P 放置元器件。

（3）利用放置工具栏中的按钮 ⊅ 放置元器件。

（4）利用原理图符号列表栏放置元器件。

下面将分别对上述几种方法进行介绍。

3.4.1　利用菜单命令放置元器件

本例中以放置元器件 74LS04 为例介绍如何利用菜单命令放置元器件。

（1）执行菜单命令【Place】/【Part...】，即可打开【Place Part】（放置元器件）对话框，如图 3-16 所示。

（2）在对话框中输入即将放置的原理图符号的【Lib Ref】（名称）、【Designator】（序号）和【Footprint】（元器件封装），结果如图 3-17 所示。

（3）单击 OK 按钮即可回到原理图工作窗口中，此时鼠标光标上就会"粘着"一个 74LS04 的子件，如图 3-18 所示。

（4）在图纸上适当位置单击鼠标左键即可放置一个元器件的子件，然后系统将自动返回如图 3-17 所示的输入元器件信息的对话框。

（5）重复步骤（3）、（4）的操作，即可放置该元器件的所有子件，结果如图 3-19 所示。

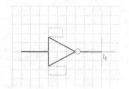

图 3-16　放置元器件对话框　　　图 3-17　输入元器件信息　　　图 3-18　放置元器件的状态

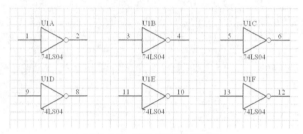

图 3-19　放置 74LS04 的结果

（6）此时系统仍处于放置元器件状态，在放置元器件对话框中单击 Cancel 按钮，即可退出放置元器件的命令状态。

3.4.2　利用快捷键 P/P 放置元器件

下面以放置二极管指示灯为例介绍如何利用快捷键 P/P 放置元器件。

（1）载入所需的原理图库。二极管指示灯在常用元器件库"Miscellaneous Devices.ddb"中。

（2）按快捷键 P/P，即可打开放置元器件对话框，在其中输入有关二极管的信息，结果如图 3-20 所示。

（3）放置元器件操作与利用菜单命令放置元器件的操作完全相同，这里就不再介绍了。放置好 6 个二极管的结果如图 3-21 所示。

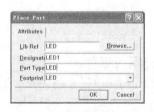

图 3-20　放置元器件对话框

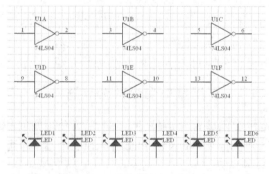

图 3-21　放置二极管后的结果

3.4.3　利用放置工具栏中的 ⊅ 按钮放置元器件

利用放置工具栏中的 ⊅ 按钮也可以放置元器件。单击原理图编辑器放置工具栏中的 ⊅ 按钮，即可打开如图 3-16 所示的放置元器件对话框，其后的操作与执行菜单命令放置元器件和按快捷键放置元器件的操作完全相同，因此这里就不再介绍了。

3.4.4 利用原理图符号列表栏放置元器件

利用原理图编辑器管理窗口中的原理图符号列表栏也可以放置元器件，其基本步骤为：先在原理图库文件中查找到需要放置的元器件，然后再单击 Place 按钮可以将当前选中的元器件放置到原理图设计中去。

下面以放置电阻为例具体介绍如何利用原理图符号列表栏放置元器件。

（1）在原理图编辑器管理窗口中的原理图库文件列表栏中选中电阻所在的库文件，然后激活原理图符号列表栏。

（2）查找元器件。按 R E S 快捷键，即可跳转到电阻原理图符号处，如图 3-22 所示。

（3）拖动原理图符号栏右边的滚动栏，选中"RES2"，单击 Place 按钮，然后将鼠标光标移动到图纸区域工作窗口，则将会有一个电阻元器件"粘着"在鼠标光标上，如图 3-23 所示。

（4）当系统处于放置元器件的命令状态时，按 Tab 键，打开【Part】（元器件属性）对话框，如图 3-24 所示。

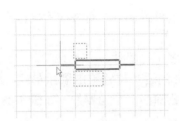

图 3-22　查找电阻元器件　　　　图 3-23　放置电阻元器件状态　　　　图 3-24　元器件属性对话框

在该对话框中，可以设置元器件的序号、元器件封装等参数。本例中将电阻的序号设定为"R1"，元器件封装为"AXIAL0.4"。

（5）设置完电阻的参数后，单击 OK 按钮，返回放置元器件的状态，在适当的位置单击鼠标左键即可在当前位置放置一个电阻，此时系统仍然处于放置电阻的命令状态，如图 3-25 所示。

（6）单击鼠标左键，再放置 5 个电阻，然后单击鼠标右键即可退出放置元器件的命令状态，结果如图 3-26 所示。

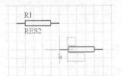

图 3-25　放置一个电阻元器件　　　　　　图 3-26　放置电阻的结果

在原理图编辑器中，连续放置同一类元器件时，元器件的序号会自动递增，大大提高了放置元器件的效率。

3.4.5　删除元器件

在放置元器件的过程中，或者在放置完元器件后，设计者如果觉得元器件的类型不相符或者数目过多，可以将这些元器件从原理图中删除。

删除元器件时可以一次只删除一个元器件，也可以同时删除多个元器件。

1. 删除一个元器件

（1）执行菜单命令【Edit】/【Delete】。此外，也可以使用快捷键 E/D。

（2）当鼠标光标变为十字形状后，将其移到要删除的元器件上，单击鼠标左键即可将该元器件删除，如图 3-27 所示。

（3）此后，程序仍处于命令状态。重复第（2）步的操作即可依次删除其他的元器件。单击鼠标右键或按 Esc 键即可退出删除命令。

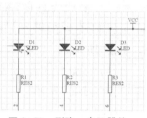

图 3-27　删除一个元器件

删除一个元器件也可以先选中待删除的元器件，此时元器件的周围会出现虚线框，然后按 Del 键，即可删除选中的元器件。在进行各种操作时，鼠标与键盘相配合会大大简化工作步骤，提高工作效率。设计者在今后的实践中应当学会鼠标与键盘的配合使用。

如果想要一次删除多个元器件或图件，可按如下操作步骤进行。

2. 一次删除多个元器件

（1）首先选中所要删除的多个元器件。

① 在需要删除的元器件外的适当位置单击鼠标左键，然后按住鼠标左键不放并拖动鼠标，用拖出的虚线框选中所要删除的多个元器件，如图 3-28 所示。

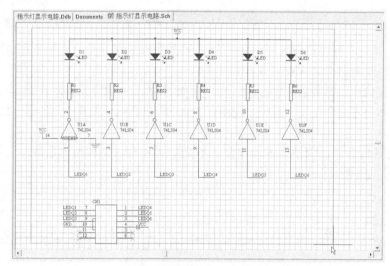

图 3-28　同时选择多个元器件

② 松开鼠标左键，即可选中需要删除的元器件，如图 3-29 所示。

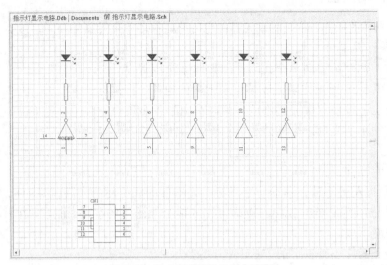

图 3-29　选中所要删除的多个元器件

（2）删除选中的元器件。执行菜单命令【Edit】/【Clear】或直接按 Ctrl+Del 快捷键，即可删除选中的多个元器件。

3.5　调整元器件的位置

在放置元器件后，为了在绘制电路图时布线方便以及图纸的整齐和美观，设计者需要对图纸上的元器件进行适当的调整。

调整元器件的位置主要包括以下 3 种方式。

（1）移动元器件。

（2）旋转和翻转元器件。

（3）排列和对齐元器件。

下面将以图 3-30 所示的元器件为例介绍调整元器件位置的详细操作。

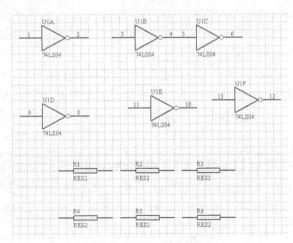

图 3-30　调整元器件的位置

3.5.1 移动元器件

同删除元器件的操作一样，移动元器件也可分为移动单个元器件和同时移动多个元器件。

1. 移动单个元器件

下面通过实例介绍移动单个元器件的具体操作步骤。

（1）选中图 3-30 所示电阻元器件中左上角的电阻。将鼠标光标移到电阻上，按住鼠标左键不放，此时在电阻上出现以鼠标光标为中心的十字光标，这样便选中了该元器件，如图 3-31 所示。

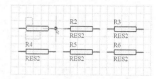

图 3-31　选中所要移动的元器件

（2）移动元器件。

① 按住鼠标左键不放，移动十字光标，元器件的虚框轮廓会随鼠标光标的移动而移动。

② 在适当的位置，松开鼠标左键即可完成单个元器件的移动。注意，在移动的过程中必须按住鼠标左键不放。

移动单个元器件还有以下的方法。

（1）执行菜单命令【Edit】/【Move】/【Move】，出现十字光标。

（2）将鼠标光标移到元器件上后，单击鼠标左键即可选中该元器件，并且该元器件就好像"粘"在鼠标光标上了。

（3）移动元器件（此过程不必按住鼠标左键不放），在合适的位置单击鼠标左键即可完成移动，此时系统仍处于移动命令状态，可继续移动其他元器件，直到单击鼠标右键或按 Esc 键取消命令为止。

要点提示

移动其他图件，如导线、标注文字等的操作与此相同。

---

2. 同时移动多个元器件

除了移动单个元器件外，还可以一次移动多个元器件，具体操作如下。

（1）同时选中多个元器件。

选中多个元器件的方法有两种。

① 同时选中多个元器件。对于规则的选中区域，这种方法非常方便。按住鼠标左键不放，移动鼠标光标在工作区内拖出一个适当的虚线框将要选择的所有元器件包含在内，然后松开左键即可选中虚线框内的所有元器件或图件。

② 逐个选取多个元器件。这种方法主要适合不规则的选中区域。执行菜单命令【Edit】/【Toggle Selection】，出现十字光标后，依次将光标移到所要选中的元器件上单击鼠标左键，即可逐个选中元器件。在该命令状态下，操作可执行多次，直至单击鼠标右键或按 Esc 键取消命令为止。

要点提示

执行菜单命令【Edit】/【Toggle Selection】选取图件具有开关特性。执行菜单命令【Edit】/【Toggle Selection】之后，将鼠标光标移到所要选中的元器件上，第一次单击鼠标左键可选中该元器件，如果再次单击鼠标左键则可取消该元器件的选中状态。

（2）移动选中的元器件。

① 选中多个元器件后，将鼠标放到选中元器件组中的任意一个元器件上，按住鼠标左键不放，此时鼠标变成十字光标，如图 3-32 所示。

② 按住鼠标左键，并移动被选中的元器件组到适当的位置，然后松开鼠标左键，元器件组便被放置在了当前位置。

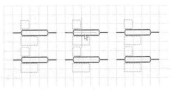

图 3-32 同时移动多个元器件

 要点提示　　移动被选中的元器件还可以执行菜单命令【Edit】/【Move】/【Move Selection】，出现十字光标后，单击被选中的元器件，移动鼠标光标即可将它们移动到适当的位置，然后再单击鼠标左键确认即可。此过程中不必按住鼠标左键不放。

3.5.2　元器件的旋转和翻转

为了方便布线，有时还要对元器件进行旋转。

旋转元器件时主要利用以下快捷键对元器件进行操作。

（1）Space 键（空格键）：使元器件旋转。每按一次 Space 键，被选中的元器件逆时针旋转 90°。

（2）X 键：使元器件水平翻转。每按一次 X 键，被选中的元器件左右对调一次。

（3）Y 键：使元器件上下翻转。每按一次 Y 键，被选中的元器件上下对调一次。

下面将以 74LS04 为例介绍元器件的旋转操作。

1. 元器件的旋转

（1）将鼠标移到元器件 74LS04 上并按住鼠标左键不放，选中该元器件。

（2）按 Space 键即可将该元器件沿逆时针方向旋转 90°。注意，旋转的过程中应按住鼠标左键不放。

（3）将元器件方向调整到位后松开鼠标左键即可，旋转后的结果如图 3-33 所示。

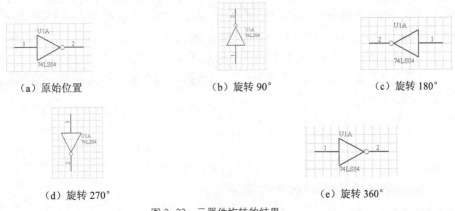

（a）原始位置　　（b）旋转 90°　　（c）旋转 180°

（d）旋转 270°　　（e）旋转 360°

图 3-33　元器件旋转的结果

2. 水平翻转元器件

（1）将鼠标移到元器件 74LS04 上并按住鼠标左键不放，选中该元器件。

（2）按 X 键即可将该元器件水平翻转一次。注意，翻转的过程中应按住鼠标左键不放。

（3）将元器件方向调整到位后松开鼠标左键即可，水平翻转后的结果如图 3-34 所示。

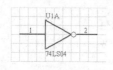

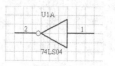

（a）翻转前的 74LS04　　　　　　　　　　　（b）翻转后的 74LS04

图 3-34　水平翻转元器件

3．上下翻转元器件

（1）将鼠标移到元器件 74LS04 上并按住鼠标左键不放，选中该元器件。

（2）按 Y 键即可将该元器件上下翻转一次。注意，翻转的过程中应按住鼠标左键不放。

（3）将元器件方向调整到位后松开鼠标左键即可，上下翻转后的结果如图 3-35 所示。

（a）翻转前的 74LS04　　　　　　　　　　　（b）翻转后的 74LS04

图 3-35　上下翻转元器件

3.5.3　图件的排列和对齐

在大多数场合下，整齐总是能够给人以美的感觉，原理图也是如此。为了画出精美的原理图，我们应该注意原理图上图件的排列和对齐。

如果仅依靠手动进行排列对齐，则工作效率太低，而且效果也不是十分令人满意。Protel 99 SE 提供了一系列排列和对齐的工具，从而可以方便地进行这项工作。

在 Protel 99 SE 中，图件排列和对齐的方式有左对齐（Align Left）、右对齐（Align Right）、水平中心对齐（Center Horizontal）、顶端对齐（Align Top）、底端对齐（Align Bottom）、垂直中心对齐（Center Vertical）、水平均布（Distribute Horizontally）、垂直均布（Distribute Vertically）8 种方式。相应的命令均在菜单【Edit】/【Align】中，如图 3-36 所示。

为了方便叙述，我们以图 3-37 所示的图形为例介绍上述 8 种排列图件的效果，排列和对齐的效果如表 3-1 所示。

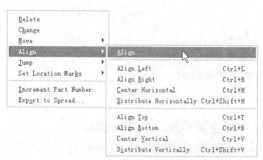

图 3-36　排列和对齐元器件的菜单命令

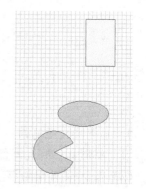

图 3-37　排列和对齐图件实例

表 3-1   排列和对齐图件的效果

左对齐		顶端对齐	
右对齐		底端对齐	
水平中心对齐		垂直中心对齐	
水平均布		垂直均布	

下面我们以顶端对齐为例介绍图件排列和对齐的方法，对于其他方法读者可以照样试一试。

1. 使一组图件顶端对齐

使图件左对齐的具体操作步骤如下。

（1）在原理图编辑器图纸区域工作窗口中重新放置 74LS04 的 4 个子件，结果如图 3-38 所示。

（2）选中图 3-38 中的元器件。

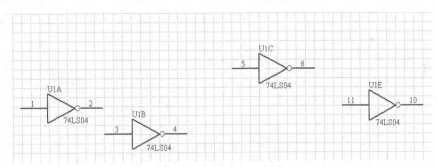

图 3-38 放置好的元器件

（3）执行菜单命令【Edit】/【Align】/【Align Top】，使处于选中状态的元器件顶端对齐，结果如图 3-39 所示。所有图件最顶端的点均在同一条水平直线上。

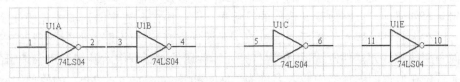

图 3-39 元器件顶端对齐的效果

2. 使一组图件同时实现两种排列或均布

从图 3-39 顶端对齐的效果来看，虽然元器件在顶端对齐了，但是在水平方向上分布不均匀。为了使元器件既在顶端对齐，又要在水平方向上均匀分布，可以按下面的步骤进行。

（1）选择需要进行排列或均布的元器件。本例选中图 3-38 所示的图件，对其进行重新排列。

（2）执行菜单命令【Edit】/【Align】/【Align...】，打开【Align objects】（排列图件）设置对话框，如图 3-40 所示。

图 3-40　设定排列和均布方式

在该对话框中，左边一部分是水平排列选项（Horizontal Alignment），右边一部分是垂直排列选项（Vertical Alignment），其中各项的意义如表 3-2 所示。

表 3-2　　　　　　　　　　各水平排列选项和垂直排列选项的意义

水平排列选项		垂直排列选项	
选项名称	意　义	选项名称	意　义
No Change	位置不变	No Change	位置不变
Left	全部靠左对齐	Top	全部顶端对齐
Center	全部靠中间对齐	Center	全部靠中间对齐
Right	全部靠右对齐	Bottom	全部底端对齐
Distribute Equally	平均分布	Distribute Equally	平均分布

（3）设置排列图件选项。选中水平排列选项的【Distribute Equally】项以及垂直排列选项的【Top】项，目的是使 4 个图件在水平方向上均匀分布，而在垂直方向上顶端对齐。设置完成后，单击　OK　按钮确定。排列的结果如图 3-41 所示。

只要在图 3-40 所示的对话框中选择不同的组合方式，就可以对所选中的一组图件实现不同的组合排列对齐。

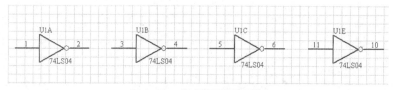

图 3-41　完成排列后的图件

3.6　编辑元器件属性

元器件的属性主要包括元器件的序号、封装形式以及元器件参数等。

编辑元器件属性可以在放置元器件的过程中，通过按 Tab 键来激活编辑元器件属性对话框，也可以在调整好元器件位置后，通过双击元器件打开器件属性对话框进行编辑。

下面介绍调整好元器件位置后，再次打开元器件属性对话框中对其属性进行编辑的操作。

（1）首先在原理图编辑器中载入名称为 "Miscellaneous Devices.ddb" 的原理图库。

（2）在该库文件中查找名称为 "ZENER2" 的稳压管，然后放置到图纸中，结果如图 3-42 所示。

（3）用鼠标左键双击稳压管，打开编辑元器件属性对话框，如图 3-43 所示。

（4）单击  打开元器件属性参数选项卡，然后根据要求，在该选项卡中设置元器件的各种属性。

【Lib Ref】（元器件名称）：元器件在原理图库中的名称（一般情况下不允许修改）。

【Footprint】（元器件封装）：由于该稳压管在元器件封装库中封装名称为"DIODE0.4"，因此本例中将其设置为"DIODE0.4"。

【Designator】（元器件序号）：本例中设定为"Z1"。

其他选项采用系统默认的设置。

对于初学者，最关键的是其中的【Footprint】选项的设置。元器件封装的设置正确与否，直接关系着原理图向 PCB 电路板设计转化过程中，元器件和网络表能否成功地载入 PCB 编辑器中。其具体的操作将在后面的章节中进行介绍。

（5）设置完成后的元器件属性对话框如图 3-44 所示，单击 OK 按钮确认即可。

图 3-42　放置一个稳压管　　图 3-43　编辑元器件属性对话框　　图 3-44　设置元器件的参数

此外，还可以利用菜单命令【Edit】/【Change】对元器件属性进行编辑，具体的操作这里就不再介绍了。

3.7　原理图布线

将元器件放置在图纸上并设置好元器件属性后，就可以开始布线了。所谓布线，就是用具有电气连接的导线、网络标号、输入/输出端口等将放置好的各个相互独立的元器件按照设计要求连接起来，从而建立电气连接的过程。

对电路原理图进行布线的方法主要有 3 种。

（1）利用放置工具栏（Wiring Tools）进行布线。

（2）利用菜单命令进行布线。

（3）利用快捷键进行布线。

在上述 3 种布线方法中，利用放置工具栏布线最为常用。因此，在介绍原理图布线操作之前，首先介绍一下放置工具栏的使用。

3.7.1　原理图放置工具栏

原理图放置工具栏如图 3-45 所示，用鼠标左键单击原理图放置工具栏上的各个按钮，即可选择相应的布线工具进行布线。

图 3-45　原理图放置工具栏

原理图放置工具栏各个按钮的功能如表 3-3 所示。

表 3-3 原理图放置工具栏按钮功能

按　钮	功　　能	按　钮	功　　能
放置导线		制作方块电路盘	
画总线		制作方块电路盘输入/输出端口	
画总线分支线		制作电路输入/输出端口	
放置网络标号		放置电路节点	
放置电源及接地符号		设置忽略电路法则测试	
放置元器件		设置 PCB 布线规则	

下面对上述放置工具栏中的常用工具进行详细的介绍。

1. 放置导线

下面将以发光二极管、电阻及驱动电路之间的布线为例介绍放置导线的有关操作，图 3-46 所示为放置好元器件的电路图。

（1）单击放置工具栏中的 按钮，执行放置导线的命令，之后鼠标光标变成十字形光标。

（2）将出现的十字光标移到二极管的引脚上，单击鼠标左键确定导线的起始点，如图 3-47 所示。

在放置导线时，导线的起始点一定要设置在元器件的引脚上，否则导线与元器件将不能形成电气连接关系，在图 3-47 中鼠标指针处出现的小圆点标志，就是当前系统捕获的电气节点，此时放置的导线将以此为起点。

（3）确定导线的起始点后，移动鼠标开始放置导线。将线头随鼠标光标拖动到电阻 R1 上方的引脚上，单击鼠标左键确定该段导线的终点，如图 3-48 所示。同样，导线的终点也一定要设置在元器件的引脚上。

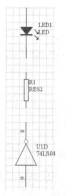

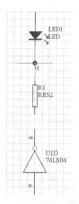

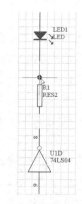

图 3-46　放置好元器件的电路图　　　图 3-47　确定导线起始点　　　图 3-48　确定导线终点

（4）单击鼠标右键或按 Esc 键，即可完成一条导线的绘制。此时，系统仍处于放置导线的命令状态。重复上述的步骤即可继续放置其他的导线。

（5）放置一段折线。执行放置导线的命令，首先确定导线的起点，然后移动鼠标开始放置导线，在适当的位置单击鼠标左键确定折线的拐点，改变导线的方向，如图 3-49 所示。在适当位置单击鼠标左键即可确定导线的终点。

（6）导线绘制完毕后，单击鼠标右键或按 Esc 键即可退出放置导线的命令状态。

此外，在放置导线的过程中，单击 Tab 键即可打开【Wire】（编辑导线属性）对话框，如图 3-50 所示。

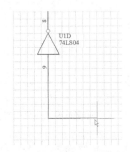

图 3-49 绘制一段折线

图 3-50 编辑导线属性对话框

2. 放置电源及接地符号

在 Preotel 99 SE 中，系统专门提供了放置电源及接地符号（Power Objects）工具栏，总共可以放置 12 种不同形状的电源和接地符号，如图 3-51 所示。

放置电源及接地符号（Power Object）工具栏可以通过执行菜单命令【View】/【Toolbars】/【Power Objects】来打开与关闭。

放置电源及接地符号有以下几种方法。

（1）单击放置工具栏中的 ÷ 按钮，这种方法可连续放置电源及接地符号，但是在放置不同的电源和接地符号时应当打开图 3-52 所示的【Power Port】（电源端口属性）对话框进行设置。

（2）单击电源及接地符号（Power Object）工具栏中的符号，这种方法单击一次只能放置一个电源及接地符号。

（3）使用快捷键 P/O。

（4）执行菜单命令【Place】/【Power Port】。

图 3-51 电源及接地符号（Power Objects）工具栏

图 3-52 修改电源端口属性对话框

放置电源及接地符号的具体操作如下。

（1）将鼠标光标移到图 3-49 所示的元器件上，然后双击鼠标左键，打开编辑元器件属性对话框，如图 3-53 所示。选中【Hidden Pin】（隐藏元器件的引脚）复选框，将元器件隐藏的电源引脚显示出来，结果如图 3-54 所示。

（2）放置电源或接地符号。本例中采用第（1）种方法来放置电源和接地符号。单击放置工具栏中的 ÷ 按钮，出现十字光标，接地符号会"粘"在十字光标上，如图 3-55 所示。

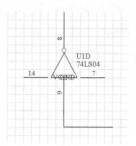

图 3-53　修改元器件隐藏引脚的属性　　　　图 3-54　显示元器件隐藏引脚后的结果

 　利用放置工具栏中的 按钮放置电源符号或接地符号具有记忆功能，比如上次放置的电源符号，再次放置时仍然为电源符号。

（3）设置电源符号属性。按 Tab 键，打开设置电源及接地符号属性对话框，设置好的属性如图 3-56 所示。

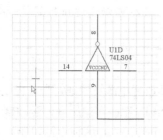

图 3-55　放置电源或接地符号　　　　图 3-56　设置电源符号属性

在该对话框中，读者可以对电源及接地符号的属性进行设置，其中各个选项的具体功能如下。

【Net】（网络标号）：该选项用来设定该符号所具有的电气连结点的网络标号名称。本例中输入"VCC"。

【Style】（外形）：设定接地符号的外形。单击 按钮，将会弹出电源及接地符号的样式下拉列表，如图 3-57 所示。本例中放置的是电源符号，因此在下拉列表中选择"Bar"作为电源的外形。

【X-Location】、【Y-Location】（符号位置坐标）：确定符号插入点的位置坐标。该项可以不必输入，电源及接地符号的插入点可以直接通过鼠标的移动来确定或改变。

【Orientation】（方向）：设置电源及接地符号的放置方向。在该例中选择"90 Degrees"。

【Color】（颜色）：单击【Color】右边的颜色框，可以重新设置电源及接地符号的颜色。本例中将接地符号的颜色设定为紫色。

（4）设置完电源及接地符号属性后，单击 OK 按钮确认即可回到放置电源符号的状态。

（5）移动鼠标光标将接地符号放置在原理图中相应的位置。

（6）采用相同方法可完成接地符号 GND 的放置，放置完成后的电路如图 3-58 所示。

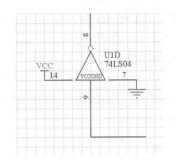

图 3-57 电源及接地符号的样式下拉列表　　　　图 3-58 放置完电源及接地符号后的电路

放置完电源和接地符号后，如果要对其属性进行修改，可以直接双击电源或接地符号，再次打开编辑电源及接地符号属性对话框进行修改。

3．放置网络标号（Net Label）

前面介绍过，实现元器件之间的电气连接除了放置导线外，还可以通过放置网络标号来实现元器件之间的电气连接。在一些复杂的原理图设计中，由于元器件比较多、连线复杂，如果直接使用放置导线的方式，则会使图纸显得杂乱无章，从而大大影响图纸的美观和可读性。然而，合理使用网络标号则可以使整张图纸变得清晰易读。

网络标号，指的是某个电气连接的名称。连接在一起的电源、接地符号、元器件引脚及导线等导电图件具有相同的网络标号。需要注意的是，网络标号同元器件的引脚一样，也具有一个电气节点。因此，在放置网络标号时，必须使网络标号的电气节点与导线或元器件引脚的电气节点重合，才能真正实现元器件的电气连接。

下面我们用放置网络标号的方法来实现电路的连接，具体操作步骤如下。

（1）为了便于放置网络标号，首先在相应的元器件引脚处放置导线，结果如图 3-59 所示。

（2）执行放置网络标号的命令。单击放置工具栏中的 ^{Net1} 按钮，鼠标光标变为十字形状，并出现一个随鼠标光标移动而移动的带虚线方框的网络标号，如图 3-60 所示。

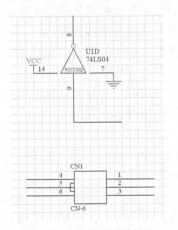

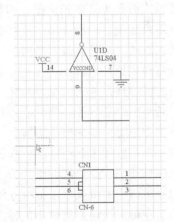

图 3-59 添加导线后的结果　　　　　　　图 3-60 执行放置网络标号命令后的状态

（3）设置网络标号的属性。按 Tab 键即可打开【Net Label】（网络标号属性）设置对话框，设置结果如图 3-61 所示。设置好网络标号属性后，单击 OK 按钮即可回到放置网络标号的命令状态。

在设置网络标号属性对话框中，修改网络标号属性的方法同修改电源及接地符号的属性一样。在这里仅修改网络标号的名称，修改后的网络标号为"LED1"。

（4）放置网络标号。将鼠标指针移动到接插件 CN1 的 4 号引脚的引出导线上，当小圆点电气捕捉标志出现导线上时，单击鼠标左键确认，即可将网络标号放置到导线上去。

（5）此时系统仍处在放置网络标号的命令状态，重复步骤（3）、（4），在 U1D 的 9 号脚的引出线上放置网络标号"LED1"，表明这两点连接在一起。放置好网络标号后的结果如图 3-62 所示。

图 3-61 修改网络标号的属性

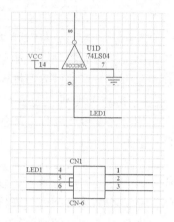

图 3-62 放置网络标号后的结果

如果网络标号以数字结束，则在放置过程中，数字将会递增。因此，再次放置以数字结尾的相同的网络标号时需要重新修改网络标号的名称。

4. 画总线

多条并行导线设置了网络标号后，具有相同网络标号的导线之间已经具备了实际的电气连接关系，但是为了便于读图，引导读图者看清不同元器件间的电气连接关系，可以绘制总线。使用总线代替一组导线的连接关系时，通常需要与总线分支线相配合。

所谓总线，就是代表多条并行导线——对应连接在一起的一条线。总线常常用在元器件的数据总线或地址总线的连接上，其本身并没有任何电气连接意义，电气连接关系还是靠元器件引脚或导线上的网络标号来定义的。利用总线和网络标号进行元器件之间的电气连接不仅可以减少图中的导线、简化原理图，而且可以使原理图清晰直观。

下面介绍画总线的操作步骤。

（1）单击放置工具栏中的 按钮，执行画总线的命令，鼠标光标上出现十字光标后就可以开始画总线了。画总线的操作方法和放置导线的操作方法完全一样。

（2）在适当的位置单击鼠标左键以确定总线的起点，然后移动光标开始画总线。

（3）在每一个转折点单击鼠标左键确认绘制的这一段总线，在末尾处单击鼠标左键确认总线的终点。

（4）单击鼠标右键即可结束一条总线的绘制工作。绘制好的总线如图 3-63 所示。

（5）绘制完一条总线后，系统仍处于绘制总线的命令状态，可以按照上述方法继续绘制其他的总线，也可以单击鼠标右键或按 Esc 键退出绘制总线的命令状态。

（6）修改总线的属性。在放置总线的过程中按 Tab 键，或者是在放置完总线后用鼠标左键双击总线，都可以打开【Bus】（总线属性）设置对话框，在该对话框中可对总线的【Bus】（宽度）、【Color】（颜色）及【Selection】（选中状态）进行设置，如图3-64所示。

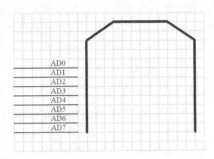

图 3-63 绘制好的总线

图 3-64 修改总线属性对话框

5. 绘制总线分支线（Bus Entry）

总线分支线用来连接导线与总线。下面介绍画总线分支线的操作步骤。

（1）单击放置工具栏中的 ↖ 按钮，执行画总线分支线命令，之后鼠标上出现十字光标并带着总线分支线 "/" 或 "\"，如图3-65所示。由于位置不同，有时需要用总线分支线 "/"，有时又需要用 "\"。改变总线分支线的方向，只要在命令状态下按 Space 键即可。

（2）放置总线分支线。将十字光标移动到导线上的适当位置，在十字光标处出现电气节点时单击鼠标左键，即可将分支线放置在光标当前位置，然后移动鼠标可以继续放置其他的分支线。放置好总线分支线的结果如图3-66所示。

（3）放置完所有的总线分支线后，单击鼠标右键或按 Esc 键即可退出命令状态。

（4）修改总线分支线的属性。在放置总线分支线的过程中按 Tab 键，或者是在放置完总线分支线后用鼠标左键双击总线分支线，都可以打开【Bus Entry】（总线分支线属性）设置对话框，在该对话框中可对总线分支线的【X1/X2/Y1/Y2-Location】（位置坐标）、【Line Width】（宽度）、【Color】（颜色）及【Selection】（选中状态）等进行设置，如图3-67所示。

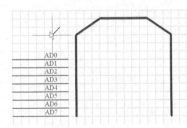

图 3-65 执行画总线分支线命令的状态

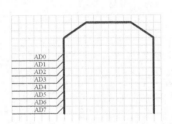

图 3-66 放置好总线分支线的结果

图 3-67 修改总线分支线属性对话框

6. 放置电路的输入/输出端口

原理图布线，除了前面介绍的用导线和网络标号（Net Label）连接的方法外，还可以通过放置输入/输出端口的方法来连接。输入/输出端口主要用于一个原理图设计与另一个原理图设计之间的连接，常用于层次原理图的设计中。

电路的输入/输出端口常称为电路的 I/O 端口，具有相同输入/输出端口名称的电路将被视为属于同一网络连接，即在电气关系上认为它们是连接在一起的。

下面介绍电路输入/输出端口的放置方法。

（1）单击放置工具栏中放置电路的输入/输出端口的 🔲 按钮，执行放置电路的 I/O 端口的命令，鼠标变成十字光标会出现在图纸工作区内并带着一个 I/O 端口，如图 3-68 所示。

（2）将 I/O 端口移动到导线附近，单击鼠标左键确定 I/O 端口一端的位置，然后拖动鼠标至导线的一端，再次单击鼠标左键即可确定 I/O 端口另一端的位置。这时 I/O 端口的位置和长度也就确定下来了，结果如图 3-69 所示。

（3）设置 I/O 端口的属性。在放置 I/O 端口的过程中按 Tab 键，或者是在放置完 I/O 端口后用鼠标左键双击已经放置好的 I/O 端口，都可以打开【Port】（端口属性）设置对话框，如图 3-70 所示。

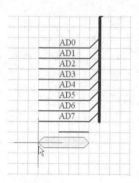

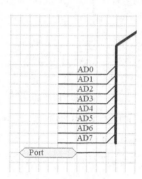

图 3-68　执行放置 I/O 端口命令后的状态　　图 3-69　放置 I/O 端口　　图 3-70　修改 I/O 端口属性对话框

在该对话框中，可对端口的属性进行设置，其中各选项的意义如下。

【Name】（I/O 端口名称）：该选项用于设置 I/O 端口的名称，即设置 I/O 端口的网络标号。具有相同 I/O 端口名称的电路在电气关系上是连接在一起的。本例中将 I/O 端口的名称设置为"OUT"。

【Style】（I/O 端口外形）：设置 I/O 端口的外形。I/O 端口外形实际上就是 I/O 端口的箭头方向，Protel 99 SE 中提供了 8 种选择，如图 3-71 所示，它们的外形如图 3-72 所示。本例中将外形设置为【Left】。

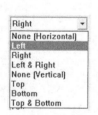

图 3-71　I/O 端口的外形种类

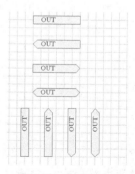

图 3-72　I/O 端口外形

【I/O Type】（I/O 端口的电气特性）：该选项用于设置端口的电气特性，也就是对端口的输入/输出类型进行设定，它会对电气法则测试（ERC）提供一定的依据。例如，当两个同为"Input"类型的 I/O 端口连接在一起的时候，电气法则测试时就会产生错误报告。这里设定为"Output"。端口电气类型有以下 4 种。

①【Unspecified】：未指明或不确定。

②【Output】：输出端口型。

③【Input】：输入端口型。

④【Bidirectional】：双向型。

【Alignment】(I/O 端口名称的位置)：该选项用于设置 I/O 端口名称的位置，用来确定 I/O
端口的名称在端口符号中的位置，不具有电气特性。端口名称的位置有以下 3 种。

①【Center】：居中。

②【Left】：左对齐。

③【Right】：右对齐。

其他属性的设置包括 I/O 端口的【Length】(长度)、【X/Y-Location】(位置坐标)、【Border】
(边线颜色)、【Fill Color】(填充颜色)、【Text】(文字标注的颜色)和【Selection】(选中状态)
等选项，设计者可以根据自己的要求进行设定，这里不做详细介绍了。

(4) 设置完 I/O 端口属性后，单击对话框中的 [OK] 按钮确认即可。制作好的电路
I/O 端口如图 3-73 所示。

7. 放置线路节点 (Junction)

常见的导线交叉可以分成如下 3 种情况，如图 3-74 所示。

(1) 导线 T 形交叉，有电气连接。

(2) 导线十字交叉，有电气连接。

(3) 导线十字交叉，无电气连接。

图 3-73　放置好的 I/O 端口　　　　　　　　　　图 3-74　3 种交叉的导线

在 T 形导线交叉处，系统将自动添加上一个线路节点。但是，当两条导线在原理图中成
十字交叉时，系统将不会自动生成线路节点。这两条导线在电气上是否相连，是由交叉点处
有无线路节点来决定的。如果在交叉点有电路节点，则认为两条导线在电气上是相连的，否
则认为它们在电气上是不相连的。因此，如果导线确实相交的话，则应当在导线交叉处放置
线路节点，使其具有电气上的连接关系。

放置线路节点操作步骤如下。

(1) 单击放置工具栏上的 ┬ 按钮，执行放置线路节点的命令，在图纸工作区鼠标变成十
字形光标并带着线路节点，如图 3-75 所示。

(2) 修改线路节点的属性。当系统处于放置线路节点的命令状态时，按 [Tab] 键即可打开
【Junction】(线路节点属性) 设置对话框。在该对话框中可以对节点的【X/Y-Location】(位置)、
【Size】(大小)、【Color】(颜色)、【Selection】(选中状态)、【Locked】(锁定属性) 等进行设
置，设置后的结果如图 3-76 所示。

(3) 放置线路节点。移动十字形光标至两条导线的交叉点处，单击鼠标左键，即可将节
点放置在当前导线交叉点处，放置线路节点后的结果如图 3-77 所示。这样，两导线就具有了
电气上的连通关系。

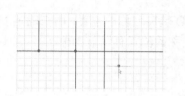

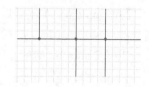

图 3-75　执行放置电气节点命令后的状态　　图 3-76　线路节点属性对话框　　图 3-77　放置电气节点后的状态

（4）此时，系统仍处在放置线路节点的命令状态，单击鼠标右键或按 $\boxed{\text{Esc}}$ 键，即可退出放置线路节点的命令状态。

3.7.2　原理图布线

在原理图设计过程中，将具有相同电气连接的元器件引脚连接到一起，从而建立起两者之间的电气连接的操作就叫做布线。

在同一原理图设计中，最简单的两种布线方法是：放置导线和放置网络标号。

放置导线的布线方法适合于元器件之间的连线距离较短，而且导线之间的交叉较少的情况。该方法直观适用，方便原理图的浏览。但是，当原理图设计比较复杂，元器件较多，导线之间的交叉较多或者距离太远时，如果还用导线连接的话势必降低整张原理图的可读性和图纸的美观。在这种情况下，往往采用放置网络标号的方法来替代导线连接。同时为了读图方便，对于并行的多条导线还可以采用总线的方式来连接。

总之，应当以原理图布局整齐、布线美观为原则对原理图设计进行合理布线。

3.8　课堂案例——绘制指示灯显示电路

前面以"指示灯显示电路"为例零散地介绍了原理图的绘制方法，本节巩固练习将具体介绍该电路原理图的绘制。

绘制指示灯显示电路具体操作步骤如下。

（1）首先创建一个设计数据库文件，命名为"指示灯显示电路.ddb"。然后在该设计数据库文件下的"Documents"文件夹下新建一个原理图设计文件，命名为"指示灯显示电路.Sch"。

（2）设置原理图编辑器工作窗口的图纸参数和栅格参数。

（3）载入原理图库。本例中需要载入的原理图库主要包括"Miscellaneous Devices.ddb"和"Protel DOS Schematic Libraries.ddb"。

（4）放置元器件。

如果原理图设计中元器件的数目不是特别多，则可以在放置元器件时将元器件分类，一次放置同一类元器件，其序号会自动递增。当原理图设计比较复杂时，放置元器件的原则是：先放置核心元器件，再放置与核心元器件相关的外围元器件。

要点提示　　　　如果原理图设计比较复杂，元器件的数目较多，则建议在放置元器件的同时为每一个元器件编号，添加元器件封装以及设置元器件的参数。

本例电路比较简单，首先将元器件进行分类，结果如下。

① 电阻：普通电阻的序号为"R1"～"R6"，注释文字为"Res2"，元器件封装为"AXIAL0.4"。

② 二极管指示灯：二极管的序号为"LED1"～"LED6"，注释文字为"LED"，元器件封装为"LEDQ"。

③ 集成电路 74LS04：集成电路的序号为"U1"，注释文字为"74LS04"，元器件封装为"DIP-14"。

④ 接插件：接插件的序号为"CN1"，注释文字为"CN-6"，元器件封装为"CN6"。

（5）按照上述分类，放置元器件。放置好所有元器件后的原理图如图 3-78 所示。

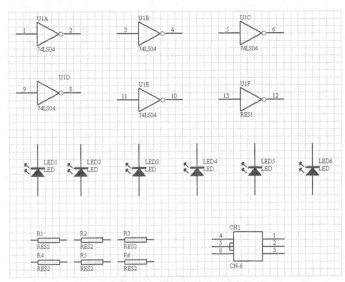

图 3-78　放置元器件后的原理图

（6）调整元器件的位置。元器件位置的放置应当以原理图美观和方便布线为原则，调整元器件位置后的结果如图 3-79 所示。

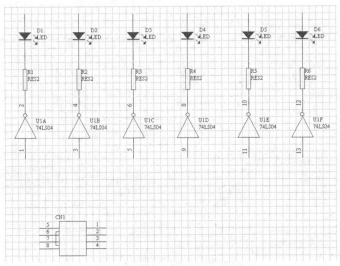

图 3-79　调整元器件位置的结果

（7）布线。根据电气连接的要求，采用放置导线布线、放置网络标号的方法对已调整好的元器件进行布线。其中为了原理图的美观，接插件与元器件 74LS04 的信号连接采用放置网络标号的方法进行布线。布线结果如图 3-80 所示。

（8）放置电源和接地符号，结果如图 3-80 所示。

这样电路图就基本上绘制完成了，读者可以根据自己的习惯，从整体角度对电路图进行修改，并且根据需要添加注释。

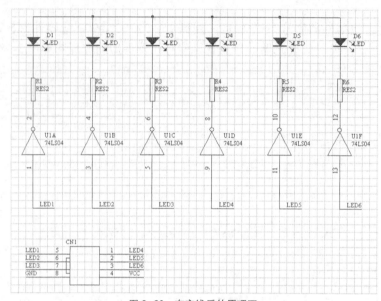

图 3-80　布完线后的原理图

3.9　课堂练习——单片机最小系统的原理图绘制

该电路是由单片机 8031、地址锁存器 74LS373、存储器 27128 以及相应的时钟振荡电路和上电复位电路组成的单片机最小系统。绘制的单片机最小系统原理图如图 3-81 所示。

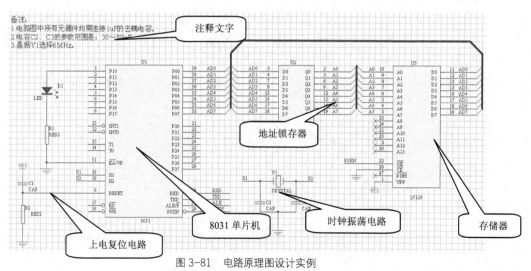

图 3-81　电路原理图设计实例

单片机最小系统的原理图绘制步骤如下。

（1）新建的数据库文件和原理图文件如图 3-82 所示。

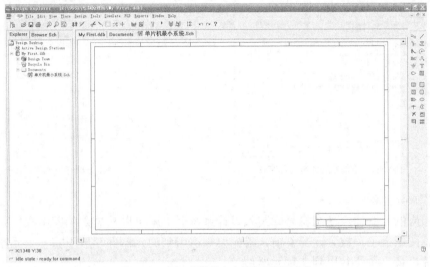

图 3-82　新建的数据库文件和原理图文件

（2）设置图纸参数。

根据图 3-81 中的实例对图纸提出以下基本要求。

● 图纸的幅面尺寸为 A4。

● 图纸的方向为水平放置。

● 图纸标题栏采用标准型。

● 填写图纸设计信息。

设置图纸的外观参数如图 3-83 所示。

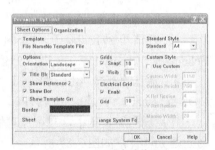

图 3-83　图纸参数的设置

填写图纸设计信息。单击 Organization 选项卡，打开文件信息对话框，在相应的文本框中输入设计信息，如图 3-84 所示。

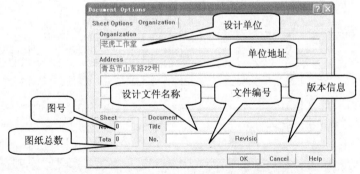

图 3-84　设置文件信息对话框

（3）载入元器件原理图符号库。

添加元器件原理图符号库的结果如图 3-85 所示，载入元器件原理图符号库的结果如图 3-86 所示。

图 3-85　添加原理图符号库文件

图 3-86　载入原理图符号库

（4）放置元器件。

当将相应的元器件原理图符号库装入设计系统后，就可以从装入的库中取用元器件并把它们放置到图纸上了。放置元器件前，首先要知道用到的元器件存放于哪一个元器件库中。本例中单片机最小系统共用到 7 种元器件。

- 电阻器 R1～R2、电容器 C1～C3、晶振 Y1 和发光二极管 D1 属于"Miscellaneous Devices.ddb"库文件中的"Miscellaneous Devices.lib"元器件库。

- 单片机 8031 属于"Protel DOS Schematic Libraries.ddb"库文件中的"Protel DOS Schematic Intel.lib"元器件库。

- 存储器 27128 属于"Protel DOS Schematic Libraries.ddb"库文件中的"Protel DOS Schematic Memory Devices.lib"元器件库。

- 地址锁存器 74LS373 属于"Protel DOS Schematic Libraries.ddb"库文件中的"Protel DOS Schematic TTL.lib"元器件库。

在原理图编辑器中，利用原理图编辑器的管理窗口、菜单命令、布线工具栏和快捷键放置上述元器件，如图 3-87 所示。

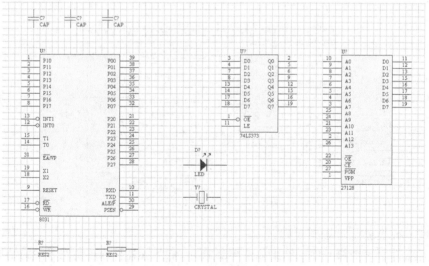

图 3-87　元器件放置的结果

（5）元器件位置调整。

为了在绘制电路原理图时，使布线距离最短且导线清晰明了，在元器件放置完毕后还需要对图纸上的元器件位置进行适当的调整，将元器件移动到适当的位置或将元器件旋转成所需要的方向。调整的结果如图 3-88 所示。

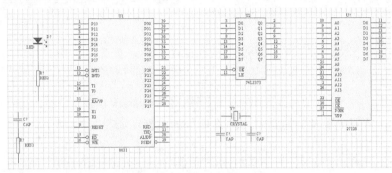

图 3-88　元器件位置调整后的结果

对于较为复杂的电路原理图来说，元器件位置的调整往往会和布线过程同步进行，也就是说在布线的同时根据需要调整元器件的位置，以达到清晰、美观的效果。

（6）设置元器件属性。

调整好元器件位置后，接下来就要对各个元器件的属性进行设置，这项工作是 PCB 设计的基础。元器件的属性主要包括元器件的序号、封装形式、元器件型号等。

用鼠标双击元器件，或者利用菜单命令，或者当元器件处于放置状态时按下 Tab 键，打开元器件属性对话框，对图 3-88 中的元器件属性进行设置。各个元器件的序号、型号和封装形式设置如下。

- 普通电容器 1：C1、CAP、RAD-0.2。
- 普通电容器 2：C2、CAP、RAD-0.2。
- 普通电容器 3：C3、CAP、RAD-0.2。
- 晶振：Y1、CRYSTAL、XTAL-1。
- 发光二极管：D1、LED、DIODE-0.4。
- 电阻器 1：R1、RES2、AXIAL-0.4。
- 电阻器 2：R2、RES2、AXIAL-0.4。
- 单片机 8031：U1、8031、DIP-40。
- 地址锁存器 74LS373：U2、74LS373、DIP-20。
- 存储器 27128：U3、27128、DIP-28。

设置全部元器件的属性后，结果如图 3-89 所示。

（7）原理图布线。

在调整好元器件的位置并设置好元器件的属性后，就可以在原理图上布线了。

导线连接是将各元器件的引脚通过导线直接连通，是最常用的一种布线手段。网络标号同样具有电气连接意义，相同的网络标号的引脚之间实际上是相连的，只不过其间没有导线。电源及接地符号从根本上讲是一类特殊的网络标号，只不过为了满足电路图的表达习惯，将它们赋予了特定的形状。总线区别于前面的 3 种图件，它是没有电气连接意义的，引入总线的目的是为了简化图纸的绘制，使图纸简洁、清晰。

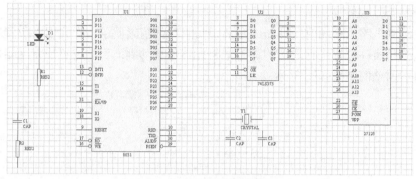

图 3-89　设置元器件属性后的原理图

绘制导线、放置电源及接地符号和网络标号的原理图如图 3-90 所示。

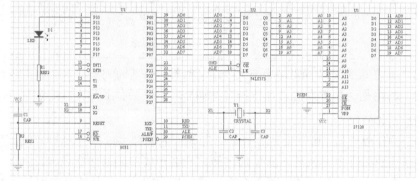

图 3-90　放置多个网络标号

绘制好的总线和分支线的结果如图 3-91 和图 3-92 所示。

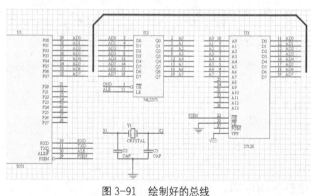

图 3-91　绘制好的总线

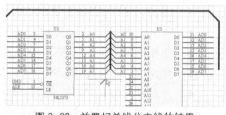

图 3-92　放置好总线分支线的结果

（8）添加注释文字。

为了达到方便调试、增强图纸可读性等目的，在原理图布线完成后，还可根据需要添加一定的注释文字。如果添加的注释文字字数较多，就要用到文本框。使用文本框书写注释文字，既规范又清晰。

执行添加文本框命令。执行该命令有如下 3 种方法。

① 单击画图工具栏中的 按钮。

要点提示　通过执行菜单命令【View】/【Toolbars】/【Drawing Tools】可以打开或关闭画图工具栏。

② 选取菜单命令【Place】/【Text Frame】。

③ 按快捷键 P/F。

这时工作区的鼠标指针处会出现十字光标，按 Tab 键，打开【Text Frame】（文本框属性）对话框，如图 3-93 所示。

在该对话框中对文本框的属性进行设置，其中各个选项的具体功能如下。

● 【X1-Location】（文本框左下顶点横坐标）、【Y1-Location】（文本框左下顶点纵坐标）、【X2-Location】（文本框右上顶点横坐标）和【Y2-Location】（文本框右上顶点纵坐标）：确定文本框对角顶点的位置，可不做改动。

● 【Border Width】：设置边框宽度。这里设定为"Smallest"。

● 【Border】和【Fill Color】：分别设置边框和文本框填充的颜色，这里使用默认设置。

● 【Draw Solid】：使框内填充颜色。此处不选此项。

● 【Show Border】：选中显示边框。

● 【Alignment】：设置文本框内的文字对齐方式。这里设定为"Left"（左对齐）。

● 【Word Wrap】：选中该项后，当文字超出文本框边界时，程序自动使文字换行。

● 【Clip To Area】：选中后将强迫文本框内四周留下一个间隔区。

单击【Text】（文本）选项后的 Change... 按钮，系统弹出【Edit TextFrame Text】（编辑文本框文字）对话框。它实际上是一个简单的文本编辑器。用户在它内部编辑的文本将显示在文本框中。输入图 3-94 所示的文字，单击 OK 按钮确定。

图 3-93 文本框属性对话框

图 3-94 编辑文本框内容

单击【Font】（字体）选项后的 Change... 按钮，系统弹出字体属性对话框。将字体设为"宋体"，字体大小设为"10"。单击 确定 按钮完成设置。

设置完毕后单击 OK 按钮确定。

将十字光标移动到适当位置，单击鼠标左键，则文本框的一个顶点被固定下来。移动十字光标，然后单击鼠标左键确定另外一个顶点，这样文本框放置完毕。

第一次放好文本框后，其大小往往不够合适，不是不能显示所有文字，就是显示区域过大。单击该文本框，这时文本框四周出现用于调整其大小的小方块，如图 3-95 所示。

将鼠标光标移至某一小方块上，按下鼠标左键，并拖动鼠标，就能调整文本框的大小。反复调整几次，直至满意。

用鼠标左键单击文本框后，不放开左键，可使文本框跟随鼠标移动，将文本框放置到原理图的左上角的位置，松开鼠标，结果如图 3-96 所示。

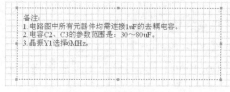

图 3-95　调整文本框大小　　　　　　　　　　　图 3-96　文本框实例

到此，电路原理图绘制工作基本完成，最终的绘制结果如图 3-81 所示。

习　题

3-1　填空题

（1）【Document Options】对话框中的_____选项可以控制图纸的放置方向，而_____选项可以控制栅格捕捉的开关。

（2）在【Preferences】对话框中，通过_____选项可以改变鼠标光标的形状；若要使元器件只能正交移动，则必须选中_____选项。

（3）在编辑原理图时，绘制导线的命令是_____，使用在两个连接点上放置相同名称的_____，同样可以使两者具有电气连接关系。

（4）在放置元器件的十字光标命令状态下，可以按_____键调出元器件属性对话框，按_____键可以旋转元器件，按_____或者_____键可以将元器件以相应的坐标轴镜像翻转。

3-2　选择题

（1）若想将两个元器件的某些管脚对应地连接起来，可以使用（　　）命令。

A.【Wire】　　　　　　　　　　B.【Bus】　　　　　　　　　　C.【Net Label】

（2）在【Preferences】对话框的【Schematic】选项卡中，如果取消对【Auto-Junction】复选项的选择，那么当原理图中出现 T 字形连接的时候，表面上连在一起的导线实际上并没有在电气意义上的连接，需要用（　　）命令才能将交叉的导线连接起来。

A.【Place】/【Net Label】　　　B.【Place】/【Wire】　　　C.【Place】/【Junction】

（3）如果想将 Protel 99 SE 中原理图的一部分元器件复制并粘贴到 Powerpoint 文档中，必须在【Preferences】对话框的【Graphical Editing】选项卡中取消对（　　）选项的选择。

A.【Add Template to Clipboard】　　B.【Clipboard Reference】　　C.【Convert Special Strings】

3-3　简述原理图设计的基本流程。

3-4　可视栅格、捕捉栅格和电气栅格各有什么作用？试设定不同值，观看效果。

3-5　放置元器件有哪几种方法？

3-6　调整元器件位置主要包括哪几种方式？

3-7　在原理图设计过程中，修改元器件的属性主要有哪几种方法？

3-8　原理图布线通常有哪几种方法？

3-9　导线与网络标号都是常用的布线工具，那么两者各在什么情况下适用？

第4章 原理图符号制作

在绘制原理图的过程中，读者可能会发现有的原理图符号在系统提供的元器件库中找不到，此时就需要自己动手制作一个原理图符号。本章主要介绍原理图符号的制作。

4.1 制作原理图符号基础知识

本节主要介绍原理图符号的组成、制作原理图符号的基本步骤等基础知识，有助于掌握制作原理图符号的要领。

4.1.1 概念辨析

本章主要介绍元器件的原理图符号的制作，经常涉及原理图符号和原理图库这两个概念。

（1）原理图符号：代表二维空间内元器件引脚电气分布关系的符号，它除了表示元器件引脚的电气分布外，没有其他的实际意义。

（2）原理图库：存储原理图符号的设计文件。

4.1.2 原理图符号的组成

一般的原理图符号主要由 3 部分组成：第 1 部分是用来表示元器件的电气功能或几何外形的示意图，第 2 部分是构成该元器件的引脚，第 3 部分是一些必要的注释，如图 4-1 所示。

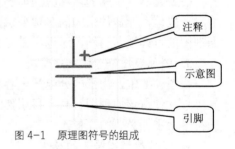

图 4-1　原理图符号的组成

4.1.3 制作原理图符号的基本步骤

根据原理图符号的组成，制作原理图符号的基本步骤如图 4-2 所示。

1. 绘制元器件的示意图

元器件的示意图主要用来表示元器件的功能或者是元器件的外形，不具备任何电气意义。因此，在绘制元器件的示意图时可绘制任意形状的图形，但是必须本着美观大方和易于交流的原则。

2. 放置元器件的引脚

原理图符号中的元器件引脚与实际的元器件引脚具有一一对应的关系。

在制作原理图符号时，放置元器件的引脚应当注意以下 3 点。

（1）正确设置元器件引脚的序号。

虽然原理图符号中的元器件引脚与实际的元器件引脚具有一一对应的关系，但是为了方便原理图设计中的布线，原理图符号中的引脚顺序可以不按照实际元器件的引脚顺序来放置，如图 4-3 所示。

 要点提示 以集成电路为例，实际的元器件引脚的编号顺序为从左至右逆时针方向编号，如图 4-3（a）所示。

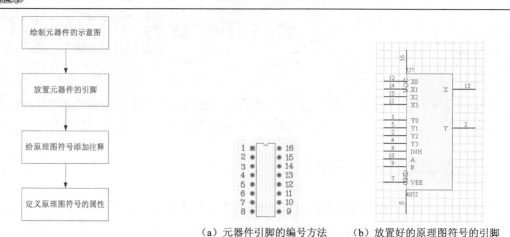

（a）元器件引脚的编号方法　　（b）放置好的原理图符号的引脚

图 4-2　制作原理图符号的基本步骤　　　　　图 4-3　元器件引脚的编号与原理图符号的引脚

（2）正确放置元器件引脚的电气节点。

在放置原理图符号的引脚时，元器件引脚的电气节点应当远离元器件示意图，否则在绘制原理图时，该引脚不能与相连的导线或网络标号形成电气上的连接。

（3）元器件引脚的名称应当能够直观地体现该引脚的功能。

一般地，元器件引脚的名称要求能够直观地体现出元器件引脚的电气功能，目的是增强原理图的可读性。当然，这也不是必需的，可以随意填写或者不写。

3．给原理图符号添加注释

在图 4-1 中，为了区分电解电容和普通电容，给原理图符号添加上了一个表示极性的符号"＋"，使得该原理图符号一目了然。因此，绘制原理图符号的过程中根据需要可以在原理图符号上添加必要的注释。

4．定义原理图符号的属性

定义原理图符号的属性，主要包括添加该原理图符号默认序号、注释和默认的元器件封装等，如图 4-4 所示。

定义原理图符号的属性，可以省去在原理图编辑器中放置原理图符号时的很多工作，比如在元器件编号时只需将"？"替换成相应的序号即可，而且这种"U？"的方式对元器件的自动编号非常方便。同时为原理图符号添加默认的元器件封装，就可以在原理图设计中利用这个默认的封装，而不必特意去添加元器件的封装，这样可以大大提高原理图的设计效率。

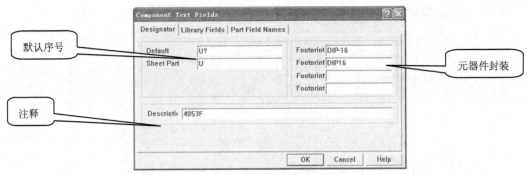

图 4-4　定义原理图符号的属性

4.2　新建原理图库文件

原理图符号的制作是在原理图库编辑器中完成的。因此，在制作原理图符号之前，应当先创建一个原理图库文件，以放置即将制作的原理图符号。同时，为了方便原理图符号的管理，新建的原理图库文件最好放置在一个专门存放原理图符号的设计数据库文件下。

下面简单回顾一下新建原理图库文件的操作。

（1）执行菜单命令【File】/【New】，打开新建设计数据库文件对话框，如图 4-5 所示。

（2）单击 **Browse....** 按钮将该设计数据库文件保存到指定的位置，并将该文件命名为"diysch.ddb"，如图 4-6 所示。

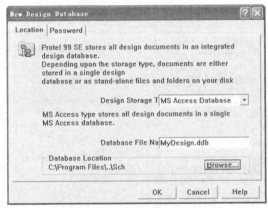

图 4-5　新建设计数据库文件

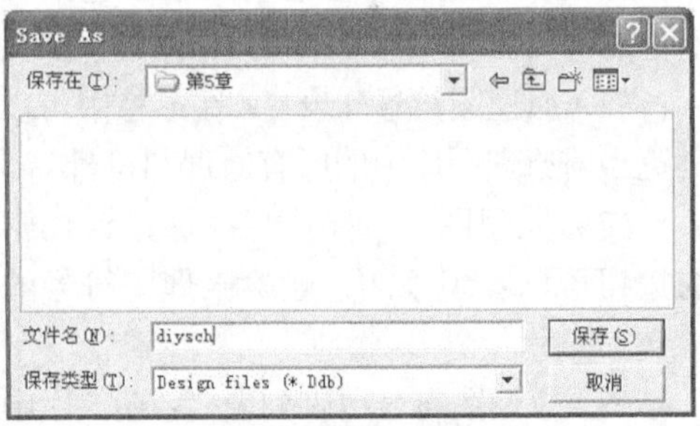

图 4-6　保存设计数据库文件

（3）在新生成的设计数据库文件下，双击 **Documents** 图标，打开该文件夹。

（4）执行菜单命令【File】/【New…】，打开选择创建设计文件类型对话框。在该对话框中选择【Schematic Library Document】（创建原理图库文件）图标，然后单击 OK 按钮即可新建一个原理图库文件，如图 4-7 所示。

（5）将新生成的原理图库文件命名为"diysch.lib"，然后双击该文件即可打开原理图库编辑器，如图 4-8 所示。

图 4-7　创建原理图库文件

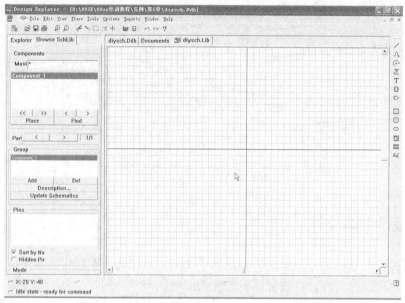

图 4-8　新建的原理图库文件

（6）执行菜单命令【File】/【Save All】，即可将原理图库文件存储到设计数据库文件中。

4.3　原理图库编辑器管理窗口

图 4-9 所示为原理图库编辑器管理窗口，与原理图编辑器管理窗口稍有不同。

原理图库编辑器管理窗口主要包括 3 部分。

（1）原理图符号列表栏：在该栏中可以浏览当前原理图库中的所有原理图符号。

（2）原理图符号操作栏：通过该栏中的按钮可以实现添加、删除原理图符号的操作。

（3）原理图符号引脚列表栏：在该栏中可以浏览当前选中原理图符号的引脚信息。

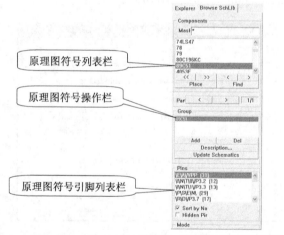

图 4-9　原理图库编辑器管理窗口

下面将分别介绍原理图库符号列表栏和原理图符号操作栏的运用。

4.3.1　原理图符号列表栏

原理图符号列表栏的主要功能是浏览当前原理图库中的所有原理图符号，其方法与在原理图管理窗口中浏览元器件的方法相同，可以参考第 2 章的内容，本小节就不再介绍了。

下面介绍一下原理图符号列表栏中各按钮的功能。

（1）浏览原理图符号的操作。

<< ：单击该按钮可以直接回到原理图符号列表的顶端，此时编辑器工作窗口中将会显示该原理图符号，如图 4-10 所示。

　　 >> ：单击该按钮可以直接回到原理图符号列表的底端，此时编辑器工作窗口中将会
显示该原理图符号，如图 4-11 所示。

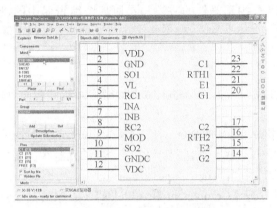

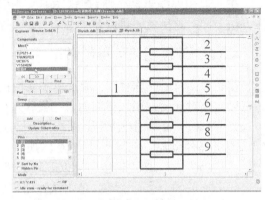

　　图 4-10　显示列表顶端的原理图符号　　　　　　图 4-11　显示列表底端的原理图符号

　　 < ：单击该按钮可以在原理图符号列表中从下往上逐个浏览原理图符号。

　　 > ：单击该按钮可以在原理图符号列表中从上往下逐个浏览原理图符号。

　　（2）浏览元器件子件的操作。

　　当一个元器件的原理图符号有子件时，在原理图符号列表
栏中只能浏览其中一个子件。如果要浏览所有的子件，则应当
通过浏览子件按钮来切换该元器件的子件，如图 4-12 所示。

图 4-12　浏览子件按钮

　　以图 4-13 所示的多通道选择器 4053 为例，介绍浏览子件按钮的应用，其中 A、B、C 依
次为该元器件的 3 个子件。当前工作窗口中显示的是第 2 个子件，浏览子件按钮状态变为
 2/3 。

　　（a）子件 A　　　　　　　　　（b）子件 B　　　　　　　　　（c）子件 C

图 4-13　元器件 4053

　　 < ：浏览当前子件之前的那一个子件。本例中，
单击该按钮，可以将子件切换到子件 A，此时浏览子件
按钮的状态变为 1/3 。

　　 > ：浏览当前子件之后的那一个子件。本例中，
单击该按钮，可以将子件切换到子件 C，此时浏览子件
按钮的状态变为 3/3 。

　　（3）放置元器件的操作。

　　 Place ：单击该按钮，即可将当前选中的原理
图符号放置到原理图设计中。如果当前没有激活的原理
图设计文件，则系统将会在库文件所属设计数据库文件
新建并打开一个原理图设计文件，以放置该元器件。

图 4-14　查找元器件

Find ：单击该按钮，即可打开【Find Schematic Component】（查找原理图符号）对话框，如图 4-14 所示。

在原理图库编辑器中通过 Find 按钮查找元器件的方法与在原理图编辑器中的操作方法一样，这里就不再叙述了。

4.3.2　原理图符号操作栏

在原理图符号操作栏中，通过单击相应的按钮，不仅可以执行添加、删除元器件的命令，还可以实现对元器件添加详细信息的操作。

Add ：单击该按钮，系统将会执行添加元器件的命令，打开【New Component Name】（为新建元器件命名）对话框，如图 4-15 所示。单击 OK 按钮即可添加一个新的元器件。

Del ：单击该按钮可以删除原理图库中当前选中的原理图符号。

Description... ：单击该按钮可以打开【Component Text Fields】（原理图符号属性）对话框，如图 4-16 所示。

图 4-15　为新建的元器件命名

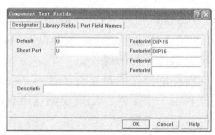

图 4-16　设置原理图符号属性对话框

在该对话框中，常用的选项有以下两个。

（1）【Default】（元器件默认的序号）：该选项用来设定元器件默认的序号。一般情况下，在制作集成电路原理图符号时将其设置为"U?"，以方便元器件的编号。

（2）【Footprint】（元器件封装）：如果在制作原理图符号时添加上默认的元器件封装，则在原理图绘制过程中就不用再次添加元器件封装，只需采用默认的元器件封装即可。

Update Schematics ：单击该按钮可以将原理图库编辑器中对原理图符号的修改更新到原理图设计中。

4.4　绘图工具栏

在原理图库文件创建完成之后，就可以在原理图库编辑器中制作原理图符号了。不过在正式制作原理图符号之前，还要介绍一个非常有用的工具栏——绘图工具栏。

Protel 99 SE 提供了功能强大的绘图工具栏（SchLib Drawing Tools）。使用绘图工具栏，可以方便地在图纸上绘制直线、曲线、圆弧和矩形等图形，还可以放置元器件的引脚，添加元器件和元器件的子件等。总之，利用绘图工具栏可以方便地执行绘制原理图符号的命令，大大简化了原理图符号的制作过程。

但是，需要注意一点，利用绘图工具绘制的图形主要起标注的作用，不含有任何电气含义（除原理图库编辑器中的放置元器件引脚工具外），这是绘图工具和放置工具（Wiring）的关键区别。

4.4.1 绘图工具栏各工具的功能

绘图工具栏如图 4-17 所示。下面简单介绍一下绘图工具栏中各按钮的主要功能，使读者对绘图工具栏有一个大概的了解。

图 4-17 绘图工具栏

/：绘制直线   □：绘制矩形

ᴨ：绘制贝塞尔曲线   □：绘制圆角矩形

⌒：绘制椭圆弧   ○：绘制椭圆

Σ：绘制多边形   ▣：粘贴图片

T：添加文字标注   ⁝⁝⁝：设置阵列粘贴图件

①：创建元器件   ⌐：放置元器件引脚

⌐：添加子件

下面将详细介绍几种主要绘图工具的使用方法，其余绘图工具的操作方法大致相同。

4.4.2 绘制直线

绘制直线工具主要用来绘制表示原理图符号的外形，比如电阻原理图符号的边框，它不具有任何电气意义。

绘制直线具体操作步骤如下。

（1）单击绘图工具栏中的 / 按钮，执行绘制直线命令。

执行绘制直线的命令还有以下两种方法。

① 执行菜单命令【Place】/【Line】。

② 按快捷键 P/L 。

（2）修改直线的属性。当系统处于绘制直线的命令状态时，按 Tab 键，打开【Polyline】（直线属性）设置对话框，如图 4-18 所示。在该对话框中可以设置直线的【Line】（线宽）、【Line】（线型）和【Color】（颜色）等属性。

在该对话框中，各选项的功能如下。

【Line】：线宽设定。单击 ▾ 按钮，在下拉菜单中选择【Smallest】（很细）、【Small】（细）、【Medium】（中）和【Large】（宽）等不同粗细的直线。

【Line】：线型设定。单击 ▾ 按钮，在下拉菜单中选择【Solid】（实线）、【Dashed】（虚线）和【Dotted】（点线）等。

【Color】：颜色设定。单击该选项后的颜色框，弹出如图 4-19 所示的对话框，用鼠标左键单击所需颜色，然后单击 OK 按钮即可选中需要的颜色。

图 4-18 直线属性设置对话框

图 4-19 颜色设定对话框

（3）设置完直线的属性后，单击 OK 按钮回到图纸区域工作窗口，鼠标光标变成十字形光标，将其移至适当位置，单击鼠标左键或按 Enter 键，确定线段的起点。移动鼠标光标，会发现一条线段随着它移动，如图 4-20 所示。

（4）继续移动鼠标光标到适当的位置再次单击鼠标左键，确定第一条线段的终点，即可完成这条直线的绘制。此时系统仍处于绘制直线的命令状态，单击鼠标右键或按 Esc 键即可退出命令。

下面介绍一下折线的绘制方法。绘制直线时，系统提供多种转折方式供选择，如图 4-21 所示。

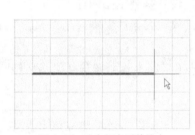

图 4-20　确定起点后的状态

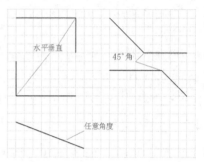

图 4-21　折线的多种转折方式

（1）45°倾斜方式。

（2）随意倾斜方式。

（3）水平垂直方式。

 通过按 Shift+Space 快捷键进行切换直线转折的方式，Space 键可切换转角的上下方式。

确定直线的起点后，移动十字形光标，在折线转折的位置单击鼠标左键，确定折线的转折点，然后继续移动鼠标光标到适当的位置再次单击鼠标左键，确定折线段的终点，即可完成这条折线的绘制。此时系统仍处于绘制直线的命令状态，单击鼠标右键或按 Esc 键即可退出命令。

4.4.3　绘制贝塞尔曲线

贝塞尔曲线是由 3 条直线确定的曲线，可以通过贝塞尔曲线拟合正弦线和抛物线等曲线。绘制一条贝塞尔曲线的具体操作步骤如下。

（1）单击绘图工具栏中的 ∿ 按钮，执行绘制贝塞尔曲线命令。

执行绘制贝塞尔曲线的命令还有以下两种方法。

① 执行菜单命令【Place】/【Beziers】。

② 按快捷键 P/B。

（2）修改贝塞尔曲线的属性。当系统处于绘制贝塞尔曲线的命令状态时，按 Tab 键，打开【Bezier】（贝塞尔曲线属性）设置对话框，如图 4-22 所示。完成设置后，单击 OK 按钮即可返回绘制贝塞尔曲线的命令状态。

在该对话框中，各选项的功能如下。

【Curve】（曲线宽度）：该选项用来设置贝塞尔曲线的线宽，在下拉列表中可选择【Smallest】（极细）、【Small】（细）、【Medium】（中等）和【Large】（宽）等。

【Color】（颜色）：该选项用来设置曲线的颜色。

（3）绘制贝塞尔曲线。在 4 个不同位置单击鼠标左键，确定 4 个不同的点，便可以完成一条贝塞尔曲线的绘制，如图 4-23 所示。

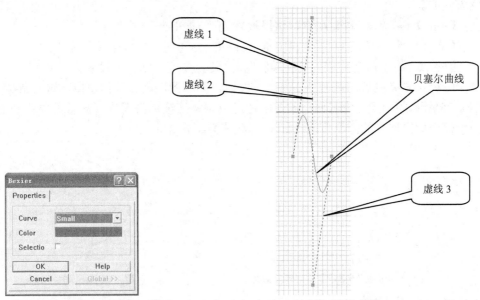

图 4-22　贝塞尔曲线属性参数设置对话框　　　　　　图 4-23　绘制的贝塞尔曲线

在 4 个点之间有 3 条虚线，可以看到：贝塞尔曲线与虚线 1、3 相切，在虚线 2 的中点处光滑过渡。根据这一特点，可以利用虚线 1、3 夹逼贝塞尔曲线，由虚线 2 来决定贝塞尔曲线的转折角度，从而画出任意弯曲的曲线。

（4）此时系统仍处在绘制贝塞尔曲线的命令状态，单击鼠标右键或者是按 Esc 键，退出当前的命令状态。

4.4.4　绘制椭圆弧

绘制圆弧和绘制椭圆弧的操作基本相同，只需将椭圆弧的横轴和纵轴的长度设置为相等即可。

本例介绍如何绘制一个横轴长为 100mil（1mil=0.0254mm）、纵轴长为 80mil 的椭圆弧。

（1）单击绘图工具栏中的 按钮，执行绘制椭圆弧的命令。执行绘制椭圆弧的命令还有以下两种方法。

① 执行菜单命令【Place】/【Elliptical Arcs】。

② 按快捷键 P/I。

（2）修改椭圆弧的属性。当系统处于绘制椭圆弧的命令状态时，按 Tab 键，打开【Elliptical Arcs】（椭圆弧属性参数）设置对话框，如图 4-24 所示。

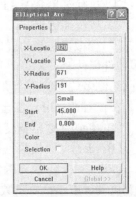

图 4-24　椭圆弧参数设置对话框

在该对话框中，各选项的功能如下。

【X-Location】（X 方向）：该选项用于设置椭圆弧圆心的横轴坐标。

【Y-Location】（Y 方向）：该选项用于设置椭圆弧圆心的纵轴坐标。

【X-Radius】（X方向半径）：该选项用于设置横轴长的一半，在本例中应设置为"50"（单位为mil）。

【Y-Radius】（Y方向半径）：该选项用于设置纵轴长的一半，在本例中应设置为"40"（单位为mil）。

【Line】（线宽）：设置线宽，这里设置为"Medium"（中等）。

【Start】（起始角度）：用于设置椭圆弧的起始角度，本例中设置为"30"。

【End】（终止角度）：用于设置椭圆弧的终止角度。本例中设置为"300"。

（3）设置完成后，单击 OK 按钮，回到图纸区域工作窗口，这时鼠标光标变为如图4-25所示的形式。将其移动到图中适当位置，连续单击5次（注意不要移动鼠标），这时一个符合规定要求的椭圆弧就画好了，如图4-26所示。

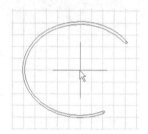
图4-25 完成参数设置后的椭圆弧状态

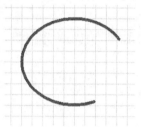
图4-26 画好的椭圆弧

用鼠标左键双击绘制好的一段椭圆弧，在弹出的椭圆弧属性对话框中修改椭圆弧的属性，也能得到相同的椭圆弧。

4.4.5 绘制多边形

多边形经常用来表示原理图符号的特殊外形。绘制多边形具体操作步骤如下。

（1）单击绘图工具栏上的 ⬠ 按钮，执行绘制多边形。

执行画多边形的命令还有以下两种方法。

① 执行菜单命令【Place】/【Polygon】。

② 按快捷键 P/Y。

（2）修改多边形的属性。当系统处于绘制多变性的命令状态时，按 Tab 键，打开【Polygon】（多边性属性）设置对话框，如图4-27所示。设置完成后，单击 OK 按钮确认，即可返回绘制多边形的命令状态。

在该对话框中，各选项的功能如下。

【Border】（边框宽度）：该选项用于设置边框的宽度。

【Border】（边框颜色）：该选项用于设置边框的颜色。

【Fill Color】（填充颜色）：该选项用于设置多边形填充的颜色。单击颜色框，即可在弹出的颜色列表中选择填充颜色。

【Draw】（实心选项）：选择此项时，多边形将用【Fill Color】所指定的颜色填充所绘制的多边形区域。

（3）绘制多边形。设置完成后，单击 OK 按钮，回到图纸区域工作窗口，每单击一次鼠标左键或按 Enter 键，就可以确定多边形的一个顶点。最后单击鼠标右键或按 Esc 键完成一个多边形，如图 4-28 所示。此时系统还处在绘制多边形的命令状态，再次单击鼠标右键或按 Esc 键即可退出绘制多边形命令状态。

图 4-27　设置多边形属性对话框

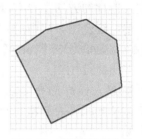

图 4-28　绘制好的多边形

4.4.6　添加文字注释

在进行电路板设计的过程中，为了方便读图和交流，往往需要给原理图符号添加一些注释文字进行简要说明。

下面介绍在图纸中添加文字注释的操作。

（1）单击绘图工具栏中的 T 按钮，执行添加文字注释命令。

执行添加注释文字的命令还有以下两种方法。

① 执行菜单命令【Place】/【Text】。

② 按快捷键 P/T。

（2）修改注释文字的属性。执行该命令后，十字光标带着最近一次用过的标注文字虚框出现在工作区，按 Tab 键，即可打开【Annotation】（注释文字属性）设置对话框，如图 4-29 所示。

在注释文字属性设置对话框中，各选项的功能如下。

【Text】（注释文字）：该选项用于输入注释文字的内容。本例中输入电路板设计的日期，比如"2008-08-08"。

【X-Location】（X 坐标）：该选项用于设置注释文字的 x 坐标。

【Y-Location】（Y 坐标）：该选项用于设置注释文字的 y 坐标。

【Orientation】（旋转角度）：该选项用于设置注释文字的旋转角度。

【Color】（颜色）：该选项用于设置文字的颜色。

【Font】（字体）：该选项用于设置注释文字的字体。

（3）设置完成后，单击 OK 按钮。此后鼠标十字光标上带着新修改的文字注释内容的虚影出现在工作区，单击鼠标左键即可在当前位置放置标注文字，结果如图 4-30 所示。

图 4-29　注释文字属性设置对话框

图 4-30　放置的文字注释

4.4.7　新建元器件

新建元器件的方法主要有以下 3 种。

（1）单击绘图工具栏中的 ▯ 按钮。

（2）执行菜单命令【Tools】/【New Component】。

（3）按快捷键 T/C。

执行新建元器件的命令后，系统将会打开【New Component Name】（为新建的元器件命名）对话框，如图 4-31 所示。

在该对话框中，读者可以为新建的元器件重新命名。具体的制作原理图符号的方法将在后面介绍。

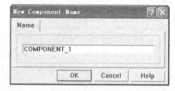

图 4-31　为新建的元器件命名对话框

4.4.8　添加子件

有的元器件通常由几个独立的功能单元构成，在制作这类元器件的原理图符号时可以将每一个独立的功能单元绘制成一个子件，最后由多个子件构成一个元器件。

下面介绍添加子件的操作。

（1）单击绘图工具栏中的 ▭ 按钮，执行添加子件的命令。

执行添加子件的命令还有以下两种方法。

① 执行菜单命令【Tools】/【New Part】。

② 按快捷键 T/W。

（2）执行该命令之后，原理图库编辑器将新打开一个子件编辑窗口，在该工作窗口中就可以绘制新添加的子件。

4.4.9　绘制矩形

根据矩形转角的形式，可以将矩形分为直角矩形和圆角矩形两种。在绘制的时候只要执行不同的命令，就可以得到不同形式的矩形。

下面介绍圆角矩形的绘制方法，直角矩形的绘制方法基本相同。

（1）单击绘图工具栏中的 ▢ 按钮，执行绘制圆角矩形命令。

执行绘制圆角矩形的命令还有以下两种方法。

① 执行菜单命令【Place】/【Round Rectangle】。

② 按快捷键 P/O。

（2）修改圆角矩形的属性。当系统处于绘制圆角矩形的命令状态时，按 Tab 键，打开【Round Rectangle】（圆角矩形属性）设置对话框，如图 4-32 所示。

在该对话框中，各选项的功能如下。

【X1-Location】（X1 坐标）：该选项用于设置矩形顶点的 x 坐标。

【Y1-Location】（Y1 坐标）：该选项用于设置矩形顶点的 y 坐标。

【X2-Location】（X2 坐标）：该选项用于设置矩形对角线上另一顶点的 x 坐标。

【Y2-Location】（Y2 坐标）：该选项用于设置矩形对角线上另一顶点的 y 坐标。

【X Radius】（X 轴半径）：该项用于设置圆角的 x 轴半径。

【Y Radius】（Y 轴半径）：该项用于设置圆角的 y 轴半径。

【Border】（边框线宽）：该项用于设置矩形边框线宽。

【Border】（边框颜色）：该项用于设置矩形边框的颜色。

【Fill Color】（填充颜色）：该项用于设置矩形的填充颜色。

【Draw】（实心）：选中该选项，圆角矩形内部将填充指定颜色。

（3）设置完圆角矩形的属性后，单击 OK 按钮即可返回工作窗口，在指定位置单击两次鼠标左键，确定圆角矩形的两个顶点，完成一个圆角矩形的绘制，结果如图 4-33 所示。

图 4-32　圆角矩形的属性设置对话框

图 4-33　绘制好的圆角矩形

（4）单击鼠标右键或按 Esc 键，即可退出绘制圆角矩形的命令状态。

4.4.10　绘制椭圆或圆

在绘制椭圆时，当横轴的长度等于纵轴的长度时，椭圆就变成一个圆，因此绘制椭圆与绘制圆的方法基本相同，在本例中只介绍椭圆的绘制方法。

（1）单击绘图工具栏中的 ◯ 按钮，执行绘制椭圆的命令。

执行绘制椭圆的命令还有以下两种方法。

① 执行菜单命令【Place】/【Ellipses】。

② 按快捷键 P/E。

（2）修改椭圆的属性。执行该命令后，鼠标上会出现一个上次放置的椭圆，按 Tab 键即可打开【Ellipse】（椭圆属性）设置对话框，如图 4-34 所示。

在该对话框中，各选项的功能如下。

【X-Location】（X 坐标）：该选项用于设置椭圆中心的 x 坐标。

【Y-Location】（Y 坐标）：该选项用于设置椭圆中心的 y 坐标。

【X Radius】（横轴半径）：该选项用于设置椭圆的横轴半径。

【Y Radius】（纵轴半径）：该选项用于设置椭圆的纵轴半径。

【Border】（边框线宽）：该选项用于设置椭圆边框的线宽。

【Border】（边框颜色）：该选项用于设置椭圆边框的颜色。

【Fill Color】（填充颜色）：该选项用于设置椭圆的填充颜色。

【Draw Solid】（实心）：选中该选项，椭圆内部将填充指定颜色。

（3）设置完成后，单击 OK 按钮，鼠标指针将带着一个虚椭圆出现在绘图区域，单击鼠标左键，可以确定椭圆的中心位置。接着第 2 次单击鼠标左键，可以确定椭圆的横轴长度。再次单击鼠标左键，可以确定鼠标的纵轴长度。至此就完成了椭圆的绘制，结果如图 4-35 所示。

图 4-34　设置椭圆属性对话框　　　　　　图 4-35　绘制好的椭圆

4.4.11　放置图片

在制作原理图符号的过程中，Protel 99 SE 还提供了粘贴图片的功能，以满足原理图符号设计的需要。

（1）单击绘图工具栏上的 ▣ 按钮，执行粘贴图片命令，打开【Image File】（选择图片）对话框，如图 4-36 所示。

执行放置图片的命令还有以下两种方法。

① 执行菜单命令【Place】/【Graphic...】。

② 按快捷键 P/G。

（2）选择好图片后，单击 打开(0) 按钮，关闭对话框。在绘图区域中单击鼠标左键，则鼠标上就会出现一个方框随着移动，如图 4-37 所示。

（3）修改图片的属性。当系统处于放置图片的命令状态时，按 Tab 键即可打开【Graphic】（图片属性），设置对话框，如图 4-38 所示。

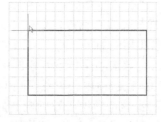

图 4-36　选择图片对话框　　　　　图 4-37　放置图片　　　图 4-38　设置图片属性对话框

在该对话框中，各选项的功能如下。

【File Name】（文件名称）：该选项用于显示图片的位置和名称。单击该选项后的 Browse... 按钮，系统打开选择图片对话框，如图 4-36 所示。

【X1-Location】（X1 坐标）：用于设置图片第一个顶点的 x 坐标。

【Y1-Location】（Y1 坐标）：用于设置图片第一个顶点的 y 坐标。

【X2-Location】（X2 坐标）：用于设置图片第二个顶点的 x 坐标。

【Y2-Location】（Y2 坐标）：用于设置图片第二个顶点的 y 坐标。

【Border】（边框宽度）：用于设置图片边框线的宽度。

【Border】（边框颜色）：用于设置图片边框线的颜色。

【Border On】（启用边框）：如果该选项被选中，则图片周围将出现边框，边框线宽和颜色在上面的【Border Width】、【Border Color】设定。

【X-Y Ratio】（长-宽比率）：如果该选项被选中，则该图片在以后进行大小拖放时，长宽比将始终固定不变。

（4）确定图片区域的大小。图片的属性设置好后，单击 OK 按钮即可回到放置图片的命令状态。在绘图区单击鼠标两次以确定图片的放置区域的两顶点，放置图片的结果如图 4-39 所示。

此外，在图片上按住鼠标左键不放，移动鼠标光标即可移动图片的位置。单击图片，在图片的边框上出现 8 个控制点，如图 4-40 所示，拖动这 8 个控制点即可改变图片的大小。如果选中了图片属性对话框中的【X-Y Ratio】选项，则在拖动控制点改变图片大小的操作中，图片的长宽比将固定不变。

图 4-39　放置好的图片

图 4-40　拖动控制点改变图片的大小

4.4.12　放置元器件引脚

元器件引脚是原理图库编辑器的绘图工具栏中唯一具有电气关系的符号。元器件的引脚一般由两部分组成：元器件引脚的名称和引脚的序号。元器件引脚的名称一般用来表示该引脚的电气功能，而引脚的序号与元器件封装中焊盘的序号是一一对应的。

原理图符号引脚的序号非常重要。如果原理图符号的引脚号与元器件封装的焊盘号对应出错，则将导致电路板电气功能的错误。

下面就具体介绍如何放置元器件引脚并设置其属性。

（1）单击绘图工具栏上的 按钮，执行放置元器件引脚的命令。

执行放置元器件引脚的命令还有以下两种方法。

① 执行菜单命令【Place】/【Pins】。

② 按快捷键 P P。

（2）修改元器件引脚属性。当系统处于放置元器件引脚的命令状态时，按 Tab 键，打开【Pin】（元器件引脚属性），编辑对话框，如图 4-41 所示。

在该对话框中有两个选项在原理图符号的设计中非常重要。

【Name】（元器件引脚的名称）：该选项主要用来标注元器件引脚的功能。

【Number】（元器件引脚的序号）：该选项用来定义元器件引脚的序号，元器件引脚序号与元器件封装的焊盘序号具有一一对应的关系，因此在放置元器件的引脚时，应当严格按照数据手册上元器件的引脚序号和功能来编辑元器件引脚的序号。

（3）放置元器件的引脚。修改完元器件引脚的属性之后，单击 OK 按钮，返回工作窗口中，在指定位置单击鼠标左键即可放置一个元器件引脚。

（4）此时系统仍处于放置元器件引脚的命令状态，单击鼠标左键可以连续放置元器件引脚，并且元器件引脚的序号将会自动递增。单击鼠标右键或按 Esc 键，即可退出放置元器件引脚的命令状态。

 在放置元器件的引脚时，元器件引脚的电气节点必须放置在远离元器件示意图形的一端，如图 4-42 所示。

图 4-41　编辑元器件引脚属性对话框

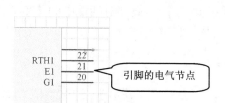

图 4-42　元器件引脚的电气节点

4.5　课堂案例

前面介绍的只是制作原理图符号的基本步骤、基础知识和注意事项，下面通过两个绘制原理图符号的实例来巩固制作原理图符号的知识。

4.5.1　制作接插件的原理图符号

本小节将以一种常见的接插件为例，介绍简单元器件的创建过程。这种接插件的外形如图 4-43 所示。

图 4-43　一种常见的接插件外形图

（1）首先新建或打开已有的原理图库文件。本例中打开前面建立的名为"Diysch.lib"的原理图库设计文件，如图 4-44 所示。

（2）执行菜单命令【Tools】/【New Component】，新建一个原理图符号，系统将会创建一个名为"COMPONENT_1"的元器件，结果如图 4-45 所示。

（3）把鼠标光标移到绘图区域的中央位置，将绘图区域放大至合适比例。请注意要将绘图区域的（0,0）点置于当前屏幕的可视范围之内。

（4）单击绘图工具栏中的 ╱ 按钮，在绘图区域的（0,0）点附近绘制接插件的外形，结果如图 4-46 所示。

（5）单击绘图工具栏中的引脚绘制按钮 ，然后按 Tab 键打开编辑引脚属性对话框，如图 4-47 所示。

在对话框中将【Name】设置为"1"，【Number】设置为"1"，【Electrical type】设置为"Passive"（无源），然后单击 OK 按钮确认。

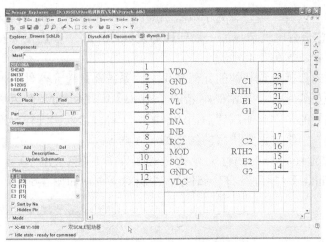

图 4-44 打开已有的原理图库文件

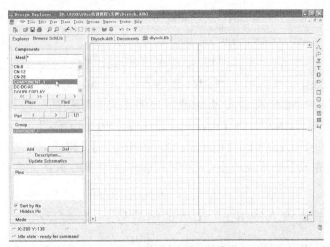

图 4-45 新建一个原理图符号

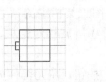

图 4-46 绘制接插件的外形图

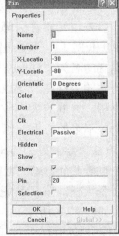

图 4-47 编辑引脚属性对话框

（6）调整引脚的位置。当系统处于放置引脚的命令状态时，按空格键旋转，将引脚设定为合适方向（请注意带有电气节点的一端要远离元器件外形），单击鼠标左键即可将元器件引脚放置在指定的位置，如图 4-48 所示。

（7）重复上面的步骤放置其他的元器件引脚。系统在放置元器件的过程中，元器件的引脚编号会自动按顺序递增，并且本例中除了【Name】和【Number】两个属性之外，各引脚的其他属性都是相同的，因此在放置后面的引脚时，可直接依次进行放置，不必再对下面的引脚属性进行设置。引脚放置完毕后的结果如图 4-49 所示。

（8）编辑该原理图符号的属性，单击原理图库管理窗口中的 Description... 按钮，打开【Component Text Fields】（原理图符号属性），编辑对话框，如图 4-50 所示。

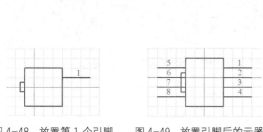

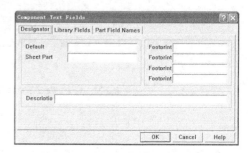

图 4-48　放置第 1 个引脚　　图 4-49　放置引脚后的元器件　　图 4-50　编辑原理图符号属性对话框

在该对话框中，主要需要设置原理图符号的序号和默认的元器件封装等。本例中将【Default】选项设置为 "CN?"，将【Footprint】选项设置成 "CN8"。

（9）执行菜单命令【Tools】/【Rename Component…】，将元器件更名为 "CN-8"。

（10）至此，就完成了一个原理图符号的绘制。最后将制作好的元器件保存到当前元器件库中。

4.5.2　制作单片机 AT89C52 的原理图符号

本例中将要制作的原理图符号为常用的 51 系列单片机 AT89C52，元器件封装为 DIP40，绘制好的原理图符号如图 4-51 所示。

在绘制原理图符号之前，应当熟悉元器件引脚的电气功能，并且根据电气功能适当对元器件引脚进行分类，以方便元器件引脚的排列和以后原理图的设计。本例中，分别将 I/O 口分成 3 组，即 P0、P1 和 P2 口，其余引脚的位置以方便原理图设计布线为原则进行布置。

（1）打开前面建立的名为 "Diysch.lib" 的原理图库设计文件，并新建一个原理图符号。

（2）绘制该元器件的示意图。集成电路的示意图通常用方框来代替，在该方框的左边和右边放置元器件的引脚。方框的大小应当根据元器件引脚的数目和元器件引脚名称的长短来确定，可以绘制一个差不多的方框，然后在绘制过程中随时调整。绘制矩形方框的方法请参考 4.4.9 小节的绘制方法，绘制好的方框如图 4-52 所示。

（3）放置元器件的第 1 个引脚。用鼠标左键单击绘图工具栏中的 按钮，之后系统处于放置元器件引脚的命令状态。按 Tab 键打开编辑元器件引脚属性对话框，设置好元器件第 1 个引脚属性后的结果如图 4-53 所示。

（4）修改好元器件引脚的属性后，单击 OK 按钮，在元器件外形边框的适当位置单击鼠标左键，即可将元器件放到方框上，其结果如图 4-54 所示。

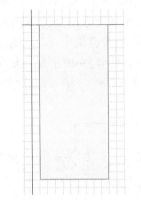

图 4-51　单片机 AT89C52　　　　图 4-52　绘制好的元器件外形示意图　　　图 4-53　修改元器件引脚属性

（5）重复操作步骤（3）、（4），修改各引脚的名称，放置 P1 端口的引脚，结果如图 4-55 所示。

（6）重复上述步骤，放置完元器件引脚后的原理图符号如图 4-51 所示。

（7）定义原理图符号的属性。单击原理图库管理窗口中的 Description... 按钮，打开原理图 属性设置对话框。在该对话框中，可以设置原理图符号默认的序号和元器件封装等，设置好 原理图符号属性的对话框如图 4-56 所示。

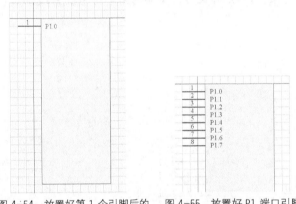

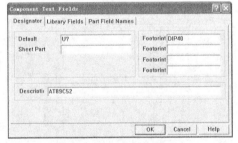

图 4-54　放置好第 1 个引脚后的　　　图 4-55　放置好 P1 端口引脚　　　　图 4-56　定义原理图符号的 元器件　　　　　　　　　　　　　后的原理图符号　　　　　　　　　　　　属性

（8）这样，单片机 AT89C52 的原理图符号就绘制好了，存盘即可。

4.6　课堂练习

下面通过绘制 IGBT 模块和制作带子件的原理图符号两个练习，熟悉原理图符号设计的 方法和技巧。

4.6.1　绘制 IGBT 模块

绝缘栅双极晶体管（Insulated-Gate Bipolar Transistor，IGBT）1986 年投入使用后，已 经抢占了电力晶体管（GTR）和一部分金属氧化物半导体场效应晶体管（MOSFET）的市场。它是组成中小功率电力电子设备的主导器件，由单个 IGBT 组成的模块应用也相当广泛。图 4-57 所示是国际整流器公司（IR）的全桥 IGBT 模块 20MT120UF 外形图，图 4-58 所示是 IR 公司提供的该 IGBT 模块的数据说明书，该图除了对这个模块的各个引脚做了编号外，还对各引脚功能做了图解说明，图 4-59 所示是本例最终建立的全桥 IGBT 模块的原理图符号。

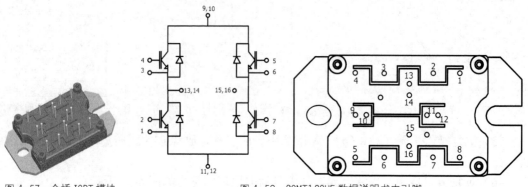

图 4-57　全桥 IGBT 模块　　　　　　　图 4-58　20MT120UF 数据说明书中引脚
20MT120UF 外形图　　　　　　　　　　　　　　　功能说明及编号

（1）在用户选择的原理图库文件中新建一个原理图符号，命名为 IGBT-FB。

（2）单击原理图符号绘图工具栏中的 ⟋ 按钮，绘制 IGBT 模块的图形符号的直线部分，如图 4-60 所示。

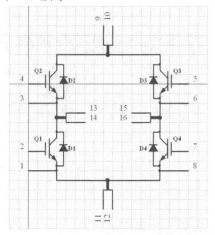

图 4-59　最终完成的 IGBT 模块原理图符号

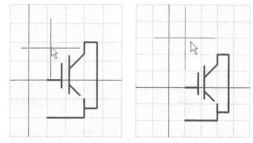

图 4-60　功能图形符号直线段部分

用户可能会发现符号上的线段有的需要倾斜，有的起点、终点不在栅格顶点上，下面分别介绍这些位置比较特殊的线段的绘制方法。

① 绘制斜线段。

当用户开始绘制直线且通过单击一次鼠标左键确定起点后，连续按下 $\boxed{\text{Space}}$ 键，系统将循环进入不同的画线模式，如图 4-61 所示。通过这种方法，用户可以绘制出倾斜一定角度的直线。

② 绘制任意起点与终点位置的线段。

如果需要绘制出起点、终点位置不受栅格限制的线段，用户可以执行菜单命令【View】/

【Snap Grid】来切换绘制直线时是否捕获栅格，图 4-60 左图所示的鼠标指针和十字光标处于不捕获栅格的状态，鼠标指针和十字光标始终重合，此时可以将任意位置作为直线起点和终点。如果再次执行菜单命令【View】/【Snap Grid】，鼠标指针和十字光标将恢复捕获栅格的状态，十字光标将自动跳到距离鼠标指针最近的栅格顶点上，线段起点和终点只能在栅格上，如图 4-60 右图所示。

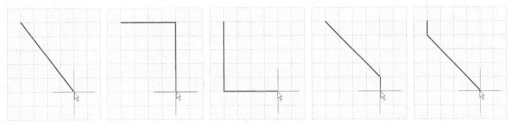

图 4-61　画线模式的切换

要点提示　　用户在绘制图形时按住 Ctrl 键，也可以使十字光标处于不捕获栅格的状态，从而绘制出方向及位置都很自由的直线。

图形符号只用来帮助用户理解元器件的功能，用户完全不必担心功能图形的线条没有对准栅格而造成绘制原理图时出现电气连接错误的问题。但是应该注意，在随后添加元器件引脚时，必须将引脚放置在电气栅格上，否则会给原理图连线造成不必要的麻烦。

（3）绘制箭头。

① 单击原理图符号绘图工具栏中的 ⬚ 按钮。

② 按照图 4-62 所示在 3 个合适的位置单击鼠标左键 3 次，分别确定箭头三角形的 3 个顶点。

③ 单击鼠标右键结束三角形的绘制，随后的图形符号如图 4-62（d）所示。

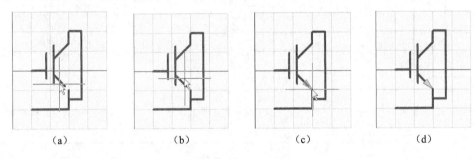

（a）　　　　　　（b）　　　　　　（c）　　　　　　（d）

图 4-62　箭头的绘制过程

（4）更改箭头颜色。

① 在鼠标指针所在位置双击鼠标左键，如图 4-63 所示，因为需要修改的三角形箭头和下面的直线段一部分重合，双击鼠标左键后，系统会弹出菜单让用户确认选择的对象，在这里选择"（25,−7）（30,−10）Polygon（27,−7）"，系统将弹出【Polygon】（多边形属性）对话框，如图 4-64 所示。

② 击【Fill Color】选项右侧的灰色区域，系统将弹出【Choose Color】（颜色选择）对话框，如图 4-65 所示。

为保证箭头内部颜色和其他部分颜色的一致性，在【Choose Color】对话框中选择编号为 229 的颜色后，单击 [OK] 确定。修改完箭头颜色后的符号如图 4-66 所示。

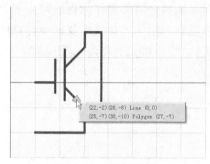

图 4-63 选择多边形

图 4-64 多边形属性对话框

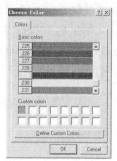

图 4-65 选择箭头颜色

（5）绘制续流二极管符号。

模块中续流二极管的绘制方法以及更改颜色的方法与（3）、（4）中箭头的绘制方法近似。这样，一个表示单个 IGBT 功能的图形符号便可绘制完成，如图 4-67 所示。

（6）复制图形符号。

将图 4-59 与图 4-67 所示的符号进行比较，可知 IGBT 模块是由 4 个相同的单个 IGBT 组成的，因此可以将图 4-67 所示的单个图形符号进行复制。

① 选择要复制的单个 IGBT 符号，选中后的图形轮廓变为黄色。

② 执行菜单命令【Edit】/【Copy】后，选择复制的基准点，也就是确定在随后粘贴中被复制图形相对于鼠标指针的位置。这里将图 4-68 中鼠标指针所在的位置确定为基准点，单击鼠标左键确定。

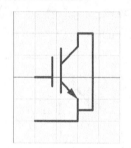

图 4-66 修改完箭头颜色后的符号

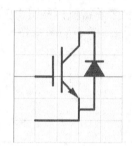

图 4-67 IGBT 功能图形符号

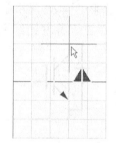

图 4-68 选择复制基准点

要点提示

复制命令是常用命令，用户可用 [Ctrl]+[C] 快捷键，使复制操作变得更加快捷。

③ 执行菜单命令【Edit】/【Paste】，鼠标指针将带着刚才被复制的图形一起移动，如图 4-69 所示。在合适位置单击鼠标左键放置复制图形。

连续放置 3 个并调整位置后，单击主工具栏中的 按钮，取消选择后的图形符号，如图 4-70 所示。

（7）镜像图形符号。

对比图 4-70 和图 4-71 所示的符号，用户可以发现图 4-71 右侧两个 IGBT 与左侧的正好是镜像关系，需要将右侧两个 IGBT 符号进行镜像。

① 选中右侧两个 IGBT。

② 将鼠标指针移至选中的图形上按住鼠标左键不松开，然后按 X 键，刚才选中的图形将以纵轴对称镜像至如图 4-71 所示的位置。

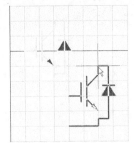

图 4-69　待粘贴的图形跟随鼠标
　　　　　指针移动

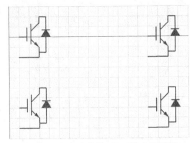

图 4-70　粘贴完毕且取消选择后的
　　　　　图形

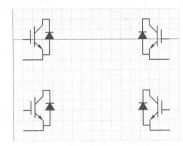

图 4-71　镜像后的图形符号

要点提示

在选中的图形上按住鼠标左键不松开，然后按 Y 键，所选图形将会以横轴对称镜像。

（8）连线。

① 使用直线工具 ，绘制出基本连线，如图 4-72 所示。

② 加粗局部线段。在图 4-72 中，鼠标指针位置的结点将有两个引脚，为表示这一含义，将鼠标指针所指的线段加粗。方法为双击该线段，系统弹出线条属性对话框，如图 4-73 所示。在【Line Width】下拉列表中选择【Medium】，然后单击 OK 按钮确认，得到修改线宽后的线条，如图 4-74 所示。

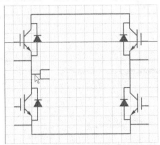

图 4-72　连线后的图形

图 4-73　线条属性设置对话框

图 4-74　修改线宽后的线条

③ 利用复制工具，完成所有连线，如图 4-75 所示。

（9）绘制电气连接点。

在电路原理图的绘制过程中，对于呈现"丁字"交叉的导线，系统会自动在交点处添加电气连接点，但是在电路原理图符号绘制中，所绘制的直线仅仅是表示功能的线条，不具备电气连接含义，要表示内部的连接，必须由用户来添加电气连接符号。这个电气连接符号通常用小直径圆来代替。绘制方法如图 4-76 所示。

①单击原理图符号绘图工具栏中的 （绘制圆弧）按钮。

②在绘图区单击鼠标左键确定圆的圆心，按住 Ctrl 键的同

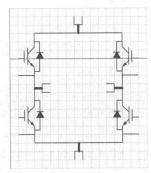

图 4-75　绘制好的功能图形符号

时在绘图区分多次单击鼠标左键，用于确定 x 向半径、y 向半径、圆弧的起点和终点。按住 Ctrl 键是为了使所绘制的圆的半径不受栅格的限制。

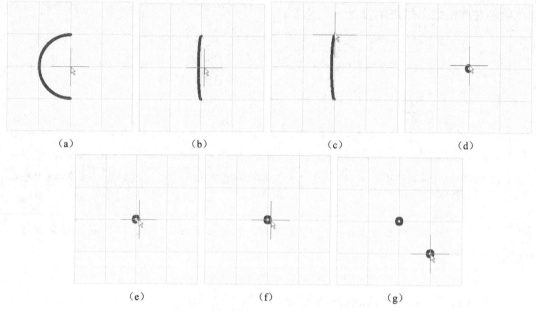

图 4-76　绘制原理图符号中的电气连接符号

③ 将绘制的电气连接符号放置在绘制好的符号上，如图 4-77 所示。

（10）添加引脚。

① 单击原理图符号绘图工具栏中的 按钮，或者执行菜单命令【Place】/【Pins】后，鼠标指针将带着一个待放引脚一起移动，如图 4-78 所示。

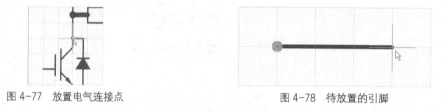

图 4-77　放置电气连接点　　　　　　图 4-78　待放置的引脚

引脚两端的功能是不同的，带灰色原点的一端具有电气连接功能，在绘制原理图时将作为连接导线的端点。而另外一端则连接在元器件图形符号上。

② 定义引脚属性。

按 Tab 键，系统弹出引脚属性对话框，如图 4-79 所示，用户可以对如下项目进行设置。

【Name】（引脚名称）：引脚名称通常用来表达引脚功能。在这个符号中，各个引脚的功能通过图形符号已经很好地表达了，因此在这个例子中，此项不做定义。

【Number】（引脚编号）：引脚编号是必填项目，它的定义必须与 PCB 封装一致，在本例中，采用元器件供应商数据手册中对各引脚的定义。

【Pin Length】（引脚长度）：根据美观的要求对引脚的长度进行定义，本例中定义引脚长度为"10"。

【Show Name】（显示引脚名称）：选中该复选框，确认引脚名称将在符号上显示。

【Show Number】（显示引脚编号）：选中该复选框，确认引脚编号将在符号上显示。

③ 连续放置引脚。

当用户在步骤 2 中定义好一个引脚的编号后，单击 OK 按钮就可以在绘图区域连续单击鼠标左键放置一系列引脚，此时连续放置的一系列引脚的编号将自动加 1。

④ 检查引脚编号。

引脚编号对原理图符号来讲是非常关键的，要保证完全正确。如果编号或者其他信息有错误，希望进行修改，可以双击待修改的引脚，系统将弹出与图 4-79 相同的对话框，在对话框中进行修改即可。

（11）放置文字注释。

为了叙述方便，用户有必要对 IGBT 模块中的 4 个 IGBT 以及 4 个二极管进行文字标注，方法如下。

① 单击原理图符号绘图工具栏中的 T 按钮，或者执行菜单命令【Place】/【Text】。

② 按 Tab 键，系统弹出【Annotation】注释属性对话框，如图 4-80 所示，在对话框中可以对注释的属性进行定义。

图 4-79　引脚属性对话框

图 4-80　注释属性对话框

【Text】（注释文字）：在这一栏中填写需要在符号上添加的注释文字。

【Color】（注释文字颜色）：单击右侧色条，可以选择注释文字的颜色。

【Font】（字体）：单击 Change... 按钮，可以修改注释文字的字体。

③ 在需要添加注释的地方单击鼠标左键，将注释添加在原理图符号上。

如果用户在【Text】的末尾填写的是一个数字的话，连续单击鼠标左键，放置的注释文字的末尾数字将在原有基础上自动加 1。【Text】填写为"Q1"，那么随后单击鼠标左键放置的注释文字将是"Q2""Q3"等，如图 4-80 所示。

④ 修改注释。

如果用户需要对已经添加的注释进行修改，可以在注释上双击鼠标左键，系统弹出与图 4-80 相同的对话框，用户可以对相应属性进行修改。

（12）确认基准点位置。

完成以上步骤后，IGBT 模块的原理图符号基本完成，但绘制的原理图符号可能偏离了基准点，这样会给日后放置该元器件带来不必要的麻烦，用户可以将所绘制的原理图符号整体选中，将其左上角的引脚移动至基准点。

至此就完成了这个 IGBT 模块的原理图符号的绘制，为慎重起见，用户应再次进行整体检查，然后保存即可。通过以上步骤完成的 IGBT 模块原理图符号如图 4-59 所示。

4.6.2 制作带子件的原理图符号

通常，在创建原理图符号时是将一个元器件的所有引脚放在一起的。但是，假如同一个元器件内部具有多个相同功能单元的元器件，那么这种方法往往不利于电路原理图设计的布局和美观。对于这种情况，就可以采用子件来创建具有多个功能单元元器件的原理图符号。

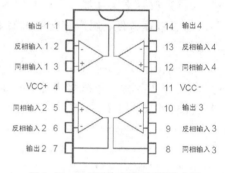

以一种常用的运算放大器 TL084 为例，介绍具有多个功能单元元器件的创建过程。运算放大器 TL084 的功能和引脚分布如图 4-81 所示。从图 4-81 中可以看出，此运算放大器包含 4 个功能单元，每个功能单元各有两个输入端和一个输出端。因此在元器件创建过程中也将其分为 4 个子件，电源输入引脚 VCC+和 VCC-可放置在第 1 个单元上。

图 4-81 TL084 的功能及引脚分布图

（1）打开已经建立的库文件 "Mysch.lib"，进入原理图库编辑器，执行菜单命令【Tools】/【New Component】，新建一个元器件。在工作区的正中央（0,0）处绘制运算放大器 TL084 的第 1 个功能单元，结果如图 4-82 所示。

（2）设置相应的引脚属性，将引脚 "3" 和 "2" 设为 "Input"（输入）。将引脚 "1" 设为 "Output"（输出），如图 4-83 所示。

 要点提示　　对引脚【Electrical】（电气属性）的设置，要在对元器件引脚功能了解的基础上进行，正确设置引脚的电气属性将有助于电路原理图绘制后的电气检查工作。

（3）放置电源引脚 4 和引脚 11，并将其【Electrical】（电气属性）选项设置为【Power】（电源）。放置好电源引脚后的结果如图 4-84 所示。

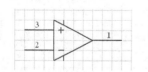
图 4-82　绘制 TL084 第一个功能单元

图 4-83　TL084 引脚 1 属性设置

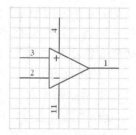
图 4-84　放置电源引脚后

（4）使用快捷键 T/W 或执行菜单命令【Tools】/【New Part】，新建一个子件，这时系统将打开绘制第 2 个子件的工作窗口，并且从原理图符号浏览窗口中可以查看该原理图符号当前具有两个子件，如图 4-85 所示。

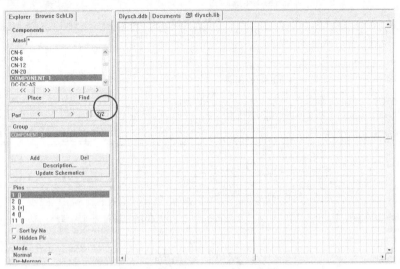

图 4-85　创建第 2 个子件的原理图库编辑窗口

（5）在新建的工作窗口中，绘制第 2 个子件，为其绘制引脚并设置引脚属性，结果如图 4-86 所示。

（6）重复执行步骤（4）、（5）的操作，继续创建第 3、4 个子件，它们分别是（引脚 8、9、10）构成的运算放大器单元和（引脚 12、13、14）构成的运算放大器单元，结果如图 4-87 所示。

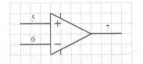

图 4-86　TL084 的第 2 个子件

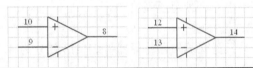

图 4-87　TL084 的其余 2 个子件

一般地，功能相同的子件只是引脚序号不同，因此在创建一个与前面子件功能相同的子件时，可以将先前的子件进行复制，再在新建的子件工作窗口中进行粘贴，然后修改引脚序号即可完成新子件的创建。

（7）元器件重命名。在原理图库编辑器管理窗口中，选中刚才新添加的元器件，然后执行菜单命令【Tools】/【Rename Component...】，即可打开为元器件重命名对话框。本练习中更名为"TL084"，如图 4-88 所示。

（8）设置原理图符号属性。单击原理图库编辑器管理窗口中的 Description... 按钮，即可打开【Component Text Fields】（设置原理图属性）对话框。设置好原理图符号属性后的对话框如图 4-89 所示。

（9）保存制作好的元器件。

编辑元器件属性在绘制原理图符号中是非常重要的一步。设计者在绘制好原理图符号后一定要为原理图符号设置默认的元器件序号、元器件封装，这样可以大大提高原理图设计的效率和质量。同时，元器件序号的首字母尽量反映元器件的类别或为名称的首字母，比如集成电路采用"U?"、电阻采用"R?"、电容采用"C?"等。

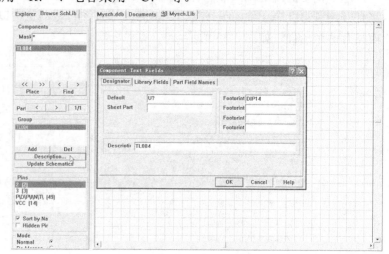

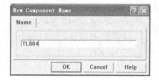

图 4-88 为元器件重命名   图 4-89 设置原理图属性

习　题

4-1　填空题

（1）除了主工具条以外，元器件库编辑器还提供了两个重要的工具栏，即_____
和_____。

（2）IEEE 符号通常用来表示_____，它们仅仅是一种用来_____，没有_____。

（3）在浏览元器件库中的元器件时，可以用_____编辑框对元器件名称进行过滤，过滤字符串中允许使用通配符_____。

4-2　选择题

（1）元器件编辑器将元器件编辑区划分为 4 个象限，一般设计者在（　　）进行元器件的编辑工作。

A．第一象限　　　　　　B．第二象限　　　　　　C．第三象限　　　　　　D．第四象限

（2）使用元器件库浏览器载入元器件库文件之后，可以在元器件库列表框中看到被载入当前设计项目的元器件库，它们是（　　）。

A．*.lib　　　　　　　　B．*.ddb　　　　　　　C．*.sch

（3）在创建自定义元器件时，应该使用（　　）。

A．【Tools】/【New Component】　　B．【Tools】/【New Part】　　C．【File】/【New】

（4）创建自定义元器件时，（　　）属性会影响电气连接关系。

A．元器件的外形轮廓　　　　　　B．元器件的管脚　　　　　　C．元器件的类型

4-3　原理图符号由哪几部分组成？

4-4　制作原理图符号的基本步骤有哪些？各自的注意事项是什么？

4-5　试浏览原理图库"Miscellaneous Devices.ddb"中的原理图符号。

4-6　按照巩固练习中的实例步骤制作接插件和 AT89C52 的原理图符号，熟悉制作原理图符号的全过程。

第5章 原理图编辑器报表文件

在原理图设计完成后,应当生成一些必要的报表文件以便更好地进行下一步的设计工作。比如生成 ERC 电气法则设计校验报告,对原理图设计的正确性进行检查;生成元器件报表清单,以方便采购元器件和准备元器件封装;生成网络表文件,为 PCB 设计做准备。

本章将介绍生成上述报表文件的操作。

5.1 电气法则测试

电气法则测试就是通常所称的 ERC(Electrical Rules Check)。

在用 Protel 99 SE 生成网络表之前,通常会进行电气法则测试。电气法则测试是利用电路设计软件对用户设计好的电路进行测试,以检查人为的错误或疏忽,比如空的引脚、没有连接的网络标号、没有连接的电源以及重复的元器件编号等。执行测试后,程序会自动生成电路中可能存在的各种错误的报表,并且会在电路图中有错误的地方印上特殊的符号,以提醒设计人员进行检查和修改。此外,设计人员在执行电气法则测试之前还可以人为地在原理图中放置 "No ERC" 符号以避开 ERC 测试。

5.1.1 电气法则测试的具体步骤

下面以第 3 章中绘制完成的 "指示灯显示电路" 原理图为例,介绍电气法则测试的具体步骤。为了方便后面的叙述,特意在原理图设计中稍作修改。本例中将接插件改为 12 引脚的接插件,如图 5-1 所示。

(1)打开第 3 章完成的 "指示灯显示电路.Sch" 原理图设计文件。为了方便介绍,将接插件改为 12 引脚的接插件,结果如图 5-1 所示。

(2)在原理图编辑器中,执行菜单命令【Tools】/【ERC...】,即可打开【Setup Electrical Rule Check】(设置电气法则测试)对话框,如图 5-2 所示。在该对话框中可以对电气法则测试的各项测试规则进行设置。

在该对话框中,【ERC Option】(电气法则测试选项)区域中各选项的具体意义如下。

①【Multiple net names on net】(多网络名称):选中该选项,则检测项中将包含 "同一网络连接具有多个网络名称" 的错误(Error)检查。

②【Unconnected net labels】(未连接的网络标号):选中该选项,则检测项中将包含 "未实际连接的网络标号" 的警告性(Warning)检查。所谓未实际连接的网络标号,是指实际有

网络标号（Labels）存在，但是该网络未接到其他引脚或"Part"上，而处于悬浮的状态。

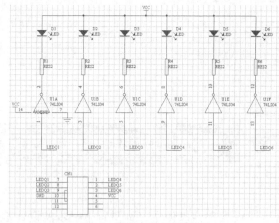

图 5-1 修改后的原理图设计

图 5-2 设置电气法则测试对话框

③【Unconnected power objects】（未实际连接的电源图件）：选中该选项，则检测项中将包含"未实际连接的电源图件"的警告性检查。

④【Duplicate sheet numbers】（电路图编号重号）：选中该选项，则检测项中将包含"电路图编号重号"项。

⑤【Duplicate component designator】（元器件编号重号）：选中该选项，则检测项中将包含"元器件编号重号"项。

⑥【Bus label format errors】（总线标号格式错误）：选中该选项，则检测项中将包含"总线标号格式错误"项。

⑦【Floating input pins】（输入引脚浮接）：选中该选项，则检测项中将包含"输入引脚浮接"的警告性检查。所谓引脚浮接是指未连接。

⑧【Suppress warnings】（忽略警告）：选中该选项，则检测项将忽略所有的警告性检测项，不会显示具有警告性错误的测试报告。

要点提示

在电气法则测试中，Protel 99 SE 把所有出现的问题归为两类："Error"（错误），例如输入与输入相连接，这属于比较严重的错误；"Warning"（警告），例如引脚浮接，这属于不严重的错误。选中【Suppress warnings】选项后，警告性错误将忽略并且不做显示。

【Options】（选项）区域中各选项的具体意义如下。

①【Create report file】（创建测试报告）：选中该选项，则在执行完 ERC 测试后系统会自动将测试结果保存到报告文件（*.erc）中，并且该报告的文件名与原理图的文件名相同。

②【Add error markers】（放置错误符号）：选中该选项，则在测试后，系统会自动在错误位置放置错误符号。

③【Descend into sheet parts】（分解到每个原理图）：选中该选项，则会将测试结果分解到每个原理图中，这主要是针对层次原理图而言的。

④【Sheets to Netlist】（原理图设计文件范围）：在该下拉列表中可以选择所要进行测试的原理图设计文件的范围。

⑤【Net Identifier Scope】（网络识别器范围）：在该下拉列表中可以选择网络识别器的范围。

（3）进入图 5-2 所示的【Rule Matrix】选项卡，打开电气法则测试选项阵列设置对话框，如图 5-3 所示。

该对话框阵列中的每一个小方格都是按钮，单击目标方格，该方格就会被切换成其他的设置模式并且改变颜色。对话框中左上角的【Legend】分组框中的选项说明了各种颜色所代表的意义。

【No Report】（不测试）：绿色，表示对该项不做测试。

【Error】（错误）：红色，表示发生这种情况时，以"Error"为测试报告列表的前导字符串。

【Warning】（警告）：黄色，表示发生这种情况时，以"Warning"为测试报告列表的前导字符串。

如果用户想要恢复系统默认的设置，则可单击 Set Defaults 按钮。

在该对话框中，对本例中的原理图进行同一网络连接有多个网络名称检测、未连接的网络标号检测、未连接的电源检测、电路编号重号检测、元器件编号重复检测、总线网络标号格式错误检测以及输入引脚虚接检测等，结果如图 5-3 所示。

（4）单击 OK 按钮确认，然后系统将会按照设置的规则开始对原理图设计进行电气法则测试，测试完毕后自动进入 Protel 99 SE 的文本编辑器并生成相应的测试报告，结果如图 5-4 所示。

（5）系统会在被测试的原理图设计中发生错误的位置放置红色的符号，以便修改，结果如图 5-5 所示。

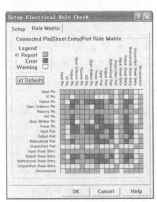

图 5-3 电气法则测试选项阵列设置对话框

图 5-4 执行电气法则测试后的结果

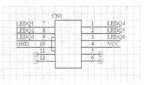

图 5-5 放置的错误或警告符号

要点提示   对于系统自动放置的红色的错误或警告符号，可以像删除一般图件一样进行删除。

5.1.2 使用 No ERC 符号

测试报告中的警告并不是由于原理图设计和绘制中产生实质性错误而造成的，因此可以在测试规则设置中忽略所有的警告性测试项，或在原理图设计上出现警告符号的位置放置 No ERC 符号，这样可以避开 ERC 测试。

在放置 No ERC 符号之前，应当先将上次测试产生的原理图警告符号删除。使用 No ERC 符号的具体步骤如下。

（1）单击放置工具栏中 ✕ 按钮，或者执行菜单命令【Place】/【Directives】/【No ERC】，

十字光标会带着一个 No ERC 符号出现在工作区，如图 5-6 所示。

（2）将 No ERC 符号依次放置到警告曾经出现的位置上，然后单击鼠标右键即可退出命令状态。放置好 No ERC 符号的原理图如图 5-7 所示。

（3）再次对该原理图执行电气法则测试，这次所有的警告都没有出现，测试报告如图 5-8 所示。

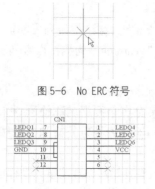

图 5-6 No ERC 符号

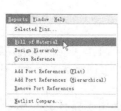

图 5-7 放置好 No ERC 符号的原理图

图 5-8 放置 No ERC 符号后的电气法则测试报告

5.2 创建元器件报表清单

当原理图设计完成后，接下来就要进行元器件的采购，只有元器件完全采购到位后才能确定元器件的封装，才能进行 PCB 的设计。采购元器件时必须要有一个元器件的清单，对于比较大的设计项目，元器件种类很多、数目庞大，同一类元器件封装形式可能还会有所不同，单靠人工很难将设计项目所用到的元器件信息统计准确。但是，利用 Protel 99 SE 提供的工具就可以轻松地完成这一工作。

下面介绍如何利用系统提供的工具生成元器件报表清单。

（1）打开"指示灯显示电路.Sch"原理图设计文件。

（2）执行菜单命令【Reports】/【Bill of Material】（元器件报表清单），如图 5-9 所示。

（3）执行生成元器件报表清单的命令后，即可打开【BOM Wizard】（元器件报表清单）对话框，如图 5-10 所示。选中【Sheet】（原理图设计文件）单选框，为当前打开的原理图设计文件生成元器件报表清单。

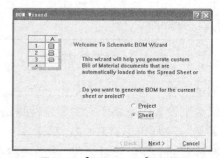

图 5-9 执行菜单命令【Reports】/【Bill of Material】

图 5-10 【BOM Wizard】对话框

（4）单击 Next> 按钮，打开图 5-11 所示的对话框。在该对话框中可以设置元器件列表中所包含的内容。选中复选框中的【Footprint】（原器件封装）和【Description】（详细信息）选项，如图 5-11 所示。

在该对话框中，无论选中什么选项，【Part Type】（元器件名称）和【Designator】（元器件序号）都会在包括在元器件报表清单中。

（5）设置完元器件列表中的内容后，单击 Next> 按钮，打开图 5-12 所示的对话框，在该对话框中定义元器件列表中各项的名称。

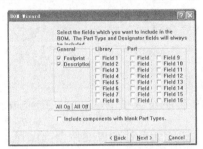

图 5-11　设置元器件列表中的内容

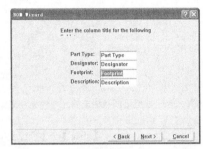

图 5-12　定义元器件列表中各列的名称

（6）设置完成后，单击 Next> 按钮，打开图 5-13 所示的对话框。在这个对话框中，可以选择元器件列表文件的存储类型。本例中将复选框中的 3 种文件类型选项全部选中，如图 5-13 所示。

在该对话框中，Protel 99 SE 提供了 3 种元器件报表文件的存储格式。

【Protel Format】（Protel 格式）：选中该选项，输出文件的格式为 Protel 格式，文件后缀名为 ".bom"。

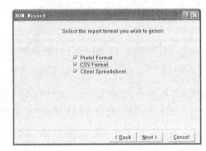

图 5-13　选择元器件列表文件类型对话框

【CSV Format】（电子表格可调用格式）：选中该选项，输出文件的格式为电子表格可调用格式，文件后缀名为 ".csv"。

【Client Spreadsheet】（Protel 99 SE 的表格格式）：选中该选项，输出文件的格式为 Protel 99 SE 的表格格式，文件后缀名为 ".xls"。

（7）选择完文件类型后，单击 Next> 按钮，打开图 5-14 所示的对话框。

（8）单击 Finish 按钮，系统会自动生成 3 种类型的元器件列表文件，并自动进入表格编辑器。3 种元器件报表文件分别如图 5-15～图 5-17 所示，它们的文件名与原理图设计文件名相同，后缀名分别为 ".bom"".csv" 和 ".xls"。

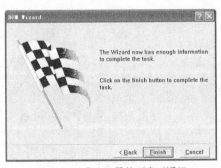

图 5-14　产生元器件列表对话框

图 5-15　Protel 格式的元器件报表文件

图 5-16　电子表格可调用格式的元器件列表文件

图 5-17　Protel 99 SE 表格格式的元器件列表文件

（9）执行菜单命令【File】/【Save All】，可以将生成的元器件列表文件全部保存。

5.3　创建网络表文件

在 Protel 99 SE 中，网络表文件是连接原理图设计和 PCB 设计的桥梁和纽带，是 PCB 自动布线的根据。通过网络表文件，可以将原理图设计中的元器件封装和网络连接传递到 PCB 电路板设计中去，为电路板设计做好准备。

创建网络表文件具体操作步骤如下。

（1）打开待生成网络表文件的原理图设计。本例中仍以"指示灯显示电路.Sch"原理图设计文件为例介绍网络表文件的生成。

（2）执行菜单命令【Design】/【Create Netlist…】，如图 5-18 所示。

（3）执行网络表文件生成命令之后，即可打开【Netlist Creation】（生成网络表文件）设置对话框，如图 5-19 所示。

（4）设置好生成网络表文件选项后，单击 OK 按钮，系统将自动生成网络表文件，并打开网络表文本编辑器，如图 5-20 所示。

图 5-18　执行生成网络表
文件的菜单命令

图 5-19　生成网络表文件选项
设置对话框

图 5-20　网络表文本编辑器

详细的网络表文件如表 5-1 所示。

表 5-1 网络表文件

```
[                              74LS04
CN1                            ]
CN8
]                    [
                     R1           (
[                    AXIAL0.4     GND
D1                   RES2         CN1-10
LEDQ                 ]            U1-7
LED                              )
]                    [
                     R2           (
[                    AXIAL0.4     LEDQ1
D2                   RES2         CN1-7
LEDQ                 ]            U1-1
LED                              )
]                    [
                     R3           (
[                    AXIAL0.4     LEDQ2
D3                   RES2         CN1-8
LEDQ                 ]            U1-3
LED                              )
]                    [
                     R4           (
[                    AXIAL0.4     LEDQ3
D4                   RES2         CN1-9
LEDQ                 ]            U1-5
LED                              )
]                    [
                     R5           (
 [                   AXIAL0.4     LEDQ4
D5                   RES2         CN1-1
LEDQ                 ]            U1-9
LED                              )
]                    [
                     R6           (
[                    AXIAL0.4     LEDQ5
D6                   RES2         CN1-2
LEDQ                 ]            U1-11
LED                              )
]                    [
(                    U1           CN1-4
LEDQ6                DIP-14       D1-1
CN1-3                )            D2-1
U1-13                            D3-1
)                    (           D4-1
                     NetU1_2      D5-1
(                    R1-1         D6-1
NetD1_2              U1-2         U1-14
D1-2                 )            )
R1-2
)                    (
                     NetU1_4
(                    R2-1
NetD2_2              U1-4
                     )
```

续表

```
D2-2                        (
R2-2                        NetU1_6
)                           R3-1
                            U1-6
(                           )
NetD3_2
D3-2                        (
R3-2                        NetU1_8
)                           R4-1
                            U1-8
(                           )
NetD4_2
D4-2                        (
R4-2                        NetU1_10
)                           R5-1
                            U1-10
(                           )
NetD5_2
D5-2                        (
R5-2                        NetU1_12
)                           R6-1
                            U1-12
(                           )
NetD6_2
D6-2                        (
R6-2                        VCC
```

在上面的网络表文件中，主要分为两部分：前半部分描述元器件的属性（包括元器件序号、元器件的封装形式和元器件的文本注释），其标志为方括号。比如在元器件 U1 中以 "[" 为起始标志，接着为元器件序号、元器件封装和元器件注释，以 "]" 为标志结束该元器件属性的描述。

后半部分描述原理图文件中的电气连接，其标志为圆括号。该网络以 "(" 为起始标志，首先是网络标号的名称，接下来按字母顺序依次列出与该网络标号相连接的元器件引脚号，最后以 ")" 结束该网络连接的描述。该网络连接表明在 PCB 电路板上 "()" 括号中包含的元器件引脚是连接在一起的，并且它们具有共同的网络标号。

5.4 生成元器件自动编号报表文件

当原理图设计完成后，由于设计的原因需要对原理图进行修改，结果会将电路中的某些冗余功能删除，同时相应的元器件也会被删除。由此将会导致电路图中元器件的编号不连续，并有可能影响到后面电路板的装配和调试工作。这种情况在原理图设计的初期是经常发生的，出现这种情况时，通常需要对原理图设计进行重新编号。

利用系统提供的元器件自动编号功能对整个原理图设计中的元器件进行重新编号，这种方法省时省力，尤其适用于元器件数目众多的电路设计；并且在对原理图设计文件自动编号的同时，系统将会生成元器件自动编号后元器件序号变更的报表文件。图 5-21 所示为自动编号的基本步骤。

下面将介绍生成元器件自动编号报表文件的操作。

（1）打开"指示灯显示电路.Sch"原理图设计文件。

（2）执行菜单命令【Tools】/【Annotate…】，打开【Annotate】（元器件自动编号）设置对话框，如图 5-22 所示。

（3）复位元器件编号。单击【Annotate Options】分组框中下拉列表后面的 ▼ 按钮，选择【Reset Designators】（复位元器件的序号）选项，复位原理图设计中所有元器件的编号，系统将会把原理图设计中所有元器件的编号复位为"*?"，如图 5-23 所示。

（4）再次执行菜单命令【Tools】/【Annotate…】，打开元器件自动编号设置对话框，并对元器件自动编号的选项进行设置，各选项设置结果如图 5-24 所示。

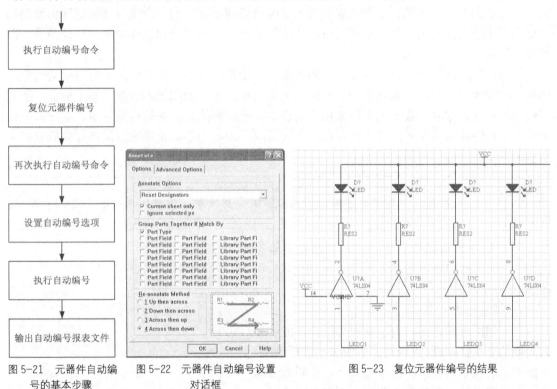

图 5-21　元器件自动编号的基本步骤

图 5-22　元器件自动编号设置对话框

图 5-23　复位元器件编号的结果

（5）单击 ` OK ` 按钮，执行元器件自动编号的操作，则系统将会完成对元器件自动编号的操作，生成元器件自动编号的报表并打开自动编号的文本编辑器，如图 5-25 所示。

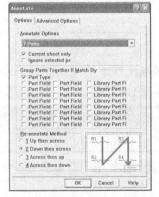

图 5-24　元器件自动编号选项设置

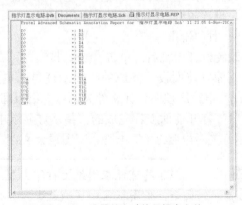

图 5-25　元器件自动编号报表文件

5.5 电路原理图的打印输出

在原理图设计好后，为了方便检查原理图设计是否有错以及进行电路板设计，往往需要将原理图打印输出。打印输出是一种常用的电路原理图输出方式，常用于小幅面图纸的输出。

在 Protel 99 SE 中，原理图打印输出通常有以下两种方式。

（1）自动调整输出比例。

（2）手动设定输出比例。

在输出原理图时，如果选中了系统自动调整输出比例的选项，则系统将根据选定的纸张大小，自动调整输出比例，使图纸能够最大限度地充满纸张。利用系统自动调整输出比例的功能来打印输出原理图，具有设置简单、快捷的优点，非常适合元器件较少、连线简单、图纸较小的原理图打印输出。

然而，当原理图设计比较复杂，元器件很多，图纸较大时，如果仍然采用自动调整输出比例来打印输出原理图，则输出的原理图比例会很小，输出的图纸不清晰，难于辨识，不利于图纸的阅读。这时，我们就可以采用手动设定输出比例的方法来输出原理图。由于输出比例较大，最终的原理图图纸将由多张图纸拼接而成。因此，手动设定输出比例打印原理图又可以叫做拼接打印原理图。

　　一般来讲，为了打印输出的图纸能够分辨清楚，缩放比例一般不要低于 60%。

不管是自动调整输出比例还是手动设定输出比例，原理图打印输出的基本步骤都是相同的，如图 5-26 所示。

1. 调整图纸大小

在打印原理图之前，为了使原理图设计能够最大限度地充满打印纸，应当对图纸的大小进行调整。调整图纸的大小，即调整图纸的尺寸，使图纸边框靠近原理图设计，尽量减少图纸上的空白区域。

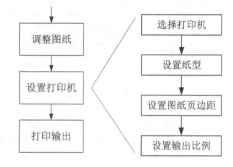

图 5-26　原理图打印输出基本步骤

2. 设置打印机

设置打印机是为原理图打印输出做准备。设置打印机的主要内容包括选择打印机、设置图纸、设置图纸页边距和设置输出比例。

3. 打印输出

设置好打印机后，单击 Print 按钮即可打印输出原理图。

下面以前面设计完成的"指示灯显示电路.ddb"设计数据库文件下的"指示灯显示电路.Sch"电路原理图设计文件为例，介绍原理图打印输出的具体操作步骤。

（1）打开前面设计完成的"指示灯显示电路.ddb"设计数据库及该设计数据库文件下的"指示灯显示电路.Sch"电路原理图设计文件，如图 5-27 所示。

　　为了尽可能在图纸上打印出最大的电路原理图设计，在打印之前应当调整图纸的大小，使图纸空白区域最小。

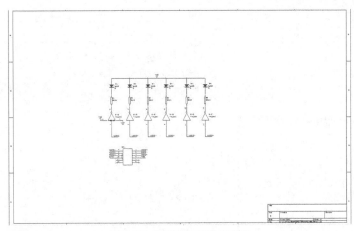

图 5-27　原理图打印输出实例

（2）调整电路原理图设计的位置。由于在调整图纸的大小时，左下脚是不动的，即图纸只可以向上、向右改变大小，所以在调整图纸大小之前，要先将图中的图件移到左下脚。移动图件后的结果如图 5-28 所示。

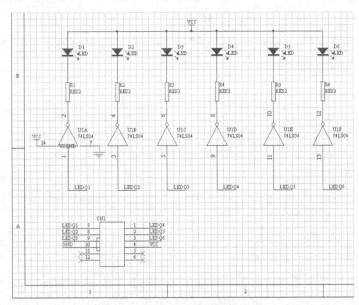

图 5-28　调整好位置后的电路原理图

（3）将鼠标光标移到图纸的右上边界处，此时用户要注意状态栏的数值，即注意图纸的右上角的坐标值（图纸的右边界和上边界），如图 5-29 所示。

图 5-29　确定图纸的右边界和上边界

（4）执行菜单命令【Design】/【Options…】，打开【Document Options】（文档参数）设置对话框，如图 5-30 所示。

在该对话框中，根据状态栏中显示的右上角的坐标值(570,480)，将【Custom Style】（默认图纸类型）栏中图纸宽度（Custom Width）和高度（Height）分别设置为"570"和"480"。

（5）单击 OK 按钮，回到工作窗口中，得到如图 5-31 所示的幅面调整结果。

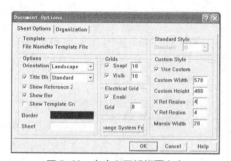

图 5-30　自定义图纸幅面大小

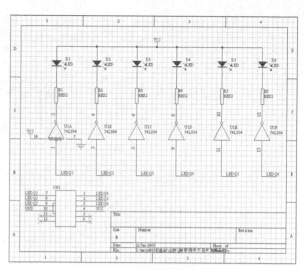

图 5-31　幅面调整结果

这样就完成了图纸幅面的调整，接下来就可以进行图纸的打印输出了。

（6）执行菜单命令【File】/【Setup Printer…】，即可打开【Schematic Printer Setup】（原理图打印输出设置）对话框，如图 5-32 所示。

（7）选择打印机。单击 Properties.. 按钮，打开【打印设置】对话框，如图 5-33 所示。

图 5-32　原理图打印输出设置对话框

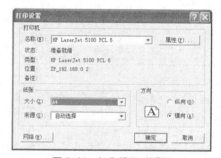

图 5-33　打印设置对话框

在该对话框中，单击【打印机】分组框中【名称】下拉列表后的下拉按钮，在打开的打印机列表中选择打印输出的打印机。如果在下拉列表中没有可以输出图纸的打印机，则需要先返回 Windows 操作系统中安装打印机。

（8）设置纸型。在图 5-33 所示的打印设置对话框中的【纸张】分组框中可以设置图纸的大小和方向。本例中将打印纸大小设置为 "A4"，纸张的方向设为 "横向"。

（9）设置好打印机和纸型后，单击 确定 按钮回到原理图打印输出设置对话框，此时选择的打印机和纸型设置将生效，系统将会根据选定的图纸大小和方向进行调整，调整的结果可通过【Preview】（预览）窗口浏览，如图 5-34 所示。

（10）设置图纸的页边距。页边距设置在原理图打印输出设置对话框中的【Margins】（页边距）分组框中进行设置。在该分组框中，可以设置图纸的【Left】（左）、【Right】（右）、【Top】（上）及【Bottom】（下）边界。本例中采用自动调整输出比例模式，可先采用系统默认的页边距。

（11）设置图纸的输出比例。在原理图打印输出设置对话框中的【Scale】（比例）分组框下，选中【Scale to fit page】（根据图纸自动调整输出比例）选项，使系统打印输出采用自动比例调整的打印输出模式，然后单击【Preview】分组框中的 Refresh 按钮刷新图纸的预览效果。新的预览效果如图 5-35 所示。

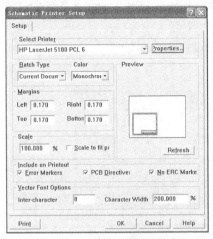

图 5-34　设置纸型后预览结果

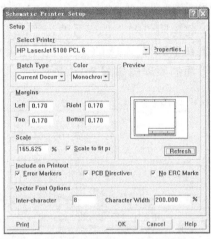

图 5-35　自动调整输出比例的预览效果

（12）为了能够最大限度地利用打印纸，这里建议在调整图纸缩放比例的过程中更改一下打印纸的方向，图 5-36 所示是将图纸方向设置为"纵向"时的预览效果。

比较图 5-35 和图 5-36，可以看出将图纸方向设置为"横向"时可以获得最大的输出比例。

（13）重新设定图纸的边界和缩放的比例。为了将原理图打印在图纸的中央位置，本例中将【Left】（左边界）修改为"1.170"，然后单击【Preview】分组框中的 Refresh 按钮刷新图纸的预览效果，结果如图 5-37 所示。

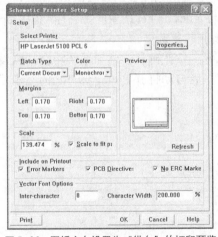

图 5-36　图纸方向设置为"纵向"的打印预览

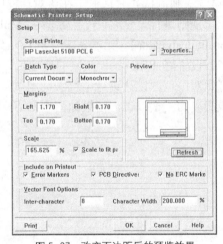

图 5-37　改变页边距后的预览效果

（14）从图 5-37 可以看出，将图纸设置为"横向"，缩放比例可达 165.6%，图纸输出比例大，因此本例中采用当前的设置输出原理图。

（15）单击 Print 按钮，即可进行打印输出。

5.6 课堂案例——根据 ERC 报告修改原理图设计

本节仍以"指示灯显示电路.Sch"原理图设计为例，进行 ERC 设计校验的练习，目的是加强对 ERC 设计校验的掌握。在练习之前，先对原理图进行修改，制造两个错误。

（1）将电阻"R1"的序号改为"R2"。

（2）在电源符号"VCC"所在网络上再放置网络标号"+12V"。

修改后的原理图如图 5-38 所示。

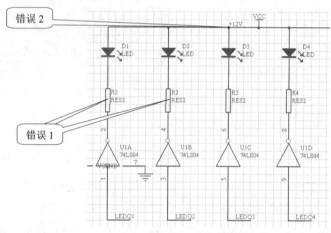

图 5-38 修改后的原理图

ERC 设计校验的具体操作步骤如下。

（1）在原理图编辑器中执行菜单命令【Tools】/【ERC…】，即可进入【Setup Electrical Rule Check】（设置电气法则测试）对话框，在该对话框中可以对电气法则测试的各项测试规则进行设置。在对测试规则进行设置时，一定要选中【Multiple net names on net】（多网络名称）和【Duplicate component designator】（元器件编号重号）两个选项前的复选框。

（2）设置好 ERC 设计校验的选项后，单击 OK 按钮确认，然后系统将会按照设置的规则开始对原理图设计进行电气法则测试，测试完毕后自动打开 Protel 99 SE 的文本编辑器并生成相应的测试报告，结果如图 5-39 所示。

图 5-39 执行电气法则测试后的结果

同时系统还将在原理图设计中标出错误的位置，如图 5-40 所示。

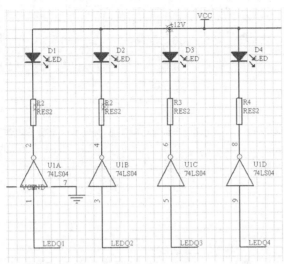

图 5-40 错误位置标记

（3）根据错误报告和在原理图设计中的标记，对原理图设计进行修改。

（4）修改完所有错误后，再次执行菜单命令【Tools】/【ERC...】，对原理图设计进行检查，直至系统不报错。

5.7 课堂练习——电气规则检查

本节练习的目的是使学生掌握原理图电气规则检查的方法和步骤。

利用图 5-41 所示的脉宽调制电路，完成电气规则检查。

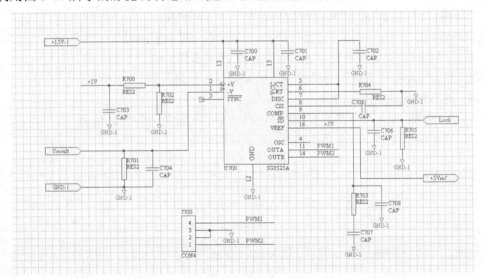

图 5-41 脉宽调制电路 "Modulate.Sch"

主要操作步骤如图 5-42 所示。

| 执行 Tools/ERC 命令，弹出对话框 | 电气规则检查 | 显示错误标记 |

图 5-42 对脉宽调制电路进行电气规则检查的主要操作步骤

习　　题

5-1　填空题

（1）网络表是_____，也是_____。

（2）元器件清单列表主要用于_____。元器件清单列表主要包括元器件的_____、_____、_____等信息，以方便_____。

（3）电气法则测试是_____，以便_____。

（4）在元器件清单中，_____和_____是必需的两项。

5-2　选择题

（1）【Netlist Creation】对话框的【Preferences】选项卡中用于设置输出文件格式的选项是（　　）。

A.【Output Format】　　B.【Net Identifier Scope】　　C.【Append sheet numbers to local nets】

（2）在原理图设计中警告出现的位置放置（　　）符号，就可以避开 ERC 测试。

A．Sheet　　　　　　　B．No ERC　　　　　　C．PCB

（3）PCB 文件和 SCH 文件之间的桥梁是（　　）报表。

A．网络表　　　　　　B．元器件清单　　　　C．对象属性表

5-3　了解 ERC 设计校验的功能，并掌握其基本操作。

5-4　结合 Excel 的功能，尝试对导出的元器件清单进行统计。

5-5　熟悉网络表文件的构成。

5-6　对"指示灯显示电路.Sch"原理图设计中的元器件进行自动编号。

5-7　打印输出"指示灯显示电路.Sch"原理图设计。

第 6 章 PCB 编辑器

原理图绘制完成并且编译无误之后，就要进行 PCB 电路板的设计了。PCB 电路板的设计是在 PCB 编辑器中进行的。因此，在正式进行 PCB 电路板设计之前，非常有必要先介绍一下 PCB 编辑器的各种常用功能，为后面 PCB 电路板的设计打下基础。

6.1 利用生成向导创建 PCB 设计文件

在 Protel 99 SE 中，创建 PCB 设计文件的方法主要有以下两种。

（1）利用常规方法创建 PCB 设计文件。

（2）利用 PCB 设计文件生成向导创建 PCB 设计文件。

采用常规方法创建 PCB 设计文件，指的是通过执行菜单命令【File】/【New...】，打开【New Document】（新建设计文件）对话框，选择【PCB Document】（PCB 设计文件）图标，然后单击 OK 按钮来创建 PCB 设计文件。

本节主要介绍如何利用 PCB 设计文件生成向导创建 PCB 设计文件。

（1）执行菜单命令【File】/【New...】，打开【New Document】（新建设计文件）对话框，如图 6-1 所示。

（2）在新建设计文件对话框中单击【Wizards】选项卡，即可打开如图 6-2 所示的对话框。

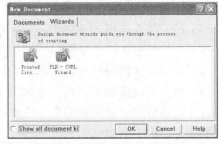

图 6-1 新建设计文件对话框　　　　　　　图 6-2 新建设计文档向导对话框

（3）在该对话框中选中【Printed Circuit Board Wizard】（创建 PCB 设计文件向导）图标，然后单击 OK 按钮，打开创建 PCB 设计文件向导对话框，如图 6-3 所示。

（4）单击 Next> 按钮，打开选择电路板类型和设置 PCB 电路板的尺寸单位对话框，如图 6-4 所示。

图 6-3　创建 PCB 设计文件向导

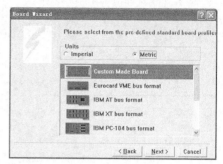

图 6-4　设置系统单位

在该对话框中，设计者可以从 Protel 99 SE 提供的 PCB 模板库中为正在创建的 PCB 板选择一种工业标准板，也可以选择【Custom Made Board】（自定义非标准板）。本例中选择【Custom Made Board】。

在 PCB 编辑器中，系统提供两种单位制：公制和英制，其换算关系为 1mil=0.0254mm。单击【Imperial】（英制）单选框，系统尺寸单位为英制"mil"；单击【metric】（公制）单选框，系统尺寸单位为"mm"。本例中选择公制单位，将系统单位设置为"mm"。

（5）单击 Next> 按钮，打开设置电路板外形对话框，如图 6-5 所示。自定义的非标准板生成向导支持【Rectangular】（矩形）、【Circular】（圆形）和【Custom】（系统默认）3 种外形。在本例中，选择矩形外形，其余参数采用默认值。

（6）单击 Next> 按钮，打开电路板外形尺寸设置对话框。在该对话框中可以设置电路板的外形尺寸，如图 6-6 所示。

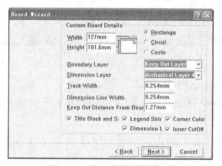

图 6-5　设置电路板的外形

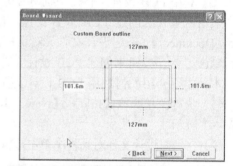

图 6-6　外形尺寸设置对话框

（7）设置好电路板的外形尺寸后，单击 Next> 按钮，打开电路板拐角尺寸设置对话框。在该对话框中可以设置电路板的拐角尺寸，如图 6-7 所示。

（8）设置好电路板的拐角尺寸后，单击 Next> 按钮，打开电路板内部镂空外形尺寸设置对话框，如果不需要在电路板中间镂空，则可将其尺寸设置为 0，如图 6-8 所示。

（9）单击 Next> 按钮，打开设置电路板标题栏信息对话框，如图 6-9 所示。

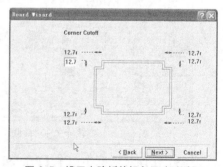

图 6-7　设置电路板的拐角尺寸对话框

（10）设置好标题栏信息后，单击 Next> 按钮，打开设置电路板类型和工作层面数目对话框，如图 6-10 所示。

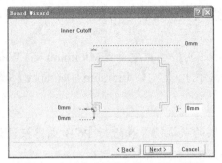

图 6-8　设置电路板镂空外形尺寸对话框

图 6-9　设置电路板标题栏信息对话框

在该对话框中，设计者可以根据电路板设计的需要选择电路板的类型、工作层面的数目和内电层的数目，本例中选择【Two Layer-Plated Though Hole】（双面板）选项。

（11）单击 Next> 按钮，打开过孔样式设置对话框，如图 6-11 所示，在该对话框中设置过孔的样式。在 Protel 99 SE 中，系统提供两种过孔形式：【Thruhole Vias only】（通孔）和【Blind and Buried Vias only】（盲孔和深埋过孔）。在双面板设计中，通常将过孔定义成通孔。

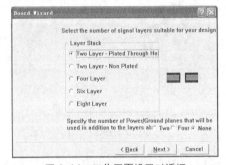

图 6-10　工作层面设置对话框

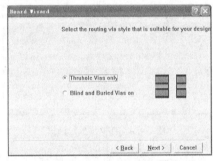

图 6-11　设置过孔样式对话框

（12）单击 Next> 按钮，打开选择电路板上将要安装的元器件类型和布线设计规则设置对话框，如图 6-12 所示。

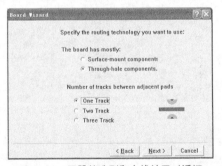

图 6-12　元器件选型和布线放置对话框

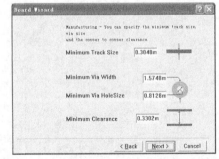

图 6-13　设置导线和过孔等布线设计规则对话框

在设计 PCB 电路板之前，应首先考虑电路板上所要放置的元器件类型，即选择直插元器件还是表贴元器件。其次，还应当考虑元器件的安装方式，即单面安装元器件还是双面安装元器件。在该对话框中，选择【Through-hole components】（直插元器件），或者是【Surface-mount components】（表贴元器件）。当选择表贴元器件时，还应当考虑选择元器件的安装方式：单面安装或双面安装。当选择直插元器件时，还应当考虑焊盘之间允许通过的导线数目。

（13）设置完成后，单击 Next> 按钮，即可打开设置导线宽度和过孔大小对话框，如图 6-13 所示。

在该对话框中，设置【Minimum Track Size】（导线的最小宽度）、【Minimum Via Width】（最小过孔外径）和【Minimum Via HoleSize】（最小过孔孔径）、【Minimum Clearance】（最小线间距）等参数。

 上述布线设计规则也可以采用系统提供的默认值，在进行 PCB 电路板设计时再设置。

（14）单击 Next> 按钮，系统弹出确认对话框，如图 6-14 所示。在该对话框中如果选中文字中的复选框，则可将本次设置好参数的电路板存储为模板。

（15）单击 Next> 按钮，打开完成 PCB 电路板生成向导对话框，如图 6-15 所示。

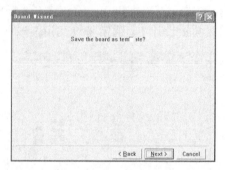

图 6-14　存储模板对话框

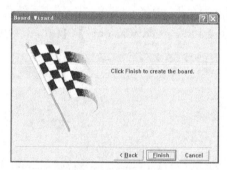

图 6-15　完成 PCB 电路板生成向导对话框

在该对话框中单击 Finish 按钮即可完成 PCB 生成向导的设置。系统将创建一个 PCB 设计文件，并且激活 PCB 编辑器的服务程序。图 6-16 所示为新生成的 PCB 设计文件。

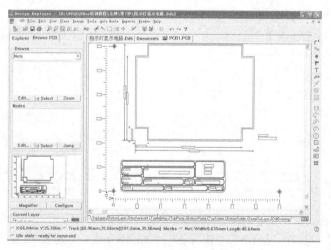

图 6-16　新生成的 PCB 设计文件

利用 PCB 设计文件生成向导创建的 PCB 设计文件，系统自动将文件存储为 ".PCB" 文件，其默认的名字为 "PCB1"，并且生成的 PCB 设计文件会自动地添加到当前【Documents】

文件夹中。

（16）更改 PCB 设计文件的名字为"指示灯显示电路.PCB"，然后存储该设计文件。

6.2　PCB 编辑器管理窗口

在正式介绍 PCB 编辑器管理窗口之前，应当先激活 PCB 编辑器。PCB 编辑器可以通过新建一个 PCB 设计文件或打开一个已经存在的 PCB 设计文件来激活。

下面以系统安装目录下的"…/Design Explorer 99 SE/Examples/LCD Controller.ddb"设计数据库下的 PCB 设计文件为例，介绍 PCB 编辑器管理窗口的基本功能。

打开"LCD Controller.pcb"PCB 设计文件后的结果，如图 6-17 所示。

通过 PCB 编辑器管理窗口可以对 PCB 设计文件中的所有图件和设计规则等进行快速的浏览、查看和编辑。在 PCB 设计过程中，PCB 编辑器管理窗口的常用功能如下所示。

（1）查找网络标号。

（2）查找元器件。

（3）添加/删除元器件封装库。

（4）浏览、查询和编辑元器件封装库。

（5）电路板设计规则冲突的浏览、查询。

（6）电路板设计规则的浏览、查询。

其实，PCB 编辑器管理窗口的操作与原理图编辑器管理窗口的操作基本相同，只是各自的功能略不相同而已。在前面的章节中，已经对原理图编辑器管理窗口的基本操作进行了比较详细的介绍，这里仅对 PCB 编辑器管理窗口非常实用的功能进行简单回顾。

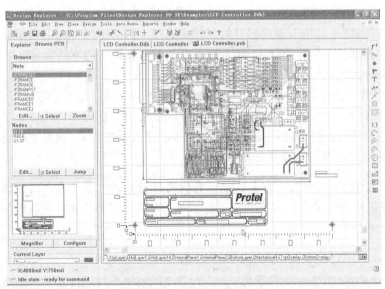

图 6-17　打开 PCB 设计文件

6.2.1　网络标号

通过 PCB 编辑器管理窗口，可以对 PCB 设计文件中的网络标号进行管理，包括网络标号的浏览、查找、跳转及编辑等功能。

下面对上述网络标号的管理功能进行简单介绍。

1. 浏览网络标号

（1）在 PCB 编辑器管理窗口中，单击【Browse PCB】选项卡，切换到 PCB 编辑器管理窗口。

（2）单击【Browse】分组框中文本框后的 ▾ 按钮，在打开的下拉列表中选择【Nets】（网络标号）选项，将 PCB 编辑器管理窗口切换到浏览网络标号的模式，如图 6-18 所示。

选择网络标号图件后，PCB 编辑器管理窗口将会切换到浏览网络标号的模式，在网络标号列表栏中显示当前 PCB 设计文件中所有的网络标号，如图 6-19 所示。

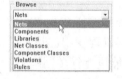

图 6-18　选择网络标号图件　　　　图 6-19　浏览网络标号模式下的 PCB 编辑器管理窗口

（3）浏览网络标号。单击网络标号列表栏中的任一网络标号，激活网络标号列表栏，然后拉动列表栏右侧的滚动条或者按 ↑ 和 ↓ 键即可浏览列表栏中的网络标号。

2. 查找网络标号

接下来，以查找网络标号 "LCDCNT" 为例介绍如何在网络标号列表栏中查找网络标号。

（1）单击网络标号列表栏中的任一网络标号，激活网络标号列表栏。

（2）输入需要查找的网络标号的首字母，本例中按 L 键即可，则系统将会自动跳转到首字母为 "L" 的网络标号处，结果如图 6-20 所示。

　　　　在 PCB 编辑器管理窗口中，查找网络标号的方法与在原理图编辑器管理窗口查找网络标号的方法完全相同，也可以采用首字母、任意字母匹配等方法来快速查找网络标号。

（3）浏览网络标号，并选中网络标号 "LCDCNT"。

在图 6-20 中，单击 Edit... 按钮可以对当前选中的网络标号进行编辑，如图 6-21 所示。单击 Select 按钮，可以在 PCB 电路板上选中当前列表栏中处于选中状态的网络标号所在的网络连接。单击 Zoom 按钮可以跳转到列表栏中选择的网络标号处，并在整个工作窗口中放大显示，如图 6-22 所示。

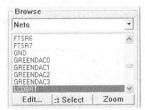

图 6-20 查找首字母为 "L" 的网络标号

图 6-21 编辑网络标号属性

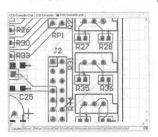

图 6-22 跳转并放大显示网络标号

6.2.2 元器件

单击【Browse】分组框中文本框后的 ▾ 按钮，在打开的下拉列表中选择【Components】（元器件）选项，将 PCB 编辑器管理窗口切换到浏览元器件的模式，PCB 编辑器的管理窗口将显示当前 PCB 设计文件中的所有元器件，如图 6-23 所示。

在图 6-23 所示的 PCB 编辑器管理窗口中，可以浏览元器件，具体的操作方法请参考 6.2.1 小节浏览网络标号的操作。

下面以查找元器件 "U1" 为例介绍查找元器件的方法。

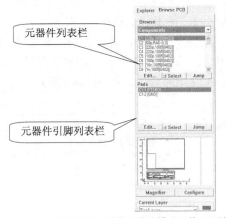

图 6-23 浏览元器件模式下的 PCB 编辑器管理窗口

（1）单击元器件列表栏中的任一元器件，激活元器件列表栏。

（2）输入需要查找的元器件的首字母，本例中按 U 键即可，系统将会自动跳转到首字母为 "U" 的元器件处，结果如图 6-24 所示。单击 Select 按钮，可以在 PCB 电路板上选中当前列表栏中处于选中状态的元器件。

在图 6-24 中，单击 Edit... 按钮可以打开元器件列表栏中处于选中状态的元器件的属性设置对话框，在该对话框中可以对元器件的属性进行编辑，如图 6-25 所示。

（3）在图 6-24 中，单击 Jump 按钮即可跳转到列表栏中处于选中状态的元器件所在位置，并在整个工作窗口中放大显示该元器件，如图 6-26 所示。

图 6-24 查找元器件 "U1"

图 6-25 编辑元器件属性

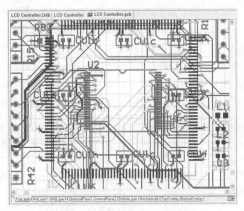

图 6-26 跳转并放大显示元器件

在 PCB 电路板设计中的元器件布局和电路板布线阶段，经常需要查找元器件。因此，利用上述快速查找元器件的方法可以大大提高电路板设计的效率，尤其适用于元器件比较多、电路板的尺寸比较大的电路板设计。

经验总结

6.2.3 元器件封装库

单击【Browse】分组框中文本框后的 ▾ 按钮，在打开的下拉列表中选择【Libraries】选项，将 PCB 编辑器管理窗口切换到浏览元器件封装库的模式，PCB 编辑器的管理窗口中将显示当前 PCB 编辑器中载入的元器件封装库，如图 6-27 所示。

在图 6-27 所示的 PCB 编辑器管理窗口中，单击 Add/Remove... 按钮，可以执行载入/删除元器件封装库的操作。在 PCB 编辑器管理窗口中载入元器件封装库的操作与原理图编辑器中的操作基本相同。单击 Browse 按钮，可以浏览元器件封装库中的元器件，如图 6-28 所示。单击 Edit... 按钮，可以打开元器件封装库编辑器，对选中的元器件封装进行编辑，如图 6-29 所示。单击 Place 按钮，可以将元器件封装列表栏中处于选中状态的元器件封装放置到 PCB 电路板上，如图 6-30 所示。

元器件封装库列表栏

元器件封装列表栏

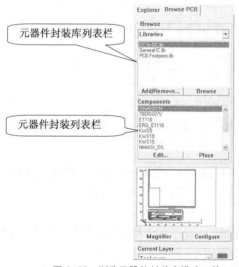

图 6-27 浏览元器件封装库模式下的 PCB 编辑器管理窗口

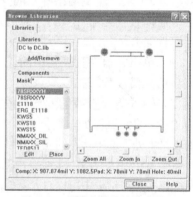

图 6-28 浏览元器件封装对话框

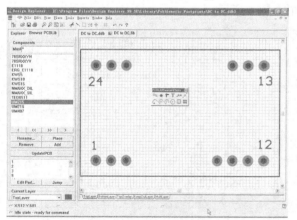

图 6-29 元器件封装库编辑器

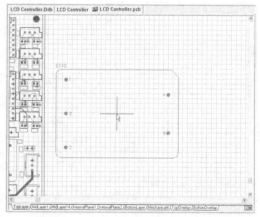

图 6-30 在 PCB 编辑器中放置元器件封装

6.2.4　设计规则冲突

在 PCB 电路板设计完成后，为了保证电气连接和设计规则的正确性，往往要对电路板设计进行设计规则检查（DRC）。DRC 设计规则检查后，系统不仅生成图 6-31 所示的 DRC 设计规则检查报告，而且会在 PCB 编辑器管理窗口中显示设计规则冲突。

下面介绍如何通过 PCB 编辑器管理窗口浏览 DRC 设计规则冲突，并根据系统提示对电路板进行修改。

在此仍然以"LCD Controller.ddb"设计数据库文件下的 PCB 设计文件"LCD Controller.pcb"为例，介绍浏览 DRC 设计规则冲突的操作。为了方便叙述，先在 PCB 电路板上设计如图 6-32 所示的短路和断路错误。

图 6-31　DRC 设计规则检查报告

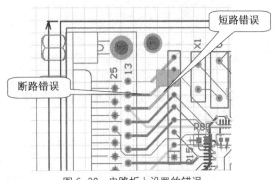

图 6-32　电路板上设置的错误

（1）执行菜单命令【Tools】/【Design Rule Check...】，打开【Design Rule Check】（设计规则检查）设置对话框，如图 6-33 所示。

（2）设置好设计规则检查选项后，单击 **Run DRC** 按钮即可执行设计规则检查，系统会将检查的结果生成专门的报告文件，同时在 PCB 电路板上会高亮显示冲突的设计，并在 PCB 编辑器管理窗口中列出冲突的设计规则，如图 6-34 所示。

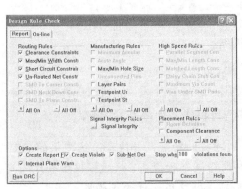

图 6-33　设计规则检查选项设置对话框

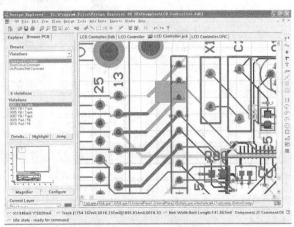

图 6-34　设计规则检查的结果

（3）选中 PCB 编辑器管理窗口中【Browse】（设计规则冲突）分组框中的【Short-Circuit Constraint】（短路限制设计规则）选项，即可在管理窗口中浏览与短路设计规则相冲突的电路板设计，如图 6-35 所示。

在该对话框中，选中冲突的电路板设计栏中的某一项后，单击 Details... 按钮即可浏览设计规则冲突的原因，如图 6-36 所示。

图 6-35 浏览设计规则冲突

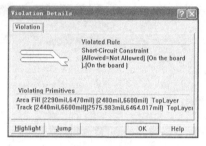

图 6-36 浏览设计规则冲突的原因

单击 Jump 按钮系统可以跳转到冲突的电路板设计处，并放大显示在工作窗口中，如图 6-37 所示。

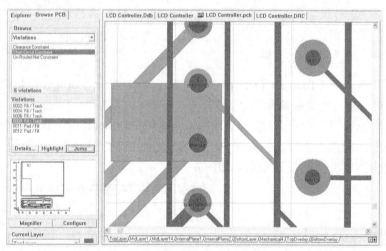

图 6-37 冲突的电路板设计

此时如果单击 Highlight 按钮，则冲突的电路板设计处将会高亮显示。

（4）根据系统的提示对电路板进行修改，将多余的矩形填充删除，并将未连接的导线相连，修改完成后再次进行设计规则检查，则系统将不会再报错，如图 6-38 所示。

利用 PCB 编辑器管理窗口浏览设计规则冲突的功能，并结合系统提供的 DRC 设计规则检查，可以快速地对电路板设计中的错误进行检查，然后根据检查结果可以快速定位和修改错误的电路板设计，从而确保电路板设计的正确性。

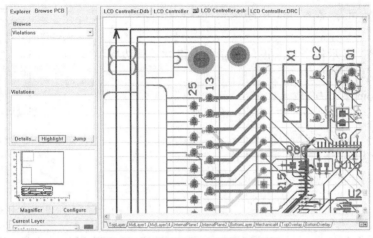

图 6-38　再次进行设计规则检查的结果

6.2.5　浏览设计规则

在 PCB 编辑器管理窗口中，选择【Rules】选项可以浏览电路板设计的设计规则，如图 6-39 所示。

在该窗口中，系统列出了电路板设计过程中需要用到的所有设计规则，并且单击 Edit... 按钮还可以快速进入修改设计规则对话框，如图 6-40 所示。

具体的设计规则设置和修改的操作将在后面的章节进行详细介绍。

图 6-39　浏览设计规则

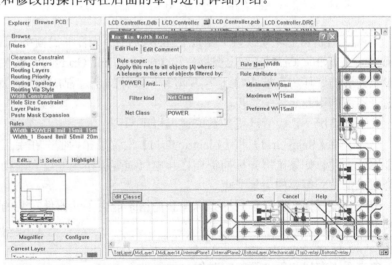

图 6-40　通过 PCB 编辑器管理窗口修改设计规则

6.3　画面管理

在 PCB 编辑器中，画面管理工作的内容主要包括图纸的移动、放大、缩小和刷新等。执行菜单命令【View】，即可打开画面管理的菜单命令，如图 6-41 所示。

画面管理各菜单命令的功能如下。

【Fit Document】：显示整个电路板文件，包括注释、标题栏等。

【Fit Board】：显示整个电路板，只显示电路板及其边界。

【Area】：角对角放大。

【Around Point】：中心放大。

【Selected Objects】：放大显示选中的图件。

【Zoom In】：将当前画面放大 1 次。

【Zoom Out】：将当前画面缩小 1 次。

【Zoom Last】：放大显示上一次的画面。

【Pan】：显示以光标为中心的区域。

【Refresh】：刷新。

图 6-41　画面管理菜单命令

　　在利用键盘快捷键 Page Up 和 Page Down 对画面进行放大或缩小时，最好将鼠标光标置于工作平面上的适当位置，这样画面将以鼠标光标为中心进行缩放。另外，利用快捷键对画面缩放既可以在空闲状态下进行，也可以在执行命令的过程中进行，在电路板设计过程中非常实用。

　　在 PCB 编辑器中进行画面管理的操作与原理图编辑器中画面管理的操作基本相同，具体的操作请参考第 2 章的内容，本章就不再赘述了。

6.4　设置 PCB 编辑器的环境参数

　　PCB 编辑器的环境参数主要指【Snap Grid】（光标捕捉栅格）、【Electric Grid】（电气捕捉栅格）、【Visible Grid】（可视栅格）和【Component Grid】（元器件捕捉栅格）等参数。环境参数设置的好坏将直接影响到 PCB 电路板设计的全过程，尤其是对于手工布线和手动调整，这一点应当引起足够的重视。

　　一般情况下，设置环境参数应遵循以下原则。

　　（1）将【Snap Grid】和【Electric Grid】设置成相近值，在手工布线的时候鼠标光标捕捉会比较方便。如果鼠标光标捕捉栅格和电气捕捉栅格相差过大，则在连线的时候，鼠标光标会很难捕获到需要的电气节点。

　　（2）电气捕捉栅格和鼠标光标捕获栅格不能大于元器件封装的焊盘间距，否则很难捕捉到元器件的焊盘，会给连线带来麻烦。

　　（3）【Component Grid】的设置也不能太大，以免在手工布局和手动调整的时候，元器件不容易对齐。

　　（4）将【Visible Grid】设为相同的值或者只显示其中某一个可视栅格。一般情况下，如果图纸单位设为公制，则将可视栅格设为"1mm"，这样有助于掌握元器件、图纸和导线间距等的大小，此时可视栅格的数目即是两条导线的间距。

　　图 6-42 所示为一种常用的环境参数设置。

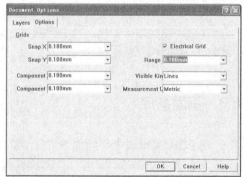

图 6-42　设置好的环境参数

6.5 PCB 放置工具栏

图 6-43 PCB 放置工具栏

在 PCB 编辑器中，绘图工具栏和 PCB 放置工具（Placement Tools）栏被集成到了一起，如图 6-43 所示。其中绘图工具的使用方法与原理图编辑器中的使用方法基本相同，但是 PCB 编辑器绘图工具栏绘制出的图形却被赋予了新的意义。以矩形填充为例，当其在电路板的顶层时，就表示电路板顶层的一整块矩形覆铜，具有电气功能；当其在顶层丝印层时，只表示一个丝印的矩形符号，没有任何导电意义。因此，在 PCB 编辑器中，图形所在的工作层面不同，具有的意义也各不相同。

图 6-44 【Place】菜单命令

在 PCB 编辑器中放置导线或其他图形时，除了单击放置工具栏中各按钮外，还可以通过执行【Place】菜单命令中相应的菜单命令来实现，如图 6-44 所示。【Place】中的各菜单命令分别与放置工具栏（Placement Tools）中各个按钮的功能——对应，放置工具栏中的各个按钮功能和相应的菜单命令如表 6-1 所示。

表 6-1   放置工具栏菜单命令

按　钮	功　能	对应菜单命令
	绘制导线	【Place】/【Interactive Routing】
	画线	【Place】/【Line】
	放置焊盘	【Place】/【Pad】
	放置过孔	【Place】/【Via】
	放置字符串	【Place】/【String】
	放置位置坐标	【Place】/【Coordinate】
	放置尺寸标注	【Place】/【Dimension】
	设置坐标原点	【Edit】/【Origin】/【Set】
	放置元器件	【Place】/【Component...】
	中心法绘制圆弧（Center）	【Place】/【Arc （Center）】
	边缘法绘制圆弧	【Place】/【Arc （Edge）】
	任意角度的边缘法绘制圆弧	【Place】/【Arc （Any　Angle）】
	绘制圆	【Place】/【Full Circle】
	放置矩形填充	【Place】/【Fill】
	放置多边形填充	【Place】/【Polygon Plane...】
	分割内电层	【Place】/【Split Plane...】
	阵列粘贴	【Edit】/【Paste Special】

下面介绍一下各个按钮的使用方法。

6.5.1 绘制导线

绘制导线的方法主要有以下 3 种。

（1）单击放置工具栏中的 按钮。

（2）执行菜单命令【Place】/【Interactive Routing】。

（3）使用快捷键 P/T。

在 Protel 99 SE 中绘制导线的方法和具体步骤如下。

（1）将工作层面切换到需放置导线的工作层面，比如【TopLayer】（顶层信号层）。

（2）单击放置工具栏中的 按钮，执行绘制导线的命令。在绘制导线过程中，按 Tab 键，打开【Interactive Routing】（导线属性）设置对话框，如图 6-45 所示。

在该对话框中可以对【Trace Width】（导线的宽度）、【Via Hole Size】（孔径尺寸）和【Via Diameter】（过孔外形尺寸）、【Layer】（导线所处的工作层面）等参数进行设置。

（3）设置完导线属性后，单击 OK 按钮确认即可回到工作窗口中。

（4）将鼠标光标移动到所需绘制导线的起始位置，单击鼠标左键确定导线的起点。移动鼠标光标，在导线的终点处单击鼠标左键确认，然后再次单击鼠标右键，即可绘制出一段直导线。

（5）如果绘制的导线为折线，则需在导线的每个转折点处单击鼠标左键确认，重复上述步骤，即可完成导线的绘制，结果如图 6-46 所示。

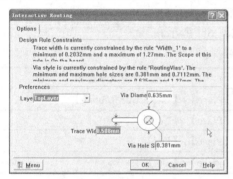

图 6-45　设置导线属性对话框

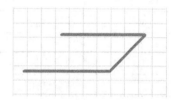

图 6-46　绘制导线

（6）绘制完一条导线后，系统仍处于绘制导线的命令状态，可以按上述方法继续绘制其他导线。此时，如果单击鼠标右键或按 Esc 键，可退出绘制导线命令状态。

6.5.2　放置焊盘

放置焊盘的方法主要有以下 3 种。

（1）单击放置工具栏中的 按钮。

（2）执行菜单命令【Place】/【Pad】。

（3）使用快捷键 P/P。

放置焊盘的具体操作步骤如下。

（1）单击放置工具栏中的 按钮，执行放置焊盘的命令。鼠标光标变成十字形状，并带着一个焊盘，如图 6-47 所示。

（2）当系统处于放置焊盘的命令状态时，按 Tab 键，打开【Pad】（焊盘属性）设置对话框，如图 6-48 所示。

在该对话框中，在【Properties】（属性）选项卡中可以设置焊盘的属性。

【Shape】（外形）：该选项用于设置焊盘的外形，单击该文本框后的 按钮，在打开的下拉列表中选择焊盘的外形，如图 6-49 所示。

图 6-47　执行完放置焊盘命令后的光标状态　　　图 6-48　设置焊盘属性对话框　　　图 6-49　设置焊盘的外形

在 Protel 99 SE 中，系统提供了 3 种形式的焊盘外形，即【Round】（圆形）、【Rectangle】（矩形）和【Octagonal】（八边形），如图 6-50 所示。

【X-Size】（X 坐标尺寸）：该选项用于设置焊盘外形的 x 坐标尺寸。

【Y-Size】（Y 坐标尺寸）：该选项用于设置焊盘外形的 y 坐标尺寸。

通过设置不同的焊盘外形尺寸可以得到不同形状的焊盘外形，如图 6-51 所示。

此外在【Attributes】（焊盘的属性）栏中还可以设置【Hole Size】（焊盘的孔径大小）、【Rotate】（旋转角度）、【Location】（位置坐标）、【Designator】（焊盘标号）及【Layer】（工作层面）等属性。

在图 6-48 所示的对话框中，还可单击【Advanced】选项卡，打开设置焊盘高级属性对话框，如图 6-52 所示。在该对话框中可以设置【Net】（焊盘的网络标号）和【Electrical Type】（电气类型）等参数。

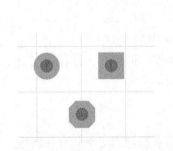
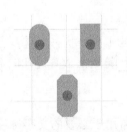

图 6-50　3 种不同的焊盘外形　　　图 6-51　通过设置焊盘的外形尺寸得到的焊盘外形　　　图 6-52　设置焊盘的高级属性参数

（3）设置完焊盘属性后，单击　OK　按钮，回到工作窗口中，移动鼠标光标到需要放置焊盘的位置，单击鼠标左键，即可将一个焊盘放置在鼠标光标所在的位置。

（4）重复上面的操作，可以在 PCB 电路板上放置其他焊盘，单击鼠标右键或按 Esc 键即可退出放置焊盘的命令状态。

6.5.3 放置过孔

放置过孔的方法主要有以下 3 种。

（1）单击放置工具栏中的 ⊹ 按钮。

（2）执行菜单命令【Place】/【Via】。

（3）使用快捷键 P/V。

放置过孔的具体操作步骤如下。

（1）单击放置工具栏中的 ⊹ 按钮，执行放置过孔的命令，鼠标光标变成十字形状，并带着一个过孔出现在工作窗口中，如图 6-53 所示。

（2）当系统处于放置过孔的命令状态时，按 Tab 键，打开【Via】（过孔属性）设置对话框，如图 6-54 所示。

在该对话框中可以对【Diameter】（过孔的直径）、【Hole Size】（孔径大小）、【Location】（位置坐标）、【Start Layer】（起始工作层面）、【End Layer】（结束工作层面）和【Net】（网络标号）等属性参数进行选择和设置。

（3）设置完过孔属性后，单击 OK 按钮，回到工作窗口中，将鼠标光标移动到需要放置过孔的位置，单击鼠标左键确认，即可将一个过孔放置在鼠标光标所在的位置。

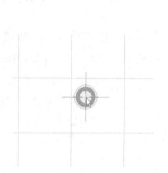

图 6-53 执行放置过孔命令后的光标状态

图 6-54 设置过孔属性对话框

（4）放置完一个过孔后，系统仍处于命令状态。重复上面的操作，即可在工作窗口中放置更多的过孔，单击鼠标右键或按 Esc 键退出放置过孔的命令状态。

6.5.4 放置字符串

在电路板设计过程中，字符串常常用于必要的文字标注。虽然字符串本身不具有任何电气特性，它只是起提醒的作用，但是一旦将字符串放置到信号层上，加工后的电路板将可能引起短路，如图 6-55 所示。这是因为信号层上的字符串是在铜箔上腐蚀而成的，字符串本身就是导电的铜线，当其跨越在多条信号线之间时便会发生短路。因此，通常将字符串放置在顶层丝印层，如果要在信号层上放置字符串，则应当特别小心。

图 6-55 放置在信号层上的字符串

放置字符串的方法主要有以下 3 种。

（1）单击放置工具栏中的 T 按钮。

（2）执行菜单命令【Place】/【String】。

（3）使用快捷键 P/S。

下面介绍放置一个字符串的具体操作。

（1）单击放置工具栏中的 T 按钮，执行放置字符串的命令，鼠标光标变成十字形状并带着一个字符串（上次放置的字符串）出现在工作窗口中，如图 6-56 所示。

（2）当系统处于放置字符串的命令状态时，按 Tab 键，打开【String】（字符串属性）设置对话框，如图 6-57 所示。

在该对话框中可以对【Text】（字符串的内容）、【Height】（高度）、【Width】（宽度）、【Font】（字体）、【Layer】（所处工作层面）、【Rotation】（放置角度）、【X-Location】和【Y-Location】（放置位置坐标）等参数进行选择或设置。字符串的内容既可以从下拉列表中选择，也可以直接输入。

（3）设置完字符串属性后，单击 OK 按钮确认即可回到工作窗口中。

（4）将鼠标光标移动到所需位置，然后单击鼠标左键，即可将当前字符串放置在鼠标光标所处的位置。

图 6-56　执行放置字符串命令后的光标状态　　　　图 6-57　字符串属性对话框

（5）此时，系统仍处于放置相同内容字符串的命令状态，可以继续放置该字符串，也可以重复上面的操作改变字符串的属性。放置结束后，单击鼠标右键或按 Esc 键即可退出当前的命令状态。

6.5.5　设置坐标原点

在印制电路板设计系统中，程序本身提供了一套坐标系，其原点称为绝对原点（Absolute Origin）。在电路板设计过程中，根据实际的需要通过设定坐标原点来定义自己的坐标系。

设置坐标原点的方法主要有以下 3 种。

（1）单击放置工具栏中的 ⊠ 按钮。

（2）执行菜单命令【Edit】/【Origin】/【Set】。

（3）使用快捷键 E/O/S。

设置坐标原点的具体操作步骤如下。

（1）单击放置工具栏中的 ⊠ 按钮，执行设置 PCB 编辑器工作窗口坐标原点的命令，光标变成十字形状。

（2）移动鼠标光标到所需位置，单击鼠标左键，即可将新的坐标系的原点设置在当前位置。设定坐标系的原点时应注意观察状态栏中的显示，以便了解当前鼠标光标所在位置的坐标。

（3）如果要恢复程序原有的坐标系，可以执行菜单命令【Edit】/【Origin】/【Reset】。

6.5.6　放置元器件

放置元器件的方法主要有以下 3 种。

（1）单击放置工具栏中的 按钮。

（2）执行菜单命令【Place】/【Component...】。

（3）使用快捷键 P/C。

放置元器件的具体操作步骤如下。

（1）单击放置工具栏中的 按钮，执行放置元器件的命令，系统将会打开【Place Component】（放置元器件）对话框，如图 6-58 所示。

在该对话框中，通过在【Footprint】文本框中输入元器件封装来选择元器件，在【Designator】（序号）文本框中为该元器件编号，在【Comment】（注释文字）文本框中输入注释文字等参数。本例将放置一个电阻元器件。在【Footprint】文本框输入"AXIAL0.4"，在【Designator】文本框中输入"R200"，在【Comment】文本框中输入"100k"，如图 6-59 所示。

图 6-58　放置元器件对话框　　　　　　图 6-59　输入元器件名字

如果不太清楚元器件的封装形式，可以单击图 6-59 所示对话框中的 Browse... 按钮，打开【Browse Libraries】（浏览元器件库）对话框，如图 6-60 所示。在该对话框中，可以从已装入的元器件库中浏览、查找所需要的元器件封装形式。

（2）设置完电阻的参数后，在图 6-59 所示的对话框中单击 OK 按钮，回到 PCB 编辑器的工作窗口，此时系统处于放置元器件的状态，鼠标光标变成十字形光标，其上粘着一个电阻的元器件封装，如图 6-61 所示。

（3）在工作窗口中移动鼠标光标，改变元器件放置的位置，同时也可以按空格键调整元器件放置方向。

（4）单击鼠标左键即可将元器件放置在当前鼠标光标所在的位置。放置元器件后，系统将自动返回到图 6-59 所示的放置元器件对话框，单击 Cancel 按钮，即可退出放置元器件命令状态。

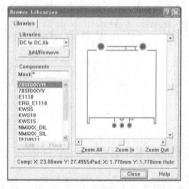

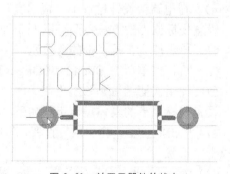

图 6-60　元器件库浏览对话框　　　　　　图 6-61　放置元器件的状态

6.5.7　放置矩形填充

在印制电路板设计过程中，为了提高系统的抗干扰性能和通过大电流的能力，通常需要放置大面积的电源/接地铜箔。系统提供的填充方式有两种：矩形填充（Fill）和多边形填充（Polygon Plane）。

放置矩形填充的方法主要有 3 种。

（1）单击放置工具栏中的□按钮。

（2）执行菜单命令【Place】/【Fill】。

（3）使用快捷键 P/F。

下面先介绍一下放置矩形填充的操作步骤。

（1）单击放置工具栏中的□按钮或执行菜单命令【Place】/【Fill】，鼠标光标变成十字形状。

（2）当系统处于放置矩形填充的命令状态时，按 Tab 键，打开【Fill】（矩形填充属性）设置对话框，如图 6-62 所示。设置完属性后，单击 OK 按钮，即可回到工作窗口。

在该对话框中，可以对【Layer】（矩形填充所处工作层面）、【Net】（连接的网络）、【Rotation】（放置角度）及两个对角的坐标等参数进行设置。

（3）移动鼠标光标到需填充区域的顶点处，单击鼠标左键确定矩形填充的第 1 个顶点，然后移动鼠标光标到该区域的另一顶点，单击鼠标左键确定矩形填充对角线的第 2 个顶点，即可完成对该区域的填充，结果如图 6-63 所示。

图 6-62　矩形填充属性对话框

图 6-63　放置矩形填充

（4）放置完矩形填充后，系统还处在命令状态，可继续放置其他的矩形填充。单击鼠标右键或按 Esc 键，可退出命令状态。

6.5.8　放置多边形填充

多边形填充（Polygon Plane）可以对任意形状的多边形填充区域实现填充，常用于接地网络的覆铜。

执行菜单命令【Place】/【Polygon Plane...】或单击放置工具栏中的◻按钮，即可打开【Polygon Plane】（多边形填充属性）设置对话框，如图 6-64 所示。

在该对话框中，可以对【Connect to Net】（多边形填充的网络标号）、【Grid Size】（多边形填充的栅格尺寸）、

图 6-64　设置多边形填充属性对话框

【Track Width】（线宽）、【Layer】（所处工作平面）、【Hatching Style】（填充方式）和【Surround Pads With】（环绕焊盘方式）等参数进行设置。

系统提供了以下5种多边形填充方式，如图6-65所示。

（a）【90-Degree Hatch】　（b）【45-Degree Hatch】　（c）【Vertical Hatch】　（d）【Horizontal Hatch】　（e）【No Hatch】

图6-65　多边形填充的5种方式

在电路板设计过程中，通常选择【45-Degree Hatch】的填充方式。但是，如果适当设置【Track Width】（线宽）和【Grid Size】（栅格尺寸），比如在【Track Width】文本框中输入"1mm"，在【Grid Size】文本框中输入"0.508mm"，就能以整块的铜箔覆盖电路板，如图6-66所示。

当多边形填充置于信号层时，则多边形填充为导电图件，它与电路板上的其他导电图件之间可能发生连接，也可能不发生连接。当多边形填充与导电图件不连接时，就环绕在导电图件的周围。多边形填充环绕不同网络标号的焊盘有两种方式，如图6-67所示。

 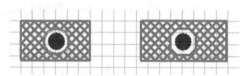

（a）圆弧 Arcs　　（b）八边形 Octagons

图6-66　整块铜箔覆盖电路板　　　　　图6-67　多边形填充环绕焊盘的两种方式

多边形填充与具有相同网络标号的焊盘和过孔的连接方式主要有以下3种。

（1）【Relief Connect】（辐射方式连接）：选中该选项，多边形填充与具有相同网络标号的焊盘和过孔的连接方式为辐射连接方式。根据连接导线的数目和导线连接的角度，可以将辐射方式的连接分成4种，如图6-68所示。

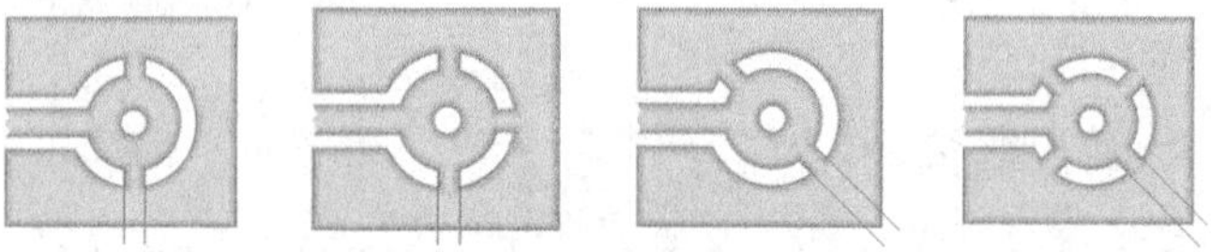

图6-68　4种辐射方式连接

采用辐射方式连接可以避免元器件焊接时的散热面积过大、难于焊接。

（2）【Direct Connect】（直接连接）：选中该选项，多边形填充与具有相同网络标号的焊盘和过孔的连接方式为直接连接。选择【Direct Connect】后，没有其他参数进行设置，它使焊盘与覆铜层完全连接。

（3）【No Connect】（不连接）：选中该选项，多边形填充与具有相同网络标号的焊盘和过孔不连接。

多边形填充与焊盘（或过孔）的连接方式可通过执行菜单命令【Design】/【Rules】，打开设计规则设置对话框，然后进入【Manufacturing】选项卡，通过设置【Polygon Connect Style】设计规则来设置。

放置多边形填充的具体操作步骤如下。

（1）单击放置工具栏中的⬜按钮或执行菜单命令【Place】/【Polygon Plane...】，打开【Polygon Plane】设置对话框。

（2）设置好多边形填充参数后，单击 OK 按钮回到工作窗口，鼠标光标变为十字形状。

（3）移动鼠标光标到待填充区域的第一个顶点，单击鼠标左键确认，用同样的方法依次确定多边形的其他顶点，并且在多边形填充的最后一个顶点处单击鼠标右键，程序会自动将第一个顶点和最后的顶点连接起来形成一个多边形区域，同时对该区域进行填充。

在图 6-66 所示的设置多边形填充属性对话框中有两个复选框，其意义如下。

【Pour Over Same Net】（在相同网络上覆铜）：选中该选项，系统将在具有相同网络标号的导电图件上覆铜。比如将多边形填充的网络标号【Connect to Net】定义为【GND】，则系统在进行覆铜的过程中就会覆盖网络标号为 GND 的导线、焊盘和过孔等导电图件。

【Remove Dead Copper】（去除死铜）：选中该选项，系统在覆铜的后期，将电路板上被其他图件隔断孤立的、与外界没有连接的覆铜区域删除掉。

一般在用多边形填充时，将这两个选项选上，一方面可加大相同网络布线的宽度提高过电流和抗干扰的能力，另一方面，将死铜去除可以使 PCB 板更加美观。

6.6　编辑功能介绍

Protel 99 SE 的印制板电路板设计系统提供了丰富且强大的编辑功能，包括对图件的选择、取消选择、删除、更改属性及移动等操作，利用这些编辑功能可以非常方便地对电路板设计进行修改和调整。

6.6.1　选择图件

系统提供的选择图件的方法主要有两种。

（1）利用菜单命令选择图件。

（2）利用鼠标选择图件。

下面介绍选择图件的操作。

1. 利用菜单命令选择图件

执行菜单命令【Edit】/【Select】，打开图 6-69 所示的选择图件菜单。

在图 6-69 中，各种选择图件菜单命令的具体功能如下。

【Inside Area】：选择指定区域内的所有图件。

【Outside Area】：选择指定区域外的所有图件。【Inside Area】和【Outside Area】命令的执行过程基本一样。

图 6-69　选择图件菜单

【All】：选择所有的图件。

【Net】：选择指定的网络。

【Connected Copper】：选择信号层（Signal Layer）上的指定网络。

【Physical Connection】：选择指定的物理连接。网络是指具有电气连接关系的所有导线，而连接只是指网络中的某一段导线。

【All on Layer】：选择当前工作层面上的所有图件。【All】命令的选择范围是所有的工作层面，而【All on Layer】命令的选择范围仅限于当前的工作层面。

【Free Objects】：选择除了元器件之外的所有图件，包括独立的焊盘、过孔、线段、圆弧、字符串及各种填充等。

【All Locked】：选择所有处于锁定状态的图件。在图件的属性中，有一个选项是锁定状态（Locked），它可以被选中或不被选中。当执行【All Locked】命令时，所有设定了【Locked】选项的图件都将被选中。

【Off Grid Pads】：选择所有不在栅格点上的焊盘。

【Hole Size…】：选择具有指定孔径的图件。执行该菜单命令，可打开【Hole Selector】（孔径选择）设置对话框，如图 6-70 所示。

【Toggle Selection】：逐次选择图件。执行该命令后，可以用鼠标光标逐个选中需要的图件。该命令具有开关特性，即对某个图件重复执行该命令，可以切换图件的选中状态。

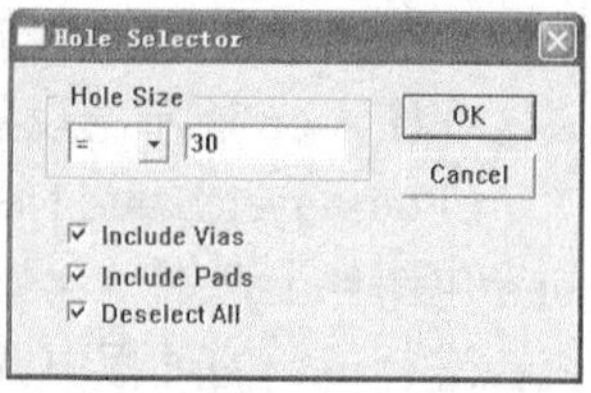

图 6-70　设置选择孔选项对话框

在电路板设计过程中，常用的选择命令有以下几种。

（1）选择指定区域内的所有图件。

选择指定区域内的所有图件主要有 3 种方法。

① 执行菜单命令【Edit】/【Select】/【Inside Area】。

② 单击主工具栏中的 ▭ 按钮。

③ 使用快捷键 E/S/I。

选择指定区域内的所有图件的具体操作步骤如下。

① 执行菜单命令【Edit】/【Select】/【Inside Area】，之后鼠标光标变成十字形状，将其移动到工作窗口中的适当位置，单击鼠标左键确定待选区域对角线的一个顶点。

② 移动鼠标光标，拖出一个矩形虚线框，该虚线框即代表所选区域的范围。

③ 当虚线框包含所要选择的所有图件后，在适当位置单击鼠标左键，确定指定区域对角线的另一个顶点。这样该区域内的所有图件即可被选中。

（2）选择指定的网络。

选择指定的网络主要有两种方法。

① 执行菜单命令【Edit】/【Select】/【Net】。

② 使用快捷键 E/S/N。

选择指定网络的具体操作步骤如下。

① 执行菜单命令【Edit】/【Select】/【Net】，之后鼠标光标变成十字形状，将其移到所要选择的网络中线段或焊盘上，然后单击鼠标左键，即可选中整个网络。

② 如果在执行该命令时没有选中所要选择的网络，则会打开【Net Name】（网络标号名称）设置对话框，如图 6-71 所示。在该对话框中可以直接输入所要选择的网络名称，然后单击 OK 按钮即可选中该网络。

图 6-71　输入网络名称对话框

③ 单击鼠标右键，退出当前命令状态。

（3）逐次选择图件。

逐次选择图件主要有两种方法。

① 执行菜单命令【Edit】/【Select】/【Toggle Selection】。

② 使用快捷键 E/S/T。

逐次选择图件的具体操作步骤如下。

① 执行菜单命令【Edit】/【Select】/【Toggle Selection】，鼠标光标变成十字形状，将其移到所要选择的图件上，单击鼠标左键即可选中该图件。

② 如果想要撤销某个图件的选中状态，只要再次单击该图件即可。

③ 单击鼠标右键，退出当前命令状态。

2. 利用鼠标选取图件

利用鼠标光标选取图件的操作方法与执行菜单命令【Edit】/【Select】/【Inside Area】的操作方法基本相同。利用鼠标光标选取图件时，只需按住鼠标左键，拖出一个虚线框后松开鼠标，即可选中图件。利用鼠标光标选取图件可以选取单个图件，也可以同时选取多个图件，还可以分多次选取不同区域的图件。

6.6.2　取消选中图件

图件选中后，将保持选中状态，直到取消图件的选中状态。Protel 99 SE 提供了多种取消选中图件的方法。

（1）执行菜单命令【Edit】/【DeSelect】，打开如图 6-72 所示的取消选中图件的菜单命令。

取消选中图件菜单命令的操作基本上与前面介绍的选择图件菜单命令相对应。

（2）单击主工具栏中的  按钮。单击该按钮后，系统将会取消电路板上所有图件的选中状态。

图 6-72　取消选中图件的菜单命令

6.6.3　删除功能

在电路板设计过程中，经常需要删除某些不必要的图件。常用的删除图件的方法有如下 4 种。

（1）执行菜单命令【Edit】/【Delete】。

（2）选中图件后，按 Ctrl+Delete 快捷键。

（3）使用快捷键 E/D。

（4）使用快捷键 E/L。

删除图件的命令可以分为两类：第 1 类命令包括 Ctrl+Delete 快捷键和快捷键 E/L，这类命令是先选择图件，然后再执行相应的删除命令；第 2 类命令包括菜单命令【Edit】/【Delete】和快捷键 E/D，这类命令是先执行命令，然后再逐个删除图件。

删除图件的具体操作步骤如下。

（1）执行菜单命令【Edit】/【Delete】，鼠标光标变成十字形状。

（2）将鼠标光标移到想要删除的图件上，单击鼠标左键，则该图件就会被删除。

（3）重复上一步的操作即可继续删除其他图件。单击鼠标右键，退出当前命令状态。

6.6.4　修改图件属性

修改图件属性的方法主要有以下 4 种。

（1）在放置图件的过程中，按 Tab 键，打开编辑图件属性对话框。

（2）执行菜单命令【Edit】/【Change】，修改图件属性。

（3）用鼠标左键双击图件，打开编辑图件属性对话框。

（4）使用快捷键 E/H，修改图件属性。

下面具体介绍如何通过执行菜单命令【Edit】/【Change】来修改图件的属性。

（1）执行菜单命令【Edit】/【Change】或按快捷键 E/H，之后鼠标光标变成十字形状，将其移动到想要修改属性的图件上。单击鼠标左键，即可打开【Component】（图件属性）设置对话框。

例如，在元器件上单击鼠标左键时，可以打开元器件属性设置对话框，如图 6-73 所示。在该对话框中即可对元器件的各种属性进行重新设置。

（2）重新设置属性后，单击 OK 按钮，完成修改。

（3）此时程序仍处于该命令状态，还可以继续对其他图件的属性进行更改。比如重新定义某段导线的属性。将鼠标光标移动到想要更改属性的导线上，单击鼠标左键，打开【Track】（导线属性）对话框，如图 6-74 所示。

图 6-73　元器件属性对话框

图 6-74　导线属性对话框

6.6.5　移动图件

在 PCB 电路板设计过程中，为了调整元器件的布局和方便布线，经常需要移动图件，系统提供了多种移动图件的方式。执行菜单命令【Edit】/【Move】，可以进入移动图件命令菜单，如图 6-75 所示。

各种移动图件命令的具体功能如下。

【Move】：只移动一个图件。该命令只移动单一的图件，而与该图件相连的其他图件不会随着移动。例如，用该命令移动一个元器件，则与该元器件相连的导线不会随元器件一起移动。请注意，这样可能会使原来的连接关系发生改变。

【Drag】：拖动一个图件，与【Move】的功能基本相同。

【Component】：只能对元器件进行移动，对其他图件的操作无效。

【Re-Route】：重新布线。在该命令状态下，用鼠标光标选中某条线段后，拖动鼠标，线段的两个端点固定不动，而其他部分随着鼠标光标移动。拖动线段到适当的位置，单击鼠标左键，可以放置线段的一边，另一边仍处于拖动状态，继续拖动鼠标光标，可以连续重新放置导线，直至单击鼠标右键退出拖动状态，再次单击鼠标右键，退出该命令状态。

【Break Track】：拖动线段。执行该命令时，线段的两个端点固定不动，其他部分随着鼠标光标移动，这与【Re-Route】命令类似。不同之处在于当拖动线段到达新位置，单击鼠标左键确定线段的新位置后，线段即处于放置状态。

【Drag Track End】：拖动线段。该命令是使线段的一个或两个端点固定不动，其余部分随鼠标光标的移动而移动，单击鼠标左键确定线段的新位置后，线段即处于放置状态。

【Move Selection】：移动已被选中的图件。

【Rotate Selection】：旋转已被选中的图件。

【Flip Selection】：翻转已被选中的图件。

【Polygon Vertices】：移动多边形填充。

【Split Plane Vertices】：移动内电层。

在设计过程中常用的移动命令如下。

1. 移动一个图件

移动一个图件的方法主要有两种。

（1）执行菜单命令【Edit】/【Move】/【Move】。

（2）使用快捷键 E/M/M 。

移动一个图件的具体操作步骤如下。

（1）执行菜单命令【Edit】/【Move】/【Move】，鼠标光标变成十字形状。

（2）单击需要移动的图件，该图件将会粘着在鼠标光标上，随着鼠标光标的移动而移动。将图件移动到适当的位置，单击鼠标左键即可放置该图件，这时图件与原来连接的导线之间已断开。

（3）单击鼠标右键，即可退出该命令状态。

2. 移动元器件

移动元器件的方法主要有两种。

（1）执行菜单命令【Edit】/【Move】/【Component】。

（2）使用快捷键 E/M/C 。

移动元器件与移动一个图件的操作基本相同，但该命令只对电路板上的元器件有效。

移动元器件的具体操作步骤如下。

（1）执行菜单命令【Edit】/【Move】/【Component】，鼠标光标变成十字形状。

（2）单击需要移动的元器件上，则元器件粘着在鼠标光标上，移动鼠标光标，元器件会随之一起移动。将图件拖动到适当的位置，然后单击鼠标左键，将元器件移动到当前位置。

（3）如果选择元器件时鼠标没有选中元器件，则系统会打开【Choose Component】（选择元器件）对话框，如图 6-76 所示。

图 6-75　【Move】菜单命令　　　　　　　图 6-76　选择元器件对话框

（4）任意选中某个元器件，然后单击 OK 按钮，则元器件将被选中，移动鼠标光标即可移动选中的元器件。移动元器件到适当的位置，然后单击鼠标左键，即可将元器件放置在当前位置。

（5）单击鼠标右键，即可退出该命令状态。

3. 移动已被选中的图件

移动已被选中图件的方法主要有 3 种。

（1）执行菜单命令【Edit】/【Move】/【Move Selection】。

（2）使用快捷键 E/M/S。

（3）单击主工具栏中的 + 按钮。

移动已被选中的图件可以一次移动单个图件，也可以同时移动多个图件。

移动已被选择的图件的具体操作步骤如下。

（1）选择需要移动的图件。

（2）执行菜单命令【Edit】/【Move】/【Move Selection】，鼠标光标变成十字形状。

（3）用鼠标选中被选中的图件，然后拖动鼠标光标到适当的位置，单击鼠标左键，将被选中的图件移动到当前位置。

4. 旋转已被选择的图件

当图件被选中后，为了方便元器件的布局或者是布线，需要将图件旋转一定的角度。

旋转图件的方法主要有两种。

（1）执行菜单命令【Edit】/【Move】/【Rotate Selection…】。

（2）使用快捷键 E/M/O。

旋转已被选择的图件的具体操作步骤如下。

（1）选择需要旋转的图件。

（2）执行菜单命令【Edit】/【Move】/【Rotate Selection】，系统将会打开【Rotation Angle(Degrees)】（旋转角度）设置对话框，如图 6-77 所示。

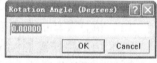

图 6-77 设置旋转角度对话框

在该对话框中输入所要旋转的角度（输入的角度值，正值为逆时针旋转，负值为顺时针旋转），然后单击 OK 按钮即可将被选择的图件按输入角度旋转。

（3）确定旋转中心位置。将鼠标光标移动到适当的位置，单击鼠标左键确定旋转该图件的中心，则图件将以该点为中心旋转指定的角度。

执行旋转图件的命令可以同时将单个或多个图件旋转任意的角度。

6.6.6 快速跳转

在电路板设计过程中，往往需要快速定位到某个特定的位置或者是查找某个图件，这时可以利用系统提供的跳转功能来实现。执行菜单命令【Edit】/【Jump】即可进入跳转命令菜单，如图 6-78 所示。

各种跳转命令的具体功能介绍如下。

【Absolute Origin】：跳转到绝对原点。绝对原点即系统定义的坐标系原点。

【Current Origin】：跳转到当前原点。当前原点即自定义的坐标系原点。

【New Location…】：跳转到指定的坐标位置。执行该命令后，系统打开【Jump To Location】（跳转到指定的坐标位置）对话框，如图 6-79 所示。在该对话框中要求输入所要跳转到位置的坐标值。

【Component…】：跳转到指定的元器件。执行该命令后，系统会打开【Component Designator】（元器件序号）对话框，如图 6-80 所示。在该对话框中要求输入所要跳转到元器件的序号。

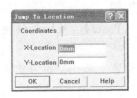

图 6-78　系统提供的多种跳转菜单命令　　图 6-79　输入坐标位置对话框　　图 6-80　输入元器件序号对话框

【Net…】：跳转到指定的网络。执行该命令后，系统会打开如图 6-81 所示的对话框，要求输入所要跳转到网络的名称。

【Pad…】：跳转到指定的焊盘。执行该命令后，系统会打开如图 6-82 所示的对话框，要求输入所要跳转到焊盘的编号。

【String…】：跳转到指定的字符串。执行该命令后，系统会打开如图 6-83 所示的对话框，要求输入所要跳转到的字符串。

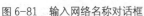

图 6-81　输入网络名称对话框　　图 6-82　输入焊盘编号对话框　　图 6-83　输入字符串对话框

【Error Marker】：跳转到错误标志处。执行该命令，可以跳转到由 DRC（Design Rule Check）检测而产生的错误的标志处。

【Selection】：跳转到已被选中的图件处。

【Location Marks】：跳转到位置标志处。该命令须与【Set Location Marks】命令配合使用。

【Set Location Marks】：放置位置标志。

实用技巧　　在 Protel 99 SE 中，利用 PCB 编辑器管理窗口也可以跳转到相应的图件处。

6.6.7　复制、粘贴操作命令

在 PCB 编辑器中，利用系统提供的复制、粘贴操作命令可以快速放置图件。在 PCB 编辑器中，复制图件的方法主要有以下 4 种。

（1）执行菜单命令【Edit】/【Copy】。

（2）使用快捷键 E/C。

（3）按 Ctrl+C 快捷键。

（4）按 Ctrl+Insert 快捷键。

粘贴图件的方法主要有以下 4 种。

（1）执行菜单命令【Edit】/【Paste】。

（2）使用快捷键 E/P。

（3）按 Ctrl+V 快捷键。

（4）按 Shift+Insert 快捷键。

下面介绍复制、粘贴操作命令的具体操作。

（1）选中需要复制的图件，结果如图 6-84 所示。

（2）执行菜单命令【Edit】/【Copy】，鼠标光标变成十字形光标，移动鼠标光标到选中图件上的适当位置，单击鼠标左键即可复制当前选中的图件。

（3）执行菜单命令【Edit】/【Paste】，鼠标光标变成十字形光标，复制好的图件粘着在鼠标光标上，如图 6-85 所示。

（4）移动鼠标光标到适当的位置，单击鼠标左键即可将复制好的图件粘贴在当前位置，结果如图 6-86 所示。

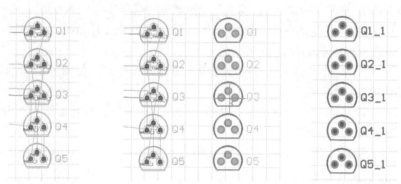

图 6-84　选中需要复制的图件　　　图 6-85　粘贴图件的状态　　　图 6-86　复制粘贴图件的结果

由图 6-86 可见，复制粘贴图件的结果不能保持原来的网络标号，并且序号都自动变为"*_1"。

如果希望保留复制粘贴图件的网络标号和序号等属性，则应当采用特殊粘贴方法。

下面介绍特殊粘贴方法的具体操作。

（1）选中需要复制的图件，然后执行复制图件的命令。

（2）执行菜单命令【Edit】/【Paste Special...】，打开【Paste Special】（特殊粘贴属性）设置对话框，如图 6-87 所示。

图 6-87　特殊粘贴属性设置对话框

在该对话框中，各选项的功能如下。

① 【Paste on current layer】（在当前工作层面上粘贴图件）

选中此项，表示将图件粘贴在当前的工作层上，所有处于单个工作层上的图件，如导线、填充区域、弧线以及单层焊点等，将会被粘贴在当前的工作层上，但是元器件的多层焊盘、过孔、位于丝印层上的元器件编号、外形和注释等，则依旧保留在原有的工作层上。

如果不选中此项，那么所有的图件，包括单个工作层上的图件在内，粘贴后的结果都将保留在原有的工作层面上。

② 【Keep net name】（保留网络标号的名称）

选中此项，具有电气网络属性的图件，如导线、焊盘、过孔、元器件上的焊盘以及填充等，将保持原有的电气网络名称。粘贴后，与原来的电路之间会出现预拉线，如图 6-88 所示。

如果不选中此项，则具有电气网络属性的图件在粘贴后，它们的电气网络名称将全部丢失，变为"No Net"，与原来的图件之间不再存在连接关系，如图 6-88 所示。

③ 【Duplicate designator】（复制元器件的序号）

选中此项，表示对元器件进行特殊粘贴后，得到的元器件将保持原有的编号不变，如图 6-88 所示。

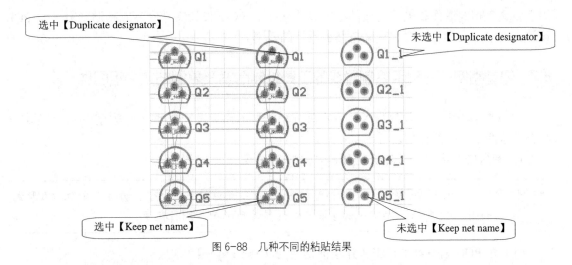

图 6-88 几种不同的粘贴结果

如果不选中此项，则对多个元器件（1 个以上）进行粘贴（非阵列粘贴）时，得到的元器件编号将添上"_1"，如图 6-88 所示。如果又接着进行下一次粘贴，则编号将在原编号后添上"_2"，依此类推。

④ 【Add to component class】（添加到元器件类）

如果选中此项，并且对元器件进行了分类，则粘贴后的元器件将自动载入到电路板上被复制的元器件所属的元器件类中。

这里要注意以下内容。

① 选中【Duplicate designator】选项后，【Add to component class】选项将灰度显示，系统默认选中该项。

② 在图 6-87 所示的设置对话框中，要粘贴的图件中含有元器件，才可以对【Duplicate designator】选项和【Add to component class】选项进行设置，否则这两项设置无效。

③ 如果希望通过一次粘贴得到多个粘贴结果，则可以单击 Paste Array. 按钮，打开【Setup Paste Array】（设置阵列粘贴）对话框进行设置，如图 6-89 所示。

（3）设置好特殊粘贴属性后，单击 Paste 按钮，即可回到 PCB 编辑器工作窗口中，此时粘贴的图件粘着在鼠标光标上，移动鼠标光标到适当的位置，然后单击鼠标左键即可将复制好的图件粘贴在当前位置，结果如图 6-90 所示。

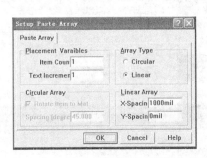

图 6-89 阵列粘贴设置对话框

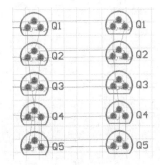

图 6-90 特殊粘贴的结果

图 6-90 所示为选中【Keep net name】选项和【Duplicate designator】选项后粘贴的结果，在粘贴结果中不仅网络标号得以保留，而且图件的序号也保留下来了。采用这种方法非常适

用于将具有相同图件和电气连接的电路设计从一个 PCB 设计文件中复制粘贴到另一个 PCB 设计文件中，这样可以大大提高电路板设计的效率。

6.7　课堂案例——利用绘制导线的工具绘制图案及复制粘贴多组图件

在 PCB 编辑器中，绘制导线工具和阵列功能是电路板设计中非常重要的工具，下面将再次介绍这两个工具的使用。

1. 利用绘制导线的工具绘制图 6-91 所示的图案

要点提示　　在绘制导线的状态下，连续按下 [Shift]+[Space] 快捷键，可以切换导线的拐角形式，如图 6-92 所示。按下 [Space] 键可以设置转角的上下两种位置。

（1）在 PCB 编辑器中，将工作层面切换到【Top Layer】（顶层）。

（2）执行菜单命令【Edit】/【Paste Special…】，打开【Paste Special】（特殊粘贴属性）设置对话框，如图 6-87 所示。

（3）单击鼠标左键确定导线的第一个顶点，然后移动鼠标光标。连续按下 [Shift]+[Space] 快捷键，将导线的拐角形式切换到 45°拐角形式，绘制图案的第一个拐角，在绘制导线的过程中，注意结合 [Space] 键的使用。绘制好的图案如图 6-93 所示。

（4）重复步骤（3）的操作，即可绘制出如图 6-91 所示的图案。

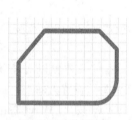
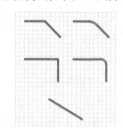
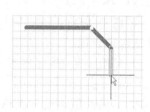

图 6-91　绘制图案　　　　图 6-92　不同拐角形式的导线　　　　图 6-93　绘制图案的第一个拐角

2. 复制粘贴多组图件

利用系统提供的阵列粘贴功能，将图 6-94 所示中的图件复制、粘贴成 4 组图件，粘贴的结果如图 6-95 所示。

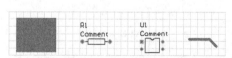

图 6-94　待复制粘贴的图件

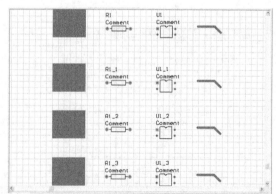

图 6-95　复制粘贴后的结果

（1）选中需要复制粘贴的图件。

（2）按 Ctrl+C 快捷键，复制选中的图件。

（3）执行菜单命令【Edit】/【Paste Special...】，打开【Paste Special】对话框，对特殊粘贴的选项进行设置，结果如图 6-96 所示。

（4）单击 aste Array. 按钮，打开【Setup Paste Array】对话框，对阵列粘贴的选项进行设置，结果如图 6-97 所示。

（5）单击 OK 按钮，回到工作窗口中，在适当的位置单击鼠标左键确定第一组图件的位置，系统将会按照阵列粘贴选项设置，将 3 组图件粘贴到图纸上，结果如图 6-95 所示。

图 6-96　设置特殊粘贴选项

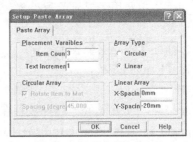

图 6-97　设置阵列粘贴选项

6.8　课堂练习——PCB 文件的导出

当完成了 PCB 的设计并进行了 DRC 确认正确无误后，就可以将设计文件交给生产厂商，加工印制电路板了。通常情况下，无需也不允许（为了保密）将整个设计数据库文件交给生产厂商，而只需从设计数据库文件中导出的 PCB 文件交给生产厂商即可。

下面介绍从数据库文件中将设计好的 PCB 文件导出的方法，具体操作步骤如下。

（1）打开需要导出 PCB 文件的设计数据库文件。

（2）在设计管理器（Design Manager）的浏览器（Explorer）窗口中找到并用鼠标右键单击需要导出的 PCB 文件，在弹出的快捷菜单中选取【Export...】命令，如图 6-98 所示。

（3）打开【Export Document】（导出文件）对话框，如图 6-99 所示。在该对话框中用户可以选择导出文件的保存路径、文件名和保存类型等，设置完毕后单击 保存(S) 按钮确认。

图 6-98　选取【Export】命令

图 6-99　导出文件对话框

这样用户就可以在保存位置中找到刚刚导出的 PCB 文件了。

习　题

6-1　填空题

（1）构成 PCB 图的基本元素有_____、_____、_____、_____、_____和_____。

（2）【Find Selection】（查找选取对象）工具栏，它的作用是_____。

（3）对窗口画面的移动可以通过两种方法，即_____和_____。

（4）_____主要用于显示元器件封装的轮廓和元器件封装文字；禁止布线层用于在电路板规划中设置_____。

（5）光标捕捉【Snap X】表示_____；元器件捕捉【Component　X】表示_____；电气栅格捕捉【Range】表示_____。

6-2　选择题

（1）一般来说，PCB 上的导线都放置在（　　）。

A.【Signal Layers】　　　　　　B.【Mechanical Layers】　　　　　　C.【Masks】

（2）PCB 设计界面的状态栏有左、中、右 3 部分，它们分别用于显示当前工作区中的不同内容，并且会随着鼠标光标位置的变化而变化，那么中间部分显示的是（　　）。

A. 当前鼠标光标所在的坐标

B. 当前鼠标光标所指的对象名称，对象所在的坐标，对象所在的层

C. 对象所在的网络以及其他一些信息

（3）对画面的放大和缩小还可以通过键盘快捷键的方法来实现，按（　　）键一次可以将画面放大一次，按（　　）键一次可以将画面缩小一次。

A. PgUp　　　　　　　　　　B. PgDn　　　　　　　　　　C. Home

（4）【Cursor Type】的下拉列表用于设置鼠标光标显示的类型，其中大十字光标是（　　）。

A.【Large 90】　　　　　　　B.【Small 90】　　　　　　　C.【Small 45】

（5）在 PCB 编辑器中，重新绘制图层的顺序为（　　）。

A. 根据图层绘制顺序对话框的设置而定

B. 从顶层到底层的顺序

C. 从底层到顶层的顺序

6-3　利用系统的生成向导创建一个空白的 PCB 设计文件。

6-4　熟悉 PCB 编辑器管理窗口的主要操作功能。

6-5　参考原理图编辑器画面管理的操作，熟悉 PCB 编辑器的画面管理操作。

6-6　请说明放置工具栏中 ⌐、 ⌐、 T 和 ▥ 按钮的作用分别是什么，各自对应的菜单命令分别是什么？

6-7　试述矩形填充和多边形填充的区别。

6-8　PCB 编辑器工作窗口环境参数设置的原则是什么？

6-9　如何旋转一个元器件？

6-10　熟悉特殊粘贴的操作。

第**7**章 元器件布局

在原理图和网络表准备好后，就可以进行电路板设计了。PCB 电路板设计主要包括两部分内容：元器件布局和电路板的布线。本章主要介绍元器件布局的知识，电路板布线将在第8 章介绍。

7.1 电路板设计的基本流程

设计 PCB 电路板的基本流程如图 7-1 所示。

1. 准备原理图和网络表

只有原理图和网络表生成后，才可能将元器件封装和网络表载入到 PCB 编辑器，然后才能进行电路板的设计。网络表是印制电路板自动布线的灵魂，更是联系原理图编辑器和 PCB 编辑器的桥梁和纽带。在本书前面的原理图设计的章节中，已经较为详细地介绍了原理图的绘制方法和网络表文件的生成。

2. 设置环境参数

在 PCB 编辑器中开始绘制电路板之前，可以根据习惯设置 PCB 编辑器的环境参数，包括栅格大小、光标捕捉区域的大小、公制/英制转换参数及工作层面颜色等。环境参数设计的好坏，将会直接影响电路板设计的效率。

3. 规划电路板

规划电路板包括以下内容。

（1）电路板的选型，选择单面板、双面板或者多面板。

（2）确定电路板的外形，包括设置电路板的形状、电气边界和物理边界等参数。

（3）确定电路板与外界的接口形式，选择具体接插件的封装形式及确定接插件的安装位置和电路板的安装方式等。

从设计的并行性角度考虑，电路板的规划工作有一部分应当放在原理图绘制之前，比如电路板类型的选择、电路板的接插件和安装形式等。在电路板的设计过程中，千万不能忽视这一步工作，否则有的后续工作将没法进行。

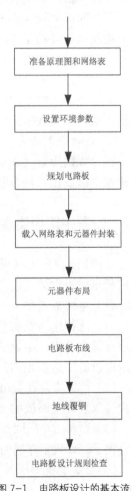

图 7-1　电路板设计的基本流程

4. 载入网络表和元器件封装

在 PCB 编辑器中，只有载入了网络表和元器件封装后才能开始电路板的绘制。

在 Protel 99 SE 中，利用系统提供的更新 PCB 电路板设计功能或者载入网络表的功能，既可以在原理图编辑器中将元器件封装和网络表更新到 PCB 编辑器中，也可以在 PCB 编辑器中载入元器件封装和网络表。

5. 元器件布局

元器件布局应当从机械结构、散热、电磁干扰、将来布线的方便性等方面进行综合考虑。先布置与机械尺寸和安装尺寸有关的器件，然后布置大的、占位置的器件和电路的核心元器件，最后布置外围的小元器件。

6. 电路板布线

在电路板布线阶段，设计者可采用系统提供的自动布线功能，也可以采用手工的方法来对电路板进行布线。

采用 Protel 99 SE 提供的自动布线功能时，只需进行简单、直观的设置，系统就会根据设置好的设计规则和自动布线规则，选择最佳的布线策略对电路板进行布线。如果不满意自动布线的结果，还可以对结果进行手工调整，这样既能满足特殊的设计意图，又能利用系统自动布线的强大功能使电路板的布线尽可能地符合电气设计的要求。

手工布线对设计的要求相对较高，需要对所设计的电路板和相关的电路知识比较熟悉，并且电路板设计的工作量比较大。但是，手工布线可以最大限度地满足对电路板的性能要求，这一点是自动布线所无法比拟的。

7. 地线覆铜

对信号层上的接地网络和其他需要保护的信号进行覆铜或包地，可以增强 PCB 电路板抗干扰的能力和负载电流的能力。

8. 设计规则检查

设计规则检查（Design Rule Check，DRC）。对布完线的电路板进行 DRC 设计检验，可以确保电路板设计符合制定的设计规则，并且所有的网络均已正确连接。

7.2 设置电路板类型

一般地，根据电路板工作层面的多少可将电路板分为单面板、双面板和多层板 3 种类型。在进行电路板设计之前，应当先设置电路板的类型，它属于规划电路板的范畴。

设置电路板类型通常可分为以下 3 个步骤。

（1）选择电路板类型。电路板类型的选择应当从电路板的可靠性、工艺性和经济性等方面进行综合考虑，尽量从这几方面的最佳结合点出发来选择电路板的类型。一般的设计，选用双面板既能达到预期的可靠性，而且布线也比较方便，制造成本也不是很高。

（2）设置电路板类型。Protel 99 SE 提供了功能强大的图层堆栈管理器，在图层堆栈管理器内可以选择电路板的类型，还可以添加、删除工作层面。

（3）设置工作层面参数。在电路板类型选定后，就需要对所选电路板上工作层面的参数进行设置了。设置工作层面的参数主要包括设置隐藏/显示属性和设置工作层面的颜色等参数。

1. 图层堆栈管理器

下面首先介绍一下图层堆栈管理器的运用。

（1）在 PCB 编辑器中，执行菜单命令【Design】/【Layer Stack Manager…】，打开【Layer Stack Manager】（图层堆栈管理器）对话框，如图 7-2 所示。在该对话框中，可以选择或设置电路板的类型，对电路板工作层面的属性参数进行设置等。

（2）单击 Menu 按钮，可以打开如图 7-3 所示的菜单命令列表。

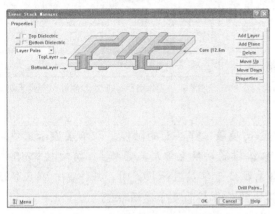

图 7-2　图层堆栈管理器对话框　　　　　　　图 7-3　【Menu】菜单命令列表

在该菜单命令列表中，各个菜单命令的功能如下。

【Example Layer Stacks】：提供了多种电路板模板。

【Add Signal Layer】：添加信号层。

【Add Internal Plane】：添加内电层。

【Delete…】：删除当前选中的工作层面。

【Move Up】：将当前选中的工作层面向上移动一层。

【Move Down】：将当前选中的工作层面向下移动一层。

【Copy to Clipboard】：复制到剪贴板。

【Properties…】：属性参数设置。

【Menu】菜单命令列表中的各命令在图层堆栈管理对话框的右上方区域都有相应的按钮，可以执行【Menu】菜单命令，也可以单击对话框中相应的命令按钮，其操作效果一样。

（3）在本例中，将 PCB 电路板设置为双面板，其他参数均为默认参数。完成图层设置后，单击 OK 按钮，关闭图层堆栈管理器对话框。

在电路板的类型确定后，就可以设置电路板上各工作层面的参数了。工作层面参数的设置包括工作层面颜色的设置和显示/隐藏属性的设置。

尽管 Protel 99 SE 提供了许多工作层面，但在电路板设计过程中，经常用到的工作层面却不多。以双面板设计为例，常用的工作层包括顶层信号层、底层信号层、丝印层、禁止布线层和多层面等。因此，在电路板设计之前应当对这些工作层面进行管理，只打开（显示）需要的工作层面，这样可以使设计过程变得更加有效。

2. 设置工作层面的显示/隐藏属性

下面介绍工作层面的显示/隐藏属性的设置。

（1）执行菜单命令【Design】/【Options…】，打开【Document Option】（文档参数）设置对话框，然后单击【Layers】选项卡，即可打开工作层面显示/隐藏属性设置对话框，如图 7-4 所示。

在工作层面显示/隐藏属性设置对话框中，选中工作层面选项前面的复选框，即可在工作窗口中显示该工作层面。反之，则可以隐藏该工作层面。

（2）取消【Top Layer】选项前复选框的选中状态，在工作窗口中隐藏顶层信号层。隐藏顶层信号层后，工作层面的切换标签中将不再显示【Top Layer】选项卡，如图7-5所示。

利用系统提供的显示/隐藏工作层面的功能，可以屏蔽某些不需要显示的工作层面，使得查看电路板设计更加方便。

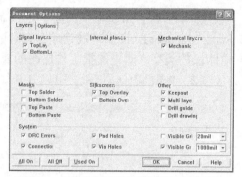

图7-4　工作层面显示/隐藏属性设置对话框

在PCB编辑器中，还有另一种显示/隐藏工作层面的功能，即单层显示工作层面。按下 Shift+S 快捷键，即可将PCB编辑器切换至单层显示模式，再次按 Shift+S 快捷键可切换至正常的显示模式。当系统处于单层显示模式时，工作窗口中只显示当前处于选中状态的工作层面，而其他的工作层面处于隐藏状态。

3. 设置工作层面的颜色

（1）执行菜单命令【Tools】/【Preferences...】，打开【Preferences】（系统参数）设置对话框，如图7-6所示。

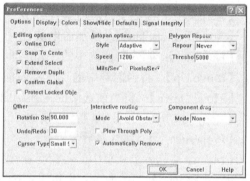

图7-5　工作层面切换标签

图7-6　工作层面设置对话框

（2）单击【Colors】选项卡，打开工作层面颜色设置对话框，如图7-7所示。

（3）设置工作层面的颜色。

在工作层面设置对话框中，设计者可以根据习惯设置各个工作层面的颜色。每一个工作层面的后面都有一个带颜色的矩形框，单击该矩形框，即可打开工作层面颜色配置对话框。比如，将鼠标光标移到【Top Layer】（顶层）后的红色矩形框上，单击鼠标左键，在打开的【Choose Color】（选择PCB电路板工作层面颜色）对话框中，重新选择或配置当前选中工作层面的颜色，如图7-8所示。

Protel 99 SE提供了两种快捷的工作层面颜色的设置方式。在工作层面设置对话框中，单击 Default Colors 按钮，可以将系统颜色配置为系统默认的颜色配置，单击 Classic Color 按钮，可以将系统颜色配置为经典的颜色配置。

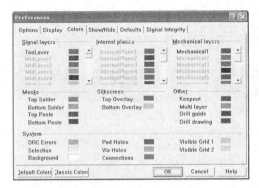

图 7-7　工作层面颜色设置对话框

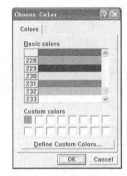

图 7-8　工作层面颜色配置对话框

7.3　规划电路板

规划电路板除了前面介绍的设置电路板类型外，还需要定义电路板的外形、电气边界和安装孔等。通常规划电路板时可按照如图 7-9 所示的步骤进行。

在进行电路板设计之前，必须首先明确电路板的形状，并预估其大小，然后再设置电路板的边界和放置安装孔。电路板的边界包括物理边界和电气边界，物理边界是定义在机械层上的，而电气边界是定义在禁止布线层上的。通常情况下，制板商认为物理边界与电气边界是重合的，因此在定义电路板的边界时，可以只定义电路板的电气边界。

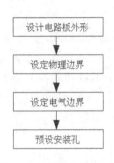

图 7-9　规划电路板的流程

1. 定义电路板的电气边界

下面首先介绍如何定义电路板的电气边界。

（1）确定电路板的形状和大小。本例中将电路板定义为一矩形，4 个顶点的坐标值分别为（100mm,100mm）、（200mm,100mm）、（200mm,200mm）、（100mm,200mm）。

（2）将当前的工作层面切换到【Keep-Out Layer】（禁止布线层）工作层面。单击工作窗口下方的 Keep-Out Layer 标签即可将当前的工作平面切换到【Keep-Out Layer】工作层面。

（3）确定电路板的电气边界。执行菜单命令【Place】/【Track】或单击 按钮，鼠标光标变成十字形状。将鼠标光标移动到工作窗口中的适当位置，连续放置 4 条线段，结果如图 7-10 所示。

（4）执行菜单命令【View】/【Toggle Unites】（切换计量单位），将系统的单位切换为公制（Metric）。

（5）计算电气边界线段的坐标值。根据电路板顶点的坐标值计算可得电路板边界的 4 条线段端点的坐标值。从下边界开始并按逆时针方向 4 条线段端点的坐标值分别为（100mm,100mm）、（200mm,100mm），（200mm,100mm）、（200mm,200mm），（200mm,200mm）、（100mm,200mm），（100mm,200mm）、（100mm,100mm）。

（6）修改前面绘制线段的坐标值以确定电路板的电气边界。在电路板下边界的线段上双击鼠标左键，打开修改线段属性对话框，然后按照步骤（4）计算的坐标值设置线段端点的坐标，设置结果如图 7-11 所示。

（7）按照步骤（5）所示的方法确定电路板其他边界，调整好的电气边界如图 7-12 所示。

图 7-10　放置好的 4 条线段　　图 7-11　修改下边界线段的坐标　　图 7-12　调整好的电气边界

2. 放置安装孔

下面介绍电路板安装孔的放置方法。一般情况下，对于 3mm 的螺钉，可以采用内、外径均为 4mm 的焊盘来充当电路板的安装孔。

（1）单击放置工具栏中的 ◉ 按钮，执行放置焊盘的命令，鼠标光标变成十字形指针，一个焊盘粘着在鼠标光标上，系统处于放置焊盘的命令状态。

（2）按 ⌷Tab⌷ 键，打开【Pad】（焊盘属性）设置对话框，将焊盘的孔径和外径都修改成 4mm，结果如图 7-13 所示。

（3）单击 ⌷ OK ⌷ 按钮，回到放置焊盘的命令状态，在电路板的 4 个角落依次放置 4 个焊盘，结果如图 7-14 所示。

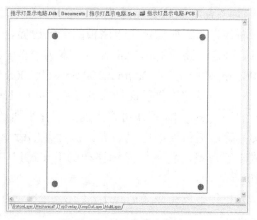

图 7-13　修改电路板安装孔的尺寸　　　　　图 7-14　放置安装孔的结果

焊盘与电路板边界的距离可以在放置完焊盘后调整，也可以等电路板设计完成后再调整。

7.4　准备电路板设计的原理图文件和网络表文件

一般来讲，在规划电路板之前，原理图已经准备好，并且经过编译和检查确保无误了。本章以前面绘制的"指示灯显示电路.Sch"原理图为例，介绍 PCB 电路板的设计全过程。准备好的原理图如图 7-15 所示。

在原理图编辑器内，执行菜单命令【Design】/【Create Netlist…】，生成网络表文件，如图 7-16 所示。

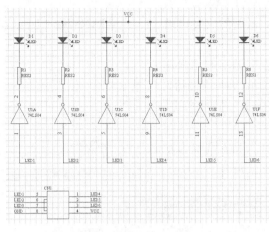

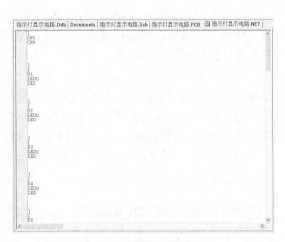

图 7-15　准备好的原理图文件　　　　　　　图 7-16　生成的网络表文件

7.5　载入网络表文件和元器件封装

在原理图和电路板规划工作完成后，就需要将原理图的设计信息传递到 PCB 编辑器中进行电路板的设计。从原理图向 PCB 编辑器传递的设计信息主要包括网络表文件、元器件的封装和一些设计规则信息。

Protel 99 SE 实现了真正的双向同步设计，网络表与元器件封装的载入既可以通过在原理图编辑器内通过执行菜单命令【Design】/【Update PCB…】来更新 PCB 文件来实现，也可以在 PCB 编辑器内通过执行菜单命令【Design】/【Load Nets…】来载入网络表文件来实现。

但是，需要强调的是，在载入网络连接与元器件封装之前，必须先载入元器件封装库，否则将导致网络表和元器件封装的载入失败。如果所需的元器件封装在系统提供的元器件封装库中查找不到，则还应当首先制作该元器件封装。具体元器件封装的制作方法请参考后面章节的内容。

下面将对 PCB 元器件封装库的载入、网络表和元器件封装的载入分别作详细的介绍。

7.5.1　载入元器件封装库

在 Protel 99 SE 中，常用的元器件封装库主要包括以下 3 个元器件封装库。

（1）Advpcb.ddb。

（2）General IC.ddb。

（3）Miscellaneous.ddb。

在这些常用的元器件封装库中，一般的元器件封装都能找到。上述元器件封装库位于系统安装目录 "…\Design Explorer 99 SE\Library\Pcb\Generic Footprints\…" 下。

在 PCB 编辑器中载入元器件封装库的方法与在原理图编辑器中载入原理图库的方法完全相同。下面简单介绍一下 PCB 元器件封装库的载入方法。

（1）单击 PCB 编辑器管理窗口【Browse】分组框后的▾按钮，在打开的下拉菜单中选择

【Libraries】选项，将管理窗口切换到浏览元器件封装库的模式，如图 7-17 所示。

（2）单击 Add/Remove... 按钮，打开【PCB Libraries】（载入/删除元器件库）对话框，然后将【查找范围】定位到系统的安装目录下元器件封装库所在的位置，如图 7-18 所示。

（3）在图 7-18 所示的【查找范围】下拉列表中显示的元器件封装库中选择需要添加的元器件封装库，然后单击 Add 按钮，即可将选中的元器件封装库添加到【Selected Files】（选中的元器件封装库文件）列表框中，结果如图 7-19 所示。

（4）单击 OK 按钮，回到 PCB 编辑器工作窗口，则载入元器件封装库文件后的管理窗口如图 7-20 所示。

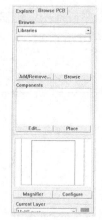

图 7-17　PCB 编辑器管理窗口

图 7-18　载入/删除元器件库
对话框

图 7-19　添加元器件封装库文件
的结果

图 7-20　载入元器件
封装库文件的结果

7.5.2　利用原理图编辑器设计同步器更新网络表文件和元器件封装

载入元器件封装库文件后，接下来就可以执行载入网络表和元器件封装的操作了。

Protel 99 SE 为用户提供了两种简捷的载入网络表和元器件封装的方法：一种是利用原理图编辑器中的设计同步器更新 PCB 电路板的网络表和元器件封装；另一种是在 PCB 编辑器中载入元器件封装和网络表。

下面介绍在原理图编辑器中如何利用系统提供的设计同步器更新 PCB 编辑器中的网络表和元器件封装。

（1）在原理图编辑器中，执行菜单命令【Design】/【Update PCB】（更新 PCB 电路板设计），之后系统将会自动打开【Update Design】对话框，如图 7-21 所示。

在该对话框中，单击 Preview Change 按钮，可以预览本次详细的变化信息，如图 7-22 所示。单击 Execute 按钮，可以将原理图中的修改更新到 PCB 电路板中。

（2）在图 7-22 所示窗口中，如果【Error】（错误）

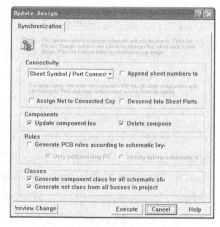

图 7-21　更新 PCB 电路板设计对话框

栏中无错误信息，则可单击 Execute 按钮，将原理图中的修改更新到 PCB 电路板中，结果如图 7-23 所示。

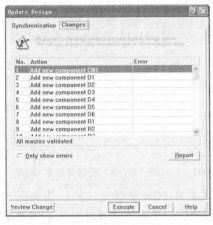

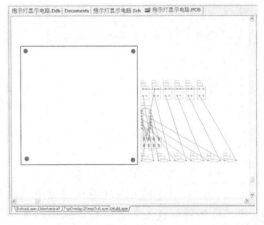

图 7-22　预览更新的详细信息　　　　　图 7-23　更新网络表和元器件封装后的 PCB 电路板设计

7.5.3　在 PCB 编辑器中载入网络表文件和元器件封装

在 PCB 编辑器中，利用系统提供的载入网络表和元器件封装功能也能方便地载入网络表文件和元器件封装。下面介绍具体的操作方法。

（1）在 PCB 编辑器中，执行菜单命令【Design】/【Load Nets…】，之后系统将打开【Load/Forward Annotate Netlist】（载入网络表）对话框，如图 7-24 所示。

（2）在载入网络表对话框中，单击 Browse… 按钮，打开【Select】（选择网络表文件）对话框，选中网络表文件后的结果如图 7-25 所示。

图 7-24　载入网络表对话框　　　　　　图 7-25　选择网络表文件

（3）单击 OK 按钮，即可将选中网络表文件添加到载入网络表对话框中，结果如图 7-26 所示。

要点提示

如果是首次载入元器件封装和网络表，则添加网络表文件后，在载入网络表对话框中将会列出所有的需要添加的网络标号和元器件封装，否则只显示原理图中修改后的变更。

（4）在图 7-26 中，如果【Error】（错误）栏中无错误信息，则可单击 Execute 按钮，将当前载入网络表对话框中的网络标号和元器件封装载入到 PCB 编辑器中，结果如图 7-27 所示。

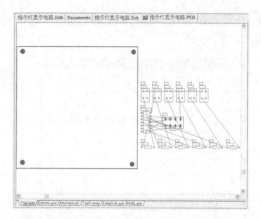

图 7-26　添加网络表文件的结果　　　　图 7-27　载入网络表文件和元器件封装的结果

　　　　不管是利用原理图编辑器中的设计同步器更新 PCB 电路板设计，还是在 PCB 编辑器中载入元器件封装和网络表，都可以快捷、可靠地将元器件封装和网络表文件载入到 PCB 编辑器中。前者在更新 PCB 时可以不生成网络表文件，而后者在载入网络表文件之前必须生成和更新网络表文件，否则原理图修改结果不能载入到 PCB 编辑器中。

7.6　元器件布局

　　在完成了电路板设计前期的准备工作后，接下来就可以开始元器件的布局了。

　　电路板上元器件布局的好坏，不仅影响到后面布线工作的难易程度，而且会关系到电路板实际工作情况的好坏。合理的元器件布局，既可消除因布线不当而产生的噪声干扰，同时也便于生产中的安装、调试与检修等。

7.6.1　元器件布局基础知识

　　在进行元器件布局之前，先介绍一些元器件布局的基础知识。

　　1. 元器件布局的方法

　　元器件布局的方法主要包括以下 3 种。

　　（1）自动布局方法。

　　（2）手工布局方法。

　　（3）自动布局与手工布局相结合的交互式布局方法。

　　下面分别介绍这 3 种元器件布局的特点。

　　（1）自动布局的特点。

　　采用自动布局方式进行元器件布局时，系统可能只兼顾某些设计规则（比如预拉线最短的规则），而常常会忽略一些电路设计的基本常识。比如将接插件放到了电路板的中间，如果是某些串并口类的插座，在装配时可能造成无法装焊。有些元器件的去耦电容没有紧靠元器件的电源输入和接地端，滤波回路太大，降低了去耦电容的滤波效果。因此，对于绝大多数电路设计而言，完全采用自动布局的方法是不可取的。

　　虽然元器件自动布局在电路的实际操作中存在弊端，但它是在综合多方面因素的情况下完成的，布局结构比较优化。

（2）手工布局的特点。

采用手工布局时，完全根据实际电路工作和装配的需要，进行元器件的布局，所生成的元器件布局更加符合实际应用的要求，有利于后面的布线操作。同时，对于一个有着特殊要求的电路来讲，手工布局完全可以按照设计的意图进行布局，这是自动布局无法完成的。

但是相对自动布局来讲，手工布局的速度慢，所耗费的精力和时间比自动布局也多得多，并且在很大程度上取决于工作经验和灵感，要求操作人员具有很强的全局观念。同时，手工布局无法保证相对最优，而只能保证相对最实用。

（3）交互式布局的特点。

从上面对自动布局和手工布局的特点分析可以看出，手工布局和自动布局各有优缺点，从全局的角度来看，如果将二者结合起来使用，将是一个比较不错的布局方法。

综上所述，对于元器件数目较少、电气要求不高的电路板设计，可以采用自动布局的方法对元器件进行布局；对于元器件数目不是很多、并且有特殊要求（散热、承重等）的电路板，则可以考虑采用自动布局与手工布局相结合的交互式布局方法；如果元器件数目比较多，同时对电路板设计要求较多（比如散热、电气性能、元器件排列等），那么建议最好采用手工布局的方法。手工布局往往与手动布线相结合而交互进行，即对某个功能模块电路布局好后，立即对该部分电路进行布线，之后又对别的功能模块电路进行布局和布线。

2. 元器件布局的基本步骤

元器件自动布局只需进行元器件布局规则的设置，系统就能自动完成元器件的布局，具有简单快捷的优点，但是自动布局的结果往往不如人意。而手工布局则对电路知识要求较高，并且需要十分清楚地了解电路板上的电路功能，对于初学者来说难度较大。至于交互式布局方法，是自动布局与手工布局两者相结合，首先对关键元器件进行手工布局，然后再对剩下的元器件进行自动布局，这样做既省时省力，又能最大限度地满足电路设计的需要。

基于上述因素，本节主要介绍自动布局与手工布局相结合的交互式布局方法，着重介绍自动布局参数的设置，以及关键元器件的布局。

自动布局与手工布局相结合的交互式布局方法主要包括以下 6 个基本步骤，如图 7-28 所示。

（1）关键元器件的布局。

自动布局与手工布局相结合，先在全局的范围内对关键元器件进行手工布局。元器件布局主要是从机械结构、散热、电磁干扰及将来布线的方便性等方面进行综合考虑。关键元器件指的是与机械尺寸有关的元器件、大的占位置的元器件和电路的核心元器件等。

手工布局阶段应当遵循一些原则，如先布置与机械尺寸有关的器件并锁定这些元器件，然后是大的、占位置的元器件和电路的核心元器件，再就是外围的小元器件了。

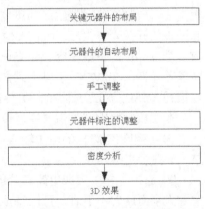

图 7-28　交互式布局基本步骤

在对关键元器件完成手工布局并锁定这些元器件的位置后，再进行自动布局。这样，既可以充分利用自动布局的优点，实现相对最优的高效率元器件布局，又可以满足电路中的某些特殊布局的要求。

（2）自动布局。

利用 Protel 99 SE 的 PCB 编辑器所提供的自动布局功能，进行简单的元器件布局规则的设置，然后执行相应的菜单命令就能完成元器件的布局，这样可以更加快速、便捷地完成元器件的布局工作。

（3）手工调整。

在元器件自动布局完成后，可能有的元器件的位置不是十分理想，可以根据设计的需要，采用手工的方法进行调整。

（4）元器件标注的调整。

所有的元器件布局完成后，为了方便电路板的装配和调试，需要将元器件的标注放置到易于辨识元器件的位置，比如所有的元器件标注、序号都放置在元器件的左上角。

（5）密度分析。

利用系统提供的密度分析工具可以对布局好的电路板进行分析，并根据报告结果对电路板上元器件布局的结果进行优化调整。

（6）3D 效果图。

元器件布局、调整完成后，为了使布局最合理，可以运用系统提供的 3D 功能图来查看电路板上元器件布局的仿真效果图。

3. 元器件布局的基本原则

在长期的设计实践中，人们已经总结出了不少元器件布局的基本原则。如果在电路设计的时候，能够遵循这些原则，那么将有利于电路板控制软件的准确调试和硬件电路的正常工作。总的来说，元器件布局需要遵循的基本原则如下。

（1）在元器件的布局方面，应该把相互有关的元件尽量放得靠近一些，例如，时钟发生器、晶振、CPU 的时钟输入端等都易产生噪声，在放置的时候应把它们靠近些。对于那些易产生噪声的器件、小电流电路、大电流电路和开关电路等，应尽量使其远离单片机的逻辑控制电路和存储电路（ROM、RAM），或者是放在电路板的边缘。如果可能的话，可以将这些电路另外制成电路板，这样有利于增强抗干扰能力，提高整体电路工作的可靠性。

（2）尽量在关键元器件，如 ROM、RAM 等芯片旁边安装去耦电容。实际上，印制电路板走线、引脚连线和接线等都可能含有较大的电感效应。大的电感可能会在 VCC 走线上引起严重的开关噪声尖峰。防止 VCC 走线上开关噪声尖峰的有效方法是在 VCC 与地线之间安放一个 0.1μF 的去耦电容。如果电路板上使用的是表面贴装元件，那么可以用片状电容直接紧靠着元件，在 VCC 引脚上固定。最好是使用瓷片电容，这是因为这种电容具有较低的静电损耗（ESL）和高频阻抗，另外这种电容温度和时间上的介质稳定性也很不错。

在安放去耦电容时需要注意以下 4 点。

① 在印制电路板的电源输入端跨接 100μF 左右的电解电容，如果体积允许的话，电容量大一些会更好。

② 原则上每个集成电路芯片的旁边都需要放置一个 0.01μF 的瓷片电容，如果电路板的空隙太小而放置不下时，可以每 10 个芯片左右放置一个 1～10μF 的钽电容。

③ 对于抗干扰能力弱、关断时电流变化大的元件和 RAM、ROM 等存储元件，应该在电源线（VCC）和地线之间接入去耦电容。

④ 电容的引线不要太长，特别是高频旁路电容不能带引线。

（3）接插件一般放置在电路板的边缘，以方便安装和后面的布线工作，如果实在没有办法，也可以将其放置在电路板中间，但应尽量避免这样放置。

（4）在元器件手动布局中，应当尽量考虑以后布线的方便，对于布线较多的区域，应当留出足够多的空间，以免布线受阻。

（5）数字电路和模拟电路应分区域进行布局，如果可能两者之间可适当留出 2～3mm 的空间，以免相互干扰。

（6）对于高压和低压电路，为了保证足够高的电绝缘可靠性，两者之间应当留出 4mm 以上的空间。

（7）元器件布局时，应尽量保持整齐、美观。

7.6.2 关键元器件的布局

关键元器件主要包括以下 8 类元器件。

（1）与机械尺寸有关的元器件。

（2）与装配相关的元器件。

（3）大的占位置的元器件。

（4）发热量高的元器件。

（5）核心元器件。

（6）高频时钟电路。

（7）对电磁干扰敏感的电路。

（8）热敏元器件。

关键元器件的布局分成以下 3 个步骤。

（1）对所有的元器件进行分类筛选，找出电路板上的关键元器件。

（2）放置关键元器件。

（3）锁定关键元器件。

下面主要介绍一下如何锁定放置好的关键元器件。

（1）根据电路设计的要求，放置好关键元器件。

（2）将鼠标光标移到需要锁定的元器件上，然后双击鼠标左键，打开编辑元器件属性对话框，如图 7-29 所示。

（3）在元器件属性对话框中，选中【Locked】（锁定）选项后的复选框即可锁定当前的元器件。

当元器件位置处于锁定状态时，在工作窗口中对元器件位置的操作都将无效。如果要移动元器件的位置，那么系统将会打开【Confirm】（确认移动元器件）对话框，如图 7-30 所示。在该对话框中，单击 Yes 按钮即可移动元器件到指定的位置。

图 7-29　元器件属性对话框

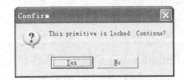

图 7-30　确认移动元器件

7.6.3　元器件的自动布局

Protel 99 SE 提供了强大的元器件自动布局功能，对元器件进行自动布局可以更加快速、便捷地完成元器件的布局工作。

元器件的自动布局主要分为两个步骤。

（1）设置元器件布局有关的设计规则。

（2）选择自动布局的方式，并进行自动布局的操作。

1.　设置元器件自动布局设计规则

为了保证元器件的自动布局能够按照设计的意图进行，在自动布局之前应当对元器件自动布局设计规则进行设置。

下面介绍元器件自动布局设计规则的设置。

（1）在 PCB 编辑器中，执行菜单命令【Design】/【Rules...】，打开【Design Rules】（电路板设计规则）设置对话框，如图 7-31 所示。

（2）进入【Placement】选项卡，打开设置元器件布局设计规则对话框，如图 7-32 所示。

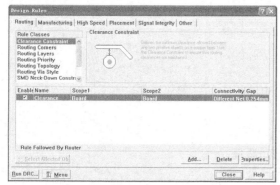
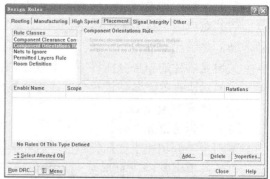

图 7-31　电路板设计规则设置对话框　　　　　图 7-32　元器件布局设计规则设置对话框

在元器件布局设计规则对话框中的【Rule Classes】（设计规则类别）列表框中有 5 个子选项可以进行设置，各选项具体的功能如下。

【Component Clearance Constrain】（元器件安全间距限制设计规则）：该项设计规则用于设置自动布局过程中元器件之间的最小距离。

【Component Orientations Rule】（元器件方位约束设计规则）：该项设计规则用于设置元器件放置的方位。

【Nets to Ignore】（可忽略的网络标号）：元器件自动布局时可以忽略的电气网络。忽略一些电气网络可以提高自动布局的质量和速度。其设置的方法与上面的布局规则相同，在本例中不对电路板上的电气网络进行忽略。

【Permitted Layers Rule】（允许放置元器件的工作层面）：该项设计规则用于设置允许放置元器件的工作层面。前面已经讲过，只有信号层中的顶层和底层才可以放置元器件，因此在这个设置选项中，只需要指定这两层中的某一层（或全部）可以放置元器件即可。一般情况下，只要元器件不是太多的话，都放在顶层。

【Room Definition】（定义块）：将具有相同电气特性的电路定义成一个块，以方便管理。默认情况下，第一次载入网络表和元器件封装时，系统自动将同一张原理图内的元器件定义成一个块。

一般情况下，元器件布局规则的设置只对元器件的安全间距和元器件方位限制进行设置，如果是单面板，还应当对元器件放置的工作层面进行设置。

（3）单击【Component Clearance Constrain】选项，将设置窗口转换为设置元器件安全间距限制设计规则主对话框，如图 7-33 所示。

（4）选中系统默认的元器件安全间距，然后单击 properties 按钮，打开设置元器件安全间距限制设计规则对话框，如图 7-34 所示。

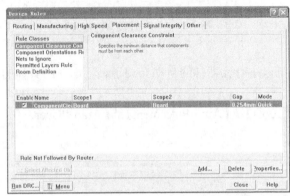
图 7-33 设置安全间距限制设计规则主对话框

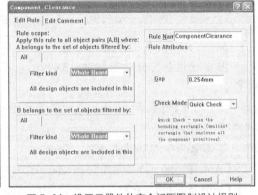
图 7-34 设置元器件的安全间距限制设计规则

在该对话框中，可以设置元器件之间的安全间距限制设计规则。该项设计规则用来限定两个元器件之间允许的最小间距，元器件的范围可在如图 7-35 所示的下拉列表中进行选择。

在【Rule Attributes】（设计规则属性）分组框的【Gap】（间距）文本框中，可以设置图件之间的最小距离，在【Check Mode】（选择计算模式）中可以选择计算距离的算法。

计算元器件距离的方法根据元器件外形边界的不同分为 3 种，如图 7-36 所示。

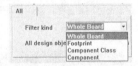
图 7-35 选择安全间距限制对象

图 7-36 计算元器件间距的方法

【Quick Check】：采用包含元器件轮廓形状的最小矩形来计算元器件之间的间距。

【Mutli Layer Check】：这种方法考虑到元器件焊盘（位于多层面上的焊盘）与底层表面封装元器件的间距，因此采用包含元器件焊盘的最大外形轮廓的最小矩形来计算元器件之间的间距。

【Full Check】：使用元器件的精确外形轮廓来计算元器件之间的间距。

在本例中，为了方便元器件的装配和以后的布线，设置电路板上所有元器件的最小间距均为"0.5mm"，选择"Full Check"作为距离的计算方法，设置好元器件自动布局参数的对话框如图 7-37 所示。

（5）单击 OK 按钮，回到元器件布局设计规则设置主对话框。

其余的元器件自动布局设计规则的设置方法与此大致相同，其中设置好的元器件方位限制设计规则如图 7-38 所示。

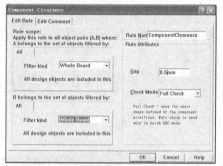
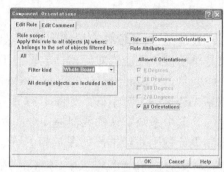

图 7-37　设置好元器件安全间距限制设计规则后的对话框　　　　图 7-38　元器件方位限制设计规则

2. 元器件的自动布局

设置好元器件自动布局设计规则后，就可以进行元器件的自动布局了。下面介绍具体的操作。

（1）在 PCB 编辑器中，执行菜单命令【Tools】/【Auto Placement】/【Auto Placer...】，如图 7-39 所示。

各菜单命令的功能如下。

【Auto Placer...】：元器件自动布局。

【Stop Auto Placer】：停止元器件自动布局。

【Shove】：推挤元器件。执行此命令后，鼠标光标变成十字形状，单击进行推挤的基准元器件，如果基准元器件与周围元器件之间的距离小于容许距离，则以基准元器件为中心，向四周推挤其他元器件。

【Ste Shove Depth...】：设置推挤元器件的程度，如图 7-40 所示。

图 7-39　执行自动布局的菜单命令

图 7-40　设置推挤元器件的程度

【Place From File...】：从文件中放置元器件。

（2）执行菜单命令之后，系统打开【Auto Place】（元器件自动布局）对话框，如图 7-41 所示。

在该对话框中，可以选择元器件自动布局的方式。元器件的自动布局主要有两种方式：成组布局方式和基于统计的布局方式。该对话框中各选项的含义如下。

【Cluster Placer】（成组布局方式）：这种基于组的元器件自动布局方式，根据连接关系将元器件划分成组，然后按照元器件之间的几何关系放置元器件组。该方式适合元器件较少的电路。

【Statistical Placer】（基于统计的布局方式）：基于统计的元器件自动布局方式根据统计算法放置元器件，以使元器件之间的连线长度最短。该方式适合元器件较多的电路。

【Quick Component Placement】（快速元器件布局）：该选项只有在选择【Cluster Placer】

时，选中才有效。选中该选项可以加快元器件自动布局的速度。

（3）选中统计布局方式选项前的单选钮，打开基于统计布局方式的自动布局选项设置对话框，如图 7-42 所示。

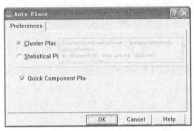

图 7-41 元器件自动布局对话框

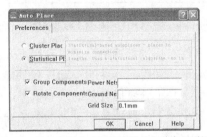

图 7-42 统计布局方式下的元器件自动布局对话框

该对话框中各个选项的含义如下。

【Group Components】（元器件组）：该选项的功能是将当前 PCB 设计中网络连接密切的元器件归为一组。排列时该组的元器件将作为整体考虑，默认状态为选中。

【Rotate Components】（旋转元器件）：该选项的功能是根据当前网络连接与排列的需要使元器件或元器件组旋转方向。若未选中该选项，则布局过程中元器件将按原始位置放置，默认状态为选中。

【Power Nets】（电源网络名称）：指电路板上电源网络的名称。

【Ground Nets】（接地网络名称）：指电路板上接地网络的名称。

【Grid Size】（栅格距离大小）：设置元器件自动布局时栅格距离大小。如果栅格距离设置过大，则自动布局时有些元器件可能会被挤出电路板的边界。这里将栅格距离设为"0.1mm"。

（4）设置好元器件自动布局参数后，单击 OK 按钮，系统将会开始元器件的自动布局。

选中成组布局方式，但不选中【Quick Component Placement】选项，自动布局的结果如图 7-43 所示。

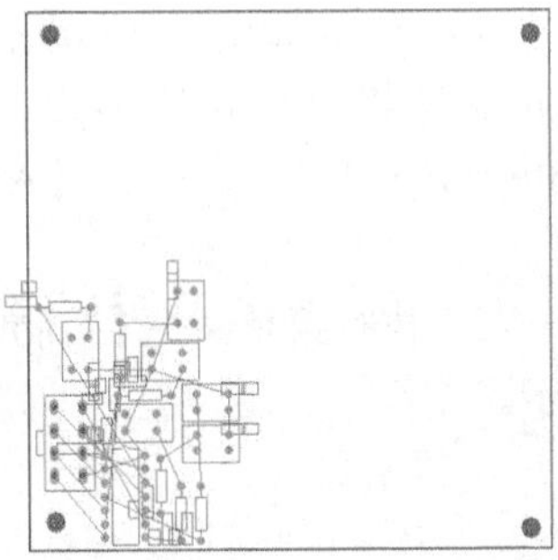

选中成组布局方式，同时选中【Quick Component Placement】选项，自动布局的结果如图 7-44 所示。

图 7-43 成组布局方式的自动布局结果 1

选中基于统计的元器件自动布局方式，自动布局的结果如图 7-45 所示。

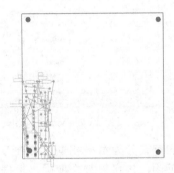

图 7-44 成组布局方式的自动布局结果 2

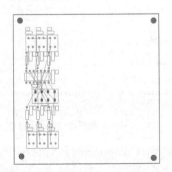

图 7-45 基于统计的自动布局结果

即使是针对同一个电路，采用相同的自动布局方法，程序每次执行元器件自动布局的结果都可能不尽相同，设计者可以根据电路板的设计要求从多次自动布局的结果中选择一个比较满意的。

7.6.4　元器件布局的自动调整

对元器件布局进行调整，可以利用 Protel 99 SE 提供的元器件自动排列功能进行调整。在很多情况下，利用元器件的自动排列功能，可以收到意想不到的功效，尤其是在元器件整齐排列方面，是十分快捷有效的。

下面介绍一下元器件自动排列的菜单命令。

1. 排列元器件

利用系统提供的自动排列元器件的功能，首先要选中需要排列的元器件，然后执行相应的命令即可将元器件整齐地排列起来。

（1）在 PCB 编辑器中，选中待排列的元器件，结果如图 7-46 所示。

（2）执行菜单命令【Tools】/【Interactive Placement】，打开排列图件的菜单命令列表，如图 7-47 所示。

图 7-46　选中待排列的元器件

可以根据实际需要，选择不同的元器件排列命令，对元器件的位置进行调整。在 Protel 99 SE 中，具有多种元器件排列方式，可以根据元器件相对位置的不同，选择相应的排列功能。本节只介绍执行菜单命令【Tools】/【Interactive Placement】/【Align...】的排列操作，其余排列图件菜单命令的操作与之基本相同。

（3）执行菜单命令【Align】，打开【Align Component】（排列元器件）设置对话框，如图 7-48 所示。

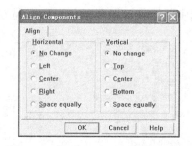

图 7-47　元器件自动排列菜单命令　　　　图 7-48　【Align Components】对话框

在【Align Components】对话框中，排列元器件的方式分为水平和垂直两种方式，即水平方向的对齐和垂直方向的对齐。两种方式可以单独使用，也可以复合使用，根据需要可以任意配置。因此在 Protel 99 SE 中元器件的自动排列是十分方便的。

在该对话框中，各个选项的具体功能如下。

【Horizontal】（水平方向）：所选元器件在水平方向的排列方式。其中包含下列选项。

①【No Change】（不变）：所选元器件在水平方向的排列方式不变。

②【Left】（左对齐）：所选元器件在水平方向上按照左对齐方式排列。

③【Center】（中心对齐）：所选元器件在水平方向上按照中心对齐方式排列。

④【Right】（右对齐）：所选元器件在水平方向上按照右对齐方式排列。

⑤【Space equally】（等间距均匀排列）：所选元器件在水平方向上按照等间距均匀排列。

【Vertical】（垂直方向）：所选元器件在垂直方向的排列方式。其中包含下列选项。

①【No Change】（不变）：所选元器件在垂直方向的排列方式不变。

②【Top】（顶部对齐）：所选元器件在垂直方向上按照顶部对齐方式排列。

③【Center】（中心对齐）：所选元器件在垂直方向上按照中心对齐方式排列。

④【Bottom】（底部对齐）：所选元器件在垂直方向上按照底部对齐方式排列。

⑤【Space equally】（等间距均匀排列）：所选元器件在垂直方向上按照等间距均匀排列。

（4）设置好的排列元器件选项如图 7-49 所示。本例中将选中的指示灯在水平方向等间距排列，在垂直方向顶端对齐。

（5）单击 ___OK___ 按钮，系统将会自动执行排列元器件的命令，结果如图 7-50 所示。

由此可见，利用 Protel 99 SE 提供的元器件自动排列功能在元器件对齐和 PCB 电路板的整体布局上是有许多优点的。在设计中运用这些功能，对元器件布局的局部进行调整，将是十分方便和快捷的。

2. 排列元器件的序号和注释文字

利用系统提供的元器件自动排列功能，除了可以排列元器件外，还可以对元器件的序号和注释文字进行调整。

图 7-49　设置好的排列元器件选项

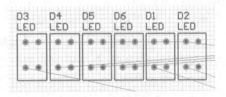

图 7-50　排列结果

下面介绍排列元器件的序号和注释文字的操作。

（1）选中需要排列元器件序号和注释文字的元器件。

（2）执行菜单命令【Tools】/【Interactive Placement】/【Position Component Text...】，打开【Component Text Position】（排列元器件注释文字）对话框，如图 7-51 所示。

在该对话框中，可以将文本注释（包括元器件的序号和注释）排列在元器件的上方、中间、下方、左方、右方、左上方、左下方、右上方、右下方和不改变 10 种方式。在本例中将元器件序号放置在元器件左上方，而将文本注释放在元器件中间。

（3）设置好元器件序号和注释文字的排列位置后，单击 ___OK___ 按钮，系统将会按照设置好的规则自动调整元器件的序号和注释文字，结果如图 7-52 所示。

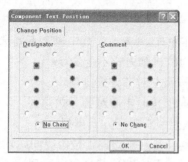

图 7-51　文本注释排列对话框

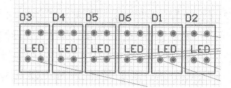

图 7-52　排列元器件文本注释的结果

7.6.5　手工调整元器件布局

元器件的自动布局并不能完全符合设计需要，自动布局结束后往往还要对元器件布局进行手工调整。手工调整元器件布局的操作主要包括对元器件进行移动、旋转等。对元器件进行移动和旋转的操作在第6章中已经作了详细的介绍，这里就不再介绍了。只是在电路板上手工调整元器件布局时，移动和旋转元器件要遵循一定的电气原则，并且考虑电路板整体设计的美观。比如，调整元器件序号的标准是排列尽量整齐美观，易于查找，大小适中，以能清晰查看为准。这部分内容将在最后一章的典型综合实例中进行详细的介绍。

7.6.6　网络密度分析

在元器件布局完成后，可以利用系统提供的网络密度分析工具对电路板的布局进行分析，并根据密度分析结果，对电路板的元器件布局进行优化。

（1）在 PCB 编辑器中，执行菜单命令【Tools】/【Density Map】，即可得到网络密度分析结果，如图 7-53 所示。

（2）按 End 键或者执行菜单命令【View】/【Refresh】，即可清除密度分析图。

在网络密度分析图中，颜色越深的地方表示网络密度越大，反之网络密度就越小。有了密度分析这个工具，就可以按照最优化的方法对电路板的元器件进行布局。一般认为，网络密度相差很大，元器件布局就不合理。但是，也不要认为分布绝对均匀就合理。实际的密度分配和具体电路有很大关系，例如，一些大功率的元器件，产生热量大，需要周围元器件少些，从而密度小。相反小功率元器件就可以安排得密一些。所以，密度分析仅仅是一个参考依据，还要具体问题具体分析。

图 7-53　网络密度分析图

7.6.7　3D 效果图

利用 3D 效果图可以分析元器件布局的实物效果。在 3D 效果图上可以看到 PCB 电路板的实际效果及全貌。

（1）执行菜单命令【View】/【Board in 3D】，打开 3D 效果图预览工作窗口，如图 7-54 所示。

可以根据 3D 效果图来查看元器件封装是否正确，元器件之间的安装是否有干涉、是否合理等。总之，在 3D 效果图上，可以看到 PCB 电路板的全貌，可以在设计阶段修改一些错误，从而缩短设计周期和降低成本。因此 3D 效果图是一个很好的元器件布局分析工具，设计者在今后的工作中应当熟练掌握。

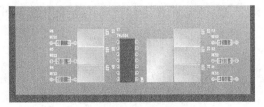

图 7-54　3D 效果图

（2）3D 效果图预览工作窗口与 PCB 编辑器中的其他窗口一样，可以进行切换或关闭。

7.7　课堂案例——指示灯显示电路的布局

本节将具体介绍"指示灯显示电路.ddb"的元器件布局操作。

（1）准备原理图和元器件封装，包括对绘制好的原理图进行编译检查，创建系统没有的元器件封装等工作。

（2）执行菜单命令创建一个空白的 PCB 文件。

（3）设置电路板的工作层面。

设置电路板的工作层面包括以下 3 方面的工作。

① 电路板的选型，本例选择电路板为双面板。

② 在图形堆栈管理器中设置电路板的类型和电路板工作层面的属性。

③ 在电路板工作层面管理对话框中设置工作层面参数，包括显示与关闭某些工作层面、设置工作层面的颜色等参数。

（4）设置 PCB 编辑器的环境参数。

（5）在刚创建好的 PCB 文件中规划电路板。

规划电路板包括以下 3 方面的内容。

① 重新定义电路板的外形。

② 定义电路板的电气边界。

③ 预设电路板的安装孔。

（6）利用 PCB 编辑器提供的载入元器件封装和网络表文件的功能，将网络表和元器件封装载入到 PCB 编辑器中。

在载入网络表和元器件封装之前需要注意以下两点。

① 原理图中所有元器件都已经添加了正确的封装形式。

② 所有用到的元器件封装库都已经载入了 PCB 编辑器中。

（7）设置自动布局的设置规则。一般情况下只需要对放置元器件的安全间距限制设计规则进行设置就可以了，本例中将元器件的间距约束设置为"0.5mm"。

（8）对电路板上元器件的构成进行分析，确认核心元器件。在本例中，指示灯 D1～D6 和接插件 CN1 为电路板上的关键元器件，这几个元器件的布局应当保证指示灯整齐，接插件尽量靠近电路板的边缘，并且元器件的布局应当方便后面的布线。

（9）对关键元器件进行布局。

① 确定电路板一角上安装孔的位置，并从电路板的这一角开始对元器件进行布局。一般情况下，安装孔距离电路板边缘的距离为 2mm 就能保证足够的强度了，如图 7-55 所示。

② 对接插件进行布局，结果如图 7-56 所示。

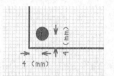

图 7-55　确定安装孔的位置

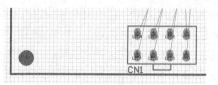

图 7-56　预布局接插件的结果

③ 对指示灯进行预布局，结果如图 7-57 所示。

④ 调整指示灯的序号和注释文字，结果如图 7-58 所示。

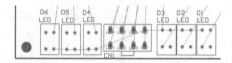

图 7-57　预布局指示灯的结果

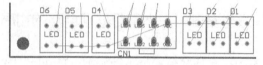

图 7-58　调整元器件序号和注释文字的结果

　　　　将元器件的序号和注释文字靠近元器件可以节省电路板的空间，并且便于查找序号所在的元器件。

（10）锁定核心元器件。利用系统提供的全局编辑功能可以同时锁定多个元器件。

① 选中所有预布局好的元器件。

② 在任意一个元器件上双击鼠标左键，打开编辑元器件属性对话框，如图 7-59 所示。

③ 单击 Global >> 按钮，打开全局编辑属性对话框，对相应的属性进行设置，设置的结果如图 7-60 所示。

图 7-59　编辑元器件属性对话框

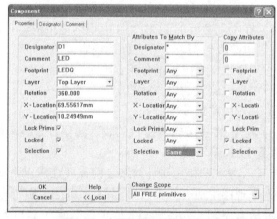

图 7-60　全局编辑属性设置对话框

④ 单击 OK 按钮，系统将会按照匹配属性（处于选中状态）将选中的元器件锁定。

（11）执行菜单命令【Tools】/【Auto Placement】/【Auto Placer】，在打开的元器件自动布局对话框中选择基于统计的布局方式对元器件进行自动布局。设置的结果如图 7-61 所示。

（12）单击 OK 按钮，进行自动布局，自动布局

图 7-61　设置自动布局参数

的结果如图 7-62 所示。

（13）采用手工调整的方法对元器件布局和序号进行调整。在本例中元器件自动布局的结果不是很理想，需要调整的地方较多，并且针对不同的自动布局的结果调整方案也不一样，因此本例只给出调整的结果，如图 7-63 所示。

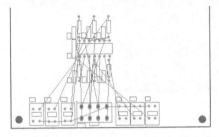

图 7-62　自动布局的一种结果

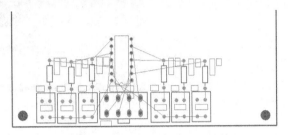

图 7-63　调整元器件布局后的结果

（14）调整电路板的电气边界和安装孔位置。

① 将工作窗口的坐标原点设置在左下角电路板的边缘。

② 将鼠标光标放置在右边界处，并从状态栏中读出右边界的 x 坐标值，如图 7-64 所示，并根据此坐标值调整下边界。

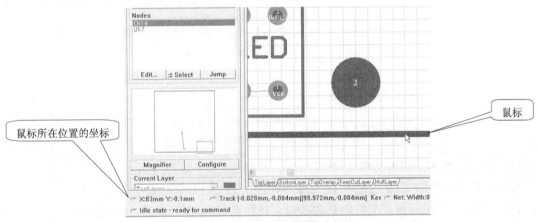

图 7-64　读出右边界的 x 坐标值

③ 其余边界的调整方法基本相同，最后的结果如图 7-65 所示。

④ 调整安装孔的位置，结果如图 7-66 所示。

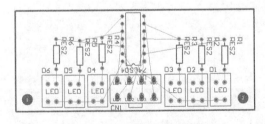

图 7-65　调整元器件边界后的结果

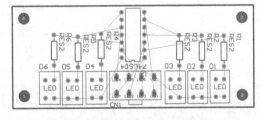

图 7-66　调整安装孔的位置后的结果

（15）生成网络密度分析图对元器件布局进行密度分析，并根据分析结果对元器件布局进行调整。

（16）生成3D效果图，观察元器件之间是否有干涉的情况，如果有，则进行适当的调整。3D效果图如图 7-67 所示。

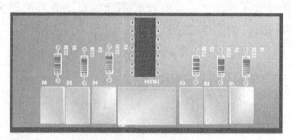

图 7-67　3D 效果图

7.8　课堂练习——线性电源电路的布局

本节中将以图 7-68 所示的由三端集成稳压器构成的+15V 线性电源为例介绍元器件的布局。

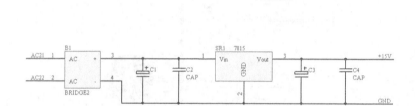

图 7-68　三端集成稳压器构成的+15V 线性电源

（1）准备原理图，结果如图 7-68 所示，

（2）执行菜单命令【Design】/【Create Netlist…】，生成网络表文件。

（3）创建一个 PCB 设计文件，并命名为"线性电源.PCB"，如图 7-69 所示。

（4）设置电路板的类型。执行菜单命令【Design】/【Layer Stack Manager…】，打开图层堆栈管理器对话框，将电路板的类型设置为单面板，如图 7-70 所示。

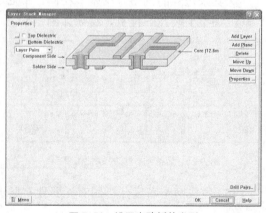

图 7-69　新建 PCB 设计文件

图 7-70　设置电路板的类型

（5）设置 PCB 设计的环境参数。

（6）规划电路板，结果如图 7-71 所示。

（7）载入元器件封装和网络表。

① 在载入元器件封装和网络表之前，应当将需要用到的元器件封装所在的元器件封装库载入到 PCB 编辑器中，否则将会导致载入元器件封装和网络表的操作失败。

② 执行菜单命令【Design】/【Load Nets...】，打开【Load/Forward Annotate Netlist】（载入网络表文件）对话框，如图 7-72 所示。

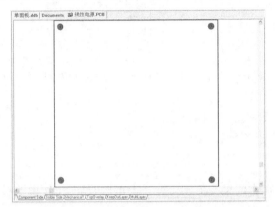

图 7-71　规划好的电路板

图 7-72　载入网络表文件对话框

③ 单击 Browse... 按钮，打开选择网络表文件对话框，如图 7-73 所示。

④ 选中"线性电源.NET"网络表文件，然后单击 OK 按钮，即可回到载入网络表文件对话框，原理图设计中的网络标号将会显示在对话框中，如图 7-74 所示。

图 7-73　选择网络表文件对话框

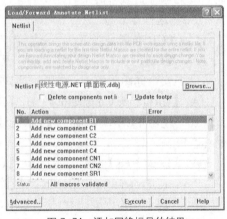

图 7-74　添加网络标号的结果

⑤ 如果系统的【Status】（状态栏）中显示所有的网络标号及添加网络标号的操作都正确（All macros validated），则可以单击 Execute 按钮将所有的元器件封装和网络标号载入到 PCB 编辑器中，否则应当返回到原理图编辑器中对原理图进行修改。本例中载入网络标号和元器件封装后的 PCB 编辑器如图 7-75 所示。

（8）元器件布局。由于该电路的元器件比较少，因此可以采用手动布局的方法对元器件进行布局，布局的结果如图 7-76 所示。

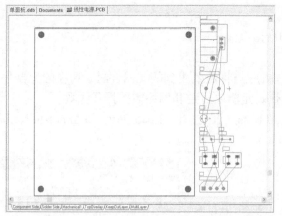

图 7-75　载入网络标号和元器件封装后的 PCB 编辑器

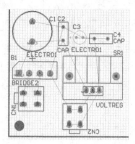

图 7-76　元器件布局的结果

习　　题

7-1　填空题

（1）利用_____可以分析元器件布局的实物效果。在_____上可以看到 PCB 电路板的实际效果及全貌。

（2）在元器件布局完成之后，可以利用系统提供的_____工具对电路板的布局进行分析，并根据_____结果，对电路板的元器件布局进行优化。

（3）PCB 编辑器中有两个布局器可供选择，在布局元器件数较少时可用_____布局器，而布局元器件数较多时最好用_____布局器。

7-2　选择题

（1）PCB 布局是指（　　　）。

A．连线排列　　　　　　　B．元器件的排列　　　　　　C．元器件与连线排列

（2）安全间距限制设计规则的选项是（　　　）。

A．【Clearance Constraint】　B．【Routing Corners】　　　C．【Routing Layers】

（3）使用 PCB 编辑器中【Design】菜单中的（　　　）命令可以完成 PCB 网络表的导入操作。

A．【Load Nets】　　　　　B．【Update Schematic】　　　C．【Update PCB】

7-3　在 Protel 99 SE 中，PCB 电路板设计的基本流程是什么？

7-4　规划电路板要进行哪些工作？请说明电气边界的作用是什么。

7-5　如何设置环境参数？设置环境参数有什么作用？

7-6　网络表与元器件封装的载入有哪些方法？在网络表与元器件封装的载入过程中有什么注意事项？

7-7　交互式布局方式中手工布局的对象主要有哪些？

7-8　简述自动布局、手工布局和交互式布局各自的优缺点。

7-9　自动布局参数如何设置？

7-10　熟悉元器件布局的基本原则。

第8章 电路板布线

在完成了电路板上元器件的布局之后，就可以开始对电路板进行布线了。本章主要介绍一种交互式的布线方法，包括电路板布线设计规则的设置、自动布线参数的设置、自动布线、手工调整以及覆铜和 DRC 设计校验等知识。

8.1 电路板布线基础知识

下面首先介绍一些电路板布线的基础知识。

1. 概念辨析

电路板布线：指的是采用具有电气特性的导线将具有相同网络连接的元器件焊盘、过孔等导电图件连接到一起的过程。当电路板制作完成之后，这些导线就变成了实际电路板上沉积的铜箔，使相连的焊盘、过孔等在电气上连通到一起。

自动布线：指的是 PCB 编辑器内的自动布线器系统，根据设置的布线设计规则和选择的自动布线策略，并依照一定的拓扑算法，按照事先生成的网络自动在各个元器件之间进行连线的过程。

2. 电路板布线方法

电路板布线方法同元器件布线一样，也包括以下3种常用的布线方法。

（1）自动布线。

（2）手动布线。

（3）自动布线和手动布线相结合的交互式布线方法。

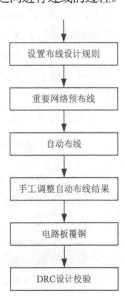

图 8-1 电路板交互式布线基本流程

自动布线只需进行简单的布线设计规则设置，系统就会自动完成电路板的布线，但是自动布线的结果常常不能令人十分满意。而手动布线则能完全根据设计的意图对电路板上的元器件进行布线，能最大限度地满足设计思路。但是，手动布线对知识要求较高，并且效率低、设计周期长。而所谓的交互式布线，则是充分结合手动布线与自动布线的优点，使二者在整个布线过程中交替使用，既能利用手动布线实现设计的意图，又能利用自动布线的高效率和优化的算法，从而实现快速优化布线。因此，本章将着重介绍交互式布线方法。但是，对元器件数目较多、具有特殊布线要求的电路板，建议最好采用手动布线的方法。

3. 电路板交互式布线的基本流程

电路板交互式布线方法的基本流程如图 8-1 所示。

8.2　设置布线设计规则

一般来讲，电路的工作性能不同，对电路板上的各种布线的设计要求也不同。例如，电源线和接地线因为通过的电流较大，布线要求较宽；逻辑电路只是传输信号，因此布线就可以相对细一些；为了提高电路板的抗干扰能力，导线在拐角处应采用钝角或圆角过渡等。所以在正式进行布线之前，应当根据电路设计的要求，进行电路板布线设计规则的设置。这些规则的设置，不仅是自动布线的依据，也会给手动布线带来极大的方便。布线设计规则设置得是否合理，将直接影响到自动布线的质量和成功率，应当引起足够的重视。

执行菜单命令【Design】/【Rules...】，打开【Design Rules】（电路板设计规则）设置对话框，然后单击【Routing】选项卡即可打开电路板布线设计规则设置对话框，如图8-2所示。

本章只介绍几项常用的电路板布线设计规则的设置，其余的布线设计规则均采用默认值。

常用的布线设计规则主要包括以下几项。

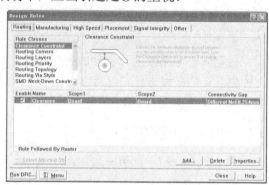

图8-2　布线设计规则设置对话框

【Clearance Constraint】（安全间距限制设计规则）：安全间距限制设计规则设置选项，适用于在线DRC或运行DRC设计规则检查、自动布线过程。当电路板上不同网络标号的导电图件之间的距离小于设定的安全间距时，系统将会报错。

【Short-Circuit Constraint】（短路限制设计规则）：短路限制设计规则设置选项，适用于在线DRC或运行DRC设计规则检查、自动布线过程。当电路板上不同网络标号的导电图件出现短路现象时，系统将会报错。

【Width Constraint】（布线宽度设计规则）：布线宽度设计规则设置选项，适用于运行DRC设计规则检查、自动布线过程。当电路板上导线的宽度小于设定的最小导线宽度，或者大于最大的导线宽度时，系统将会报错。

下面将对上述几项常用的布线设计规则作较为详细的介绍。

8.2.1　设置安全间距限制设计规则

安全间距限制设计规则属于电气规则的范畴。

（1）执行菜单命令【Design】/【Rules...】，然后单击【Routing】选项卡打开电路板布线设计规则设置对话框，如图8-2所示。

（2）在【Rule Classes】分组框的列表框中选择【Clearance Constraint】选项，即可在下方的列表中显示现有的安全间距限制设计规则。

安全间距限制设计规则限定的是在保证电路板正常工作的前提下，导线与导线之间、导线与焊盘之间的最小距离。

（3）在需要编辑的设计规则上双击鼠标左键，或者是单击 Add... 按钮新建一个安全间距限制设计规则，即可打开设置安全间距限制设计规则对话框，如图8-3所示。

在该对话框中，可以对安全间距限制设计规则的【Rule Scope】（适用范围）、【Rule Name】（名称）和【Minimum Clearance】（最小安全间距限制）等参数进行设置。

其中设计规则适用范围主要包括以下选项。

【Whole Board】（整个电路板）：如果选择了此项，表示规则将适用于整个电路板。

【Layer】（工作层）：如果选择了此项，程序会要求指定某个工作层面。

【Pad】（焊盘）：如果选择了此项，程序会要求指定某个焊盘。

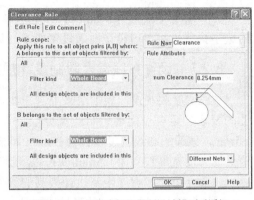

图 8-3　设置安全间距限制设计规则对话框

【From-To】（点对点连线）：如果选择此项，程序将要求指定某个【From-To】连线。

【From-To Class】（点对点连线类）：如果选择此项，程序会要求指定某个【From-To】连线类。

【Net】（电气网络）：如果选择此项，程序会要求指定某个电气网络。

【Net Class】（电气网络类）：如果选择此项，程序将要求指定某个电气网络类。

【Component】（元器件）：如果选择此项，程序将要求指定某个元器件。

【Component Class】（元器件类）：如果选择此项，程序将要求指定某个元器件类。

【Object Kind】（对象种类）：如果选择此项，程序会要求指定某类对象。

8.2.2　设置短路限制设计规则

短路限制设计规则属于电气规则的范畴，一般情况下，电路板上不允许有不同的网络短路连接。

（1）在图 8-2 中，单击【Other】选项卡，打开其他设计规则设置对话框，如图 8-4 所示。

（2）在【Rule Classes】分组框的列表框中选择【Short-Circuit Constraint】选项，打开短路限制设计规则设置主对话框，然后在下方的设计规则列表栏中选中【Short Circuit】选项，再单击 roperties. 按钮，打开【Short-Circuit Rule】（短路限制设计规则）设置对话框，如图 8-5 所示。

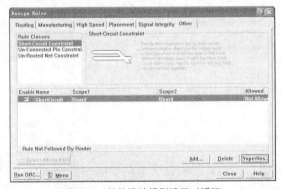

图 8-4　其他设计规则设置对话框

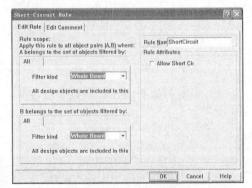

图 8-5　短路限制设计规则设置对话框

短路限制设计规则限定的是电路板布线设计过程中是否允许不同网络的导电图件连接在一起。通常情况下，电路板上不同网络的图件是不允许短路的。

（3）取消【Rule Attributes】分组框中【Allow Short Circuit】（允许短路）选项前复选框的选中状态，将该项设计规则设置成不允许短路的状态。

8.2.3　设置布线宽度限制设计规则

布线宽度限制设计规则用来限制布线过程中导线的宽度。在一个电路板上，根据电气特性的要求，可以设定多个布线宽度限制设计规则。比如，通常将电源线的布线宽度设置为1.5mm，地线的布线宽度设置为 2mm，而普通信号的布线宽度设置为 0.5mm 就可以了。

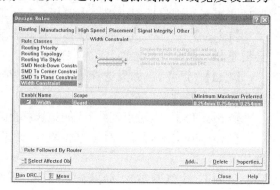

图 8-6　设置布线宽度设计规则主对话框

下面介绍布线宽度限制设计规则的设置。

（1）在图 8-2 所示的布线设计规则设置对话框中，将【Rule Classes】分组框右方的滚动条拉至底端，然后选中【Width Constraint】选项，打开布线宽度设计规则主对话框，如图 8-6 所示。

（2）选中布线宽度设计规则中的某项设计规则，然后单击 Properties... 按钮，打开设置布线宽度设计规则对话框，设置好的布线设计规则如图 8-7 所示。

（3）设置完布线宽度设计规则后，单击 OK 按钮，回到布线宽度设计规则设置主对话框，继续其他设计规则的设置。

（4）单击 Add... 按钮，添加新的布线宽度设计规则，然后重复步骤（2）的操作即可完成多项布线宽度设计规则的设置，结果如图 8-8 所示。

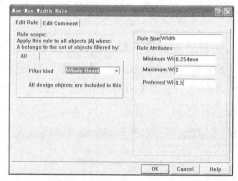

图 8-7　设置布线宽度设计规则

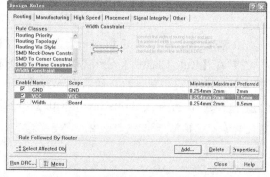

图 8-8　设置好的多项布线宽度设计规则

（5）当所有的布线设计规则设置完后，单击 Close 按钮，完成本次布线规则的设置。

8.3　预布线

在交互式布线中，电路板布线设计规则设置完成后就应当对重要的网络进行预布线。预布线主要包括以下两个步骤。

（1）对重要的网络进行预布线。

（2）锁定预布线。在进行布线的过程中，有时候可能需要事先布置一些走线（如电源线和地线），以满足一些特殊要求，并有利于改善随后的自动布线结果。如果不对这些预布线进行保护，那么在自动布线的时候，这些已布线会重新被调整，从而失去预布线的意义。

下面介绍预布线的操作。

（1）对电路板上的布线网络进行分析，找出重要的需要预布线的网络，比如"指示灯显示电路.PCB"电路板设计中，可将电源网络作为重要的网络进行预布线。

（2）对电源网络进行预布线，结果如图 8-9 所示。

（3）锁定预布线。在任意一段预布线上双击鼠标左键，打开【Track】（导线属性）设置对话框，如图 8-10 所示。

（4）单击 Global>> 按钮，进入全局编辑属性设置对话框，对全局编辑的属性（网络标号相同）进行配置，并锁定所有预布线，如图 8-11 所示。

（5）单击 OK 按钮即可将所有的预布线锁定。

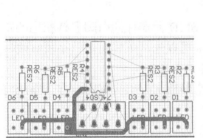

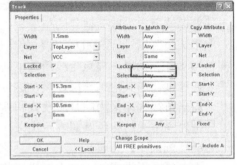

图 8-9　预布线的结果　　图 8-10　编辑导线属性对话框　　图 8-11　全局编辑属性设置对话框

8.4　自动布线

对电路板进行自动布线，除了需要设置电路板布线设计规则外，还需要设置自动布线器参数。

8.4.1　自动布线器参数设置

在自动布线之前，应当对自动布线器的参数进行设置，以使自动布线的结果能够最大限度地满足电路板设计的需要。

下面介绍在 Protel 99 SE 中设置自动布线器参数的具体操作。

（1）执行菜单命令【Auto Route】/【Setup…】，打开【Autorouter Setup】（自动布线器参数设置）对话框，如图 8-12 所示。

在该对话框中，有 4 栏：【Router Passes】（布线选项）、【Manufacturing Passes】（制板选项）、【Pre-routes】（预布线）和【Routing Grid】（布线栅格）。

①【Router Passes】栏

●【Memory】选项

如果在电路板上有存储器元器件，并且对元器件的放置位置、如何定位等有一定的要求，那么可以选中此项设置，则自动布线器将对存储器元器件上的走线方式

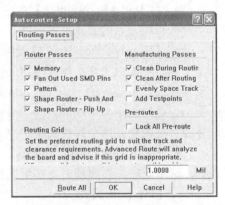

图 8-12　自动布线器参数设置对话框

进行最佳的评估。对地址线和数据线，一般是采用有规律的平行走线方式。这种布线方式对电路板上的所有存储器元器件或有关的电气网络有效。

即使电路板上并不存在存储器元器件，选中此项功能对布线还是有利的。

- 【Fan Out Used SMD Pins】选项

对于顶层或底层都密布 SMD（表贴式）元器件的电路板，进行 SMD 元器件焊点的扇出（【Fan Out】：扇出指的是由表贴元器件的焊点先布一小段导线，然后通过过孔与其他工作层面连接的操作）是一件很困难的操作。因此在对整个电路板进行自动布线之前，在【Router Passes】栏中只选中本设置项，先试着进行一次自动布线。如果有大约 10%或更多的焊点扇出失败的话，那么在正式自动布线时是无法完成布线的。解决这个问题的办法是：在电路板上试着调整扇出失败元器件的位置。

本选项可以进行 SMD 元器件的扇出，并可以让过孔与 SMD 元器件的引脚保持相当的距离。当 SMD 元器件焊点走线跨越不同的工作层时，本规则可以先从该焊点走一小段导线，然后通过过孔与其他工作层连接，这也就是 SMD 元器件焊点的扇出。

扇出布线程序采用的是启发式和搜索式的算法。对于电路板上扇出失败的地方，系统将以一个内含小叉的黄色圆圈表示出来。

- 【Pattern】选项

本选项用于设置是否采用布线拓扑结构进行自动布线。

- 【Shape Router-Push And Shove】选项

选中本选项后，布线器可以对走线进行推挤操作，以避开不在同一网络中的过孔或焊盘。

- 【Shape Router-Rip Up】选项

在【Push And Shove】布线器进行布线之后，电路板上可能存在着间距冲突的问题（在图面上以绿色的小圈表示）。【Rip Up】布线器可以删除那些与间距有关的已布导线，并进行重新布线以消除这些冲突问题。

② 【Manufacturing Passes】栏

该栏下有 4 个设置项。

- 【Clean During Routing】选项

在布线过程中对冗余的导线进行清除。

- 【Clean After Routing】选项

在布线之后清除冗余的导线。

- 【Evenly Space Tracks】选项

当布线参数允许在集成电路芯片相邻的两个焊盘间穿过两条导线，而实际上只放置了一条导线，其中放置的那条导线可能距其中一个焊盘为 20mil（一般地，集成电路芯片中相邻两个焊盘的间距为 100mil，焊盘外径为 50mil），那么当选中此项，并在布线器运行后，这条导线将被调整到两个焊盘的正中央。

- 【Add Testpoints】设置项

选中此项，在布线时将在电路板上添加全部网络的测试点。

③ 【Pre-routes】栏

本栏中只有一个选项【Lock All Pre-route】，用于保护所有的预布线、预布焊盘或过孔。

选中此项后，将保护所有的预布对象，而不管这些预布对象是否处于"Locked"（锁定）状态之下。

不选中此项，那么【Shape Router-Rip Up】布线器在自动布线的过程中，会对那些未处于"Locked"（锁定）状态下的预布对象进行重新调整，也就是说，对这些预布对象起不到保护作用，而只能保护那些处于"Locked"（锁定）状态下的预布对象。

④【Routing Grid】栏

本栏用于指定布线格点，也就是布线的分辨度。布线的格点值愈小，布线的时间就愈长，所需的内存空间也愈大。

格点值的选取必须和设计规则中所设置的【Track】（导线）或【Pad】（焊盘）间的安全间距值相匹配。当开始自动布线的时候，布线器会自动分析所设置的格点—导线—焊盘（Grid-Track-Pad）的尺寸设置，如果设置的格点值不合适，程序会显示所设置的格点值不合适，并给出一个建议值。

（2）设置完自动布线参数后，单击 OK 按钮可以回到 PCB 编辑器工作窗口中，单击 Route All 按钮可以开始自动布线。

8.4.2 自动布线的方式

设置完自动布线参数后，就可以开始自动布线了。Protel 99 SE 中自动布线的方式灵活多样，根据布线的需要，既可以对整块电路板进行全局布线，也可以对指定的区域、网络、元器件甚至两连接点进行布线，因此要充分利用系统提供的多种自动布线方式，根据设计过程中的实际需要灵活选择最佳的布线方式。

下面对各种布线方式进行简要的介绍。

1. 全局布线

如果没有特殊的要求，可以直接对整个电路板进行布线，即所谓的全局布线。

（1）执行菜单命令【Auto Route】/【All...】，打开自动布线器参数设置对话框，确认所选的布线策略是否正确。

（2）单击 Route All 按钮，系统开始对整个电路板进行自动布线，自动布线的结果如图 8-13 所示。

在自动布线过程结束后，系统将会打开自动布线结果的状态信息，如图 8-14 所示。

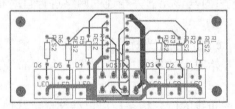

图 8-13　全局自动布线后的结果

图 8-14　自动布线的状态信息

从该状态信息窗口，可以查看到自动布线的布通率，以便对自动布线的结果进行调整。本例中自动布线的布通率为 100%。

2. 指定网络布线

Protel 99 SE 可以对指定的网络进行自动布线。下面单独对指定的电源网络（VCC）进行布线。

（1）执行菜单命令【Auto Route】/【Net】，鼠标光标变成十字形状，单击元器件 D1 的第 1 个引脚，打开如图 8-15 所示的菜单列表。菜单的内容是对该引脚的有关描述，从中选择【Connection（VCC）】选项确定所要自动布线的网络。

（2）选中布线网络后，程序开始进行自动布线，布线结果如图 8-16 所示。

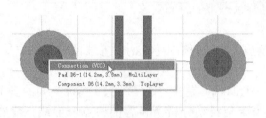

图 8-15　选中所要自动布线的网络（VCC）　　　　图 8-16　指定网络（VCC）布线结果

（3）对该网络自动布线结束后，程序仍处于指定网络布线命令状态，可以继续选定其他网络进行自动布线。单击鼠标右键即可退出当前的命令状态。

3. 指定两连接点之间布线

布线时可以指定两连接点，使程序只对这两个点之间的连线进行自动布线。

（1）执行菜单命令【Auto Route】/【Connection】，鼠标光标变成十字形状。单击元器件 R6 的焊盘，打开图 8-17 所示的菜单列表，从中选择【Connection（NetD6_2）】选项确定所要自动布线的连接。

（2）选中布线连接后，程序就会开始进行自动布线，布线结果如图 8-18 所示。

（3）对指定连接自动布线结束后，程序仍处于指定连接布线命令状态。用户可以继续选定其他连接进行自动布线。单击鼠标右键即可退出当前的命令状态。

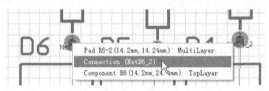

图 8-17　选中所要自动布线的连接　　　　图 8-18　指定两点间连接的布线结果

4. 指定元器件布线

布线时可以选定某个元器件进行布线，使程序只对与该元器件相连的网络进行自动布线，具体操作步骤如下。

（1）执行菜单命令【Auto Route】/【Component】，鼠标光标变成十字形状。将鼠标光标移动到元器件 U1 上，单击鼠标左键，程序便开始对元器件 U1 进行自动布线。布线后的结果如图 8-19 所示。

（2）自动布线结束后，程序仍处于指定元器件布线的命令状态，可以继续选定其他元器件进行自动布线。单击鼠标右键即可退出当前的命令状态。

5. 指定区域布线

布线时还可以对指定的特定区域进行自动布线，具体操作步骤如下。

（1）执行菜单命令【Auto Route】/【Area】，鼠标光标变成十字形状。单击鼠标左键确定矩形区域对角线的一个顶点，然后移动鼠标光标到适当位置，再次单击鼠标左键确定矩形区域对角线的另一个顶点，这样就选定了布线区域，布线结果如图 8-20 所示。

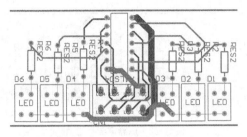

图 8-19　指定元器件布线结果

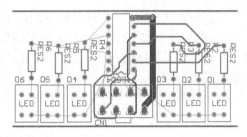

图 8-20　指定区域布线的结果

（2）布线结束后，单击鼠标右键即可退出该命令状态。

6. 其他相关命令

【Auto Route】菜单中与自动布线有关的其他命令如下。

【Reset】：复位自动布线。

【Stop】：终止自动布线。

【Pause】：暂停自动布线。

【Restart】：重新开始自动布线，该命令与【Pause】命令配合使用。

8.5　自动布线的手工调整

自动布线过程是在某种给定的算法下，按照网络表连接，实现各网络间的电气连接的过程。因此，自动布线的功能主要是实现电气网络间的连接，而很少考虑到特殊的电气、物理和散热等要求。

电路板的布线一般要遵循以下原则。

（1）引脚间的连线尽量短。由于算法的原因，自动布线最大的缺点就是布线时的拐角太多，许多连线往往是舍近求远，拐了一个大弯再转回来，这一类布线是手工调整的主要对象。

（2）连线尽量不要从 IC 片的引脚间穿过。连线从引脚之间穿过，焊接元器件时容易造成短路，这部分导线能修整的尽量手工修整。

（3）连线简捷，同一连线不要重复连接，以免影响布线美观。

图 8-21 所示为一种自动布线的结果，下面将在该图的基础上介绍如何对自动布线的结果进行手工调整。

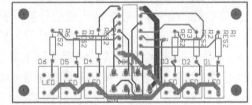

图 8-21　手工调整自动布线示例

8.5.1　手工调整布线结果

下面将根据上述布线的原则对电路板布线的结果进行手工调整。手工调整时，为了方便元器件之间的布线，有时还要调整元器件的布局。

在手工调整元器件的自动布线之前，应当仔细检查电路板上的布线结果，找出需要手工调整的布线。在图 8-21 中，电源网络（VCC）的布线比较乱，而且绕远比较多。

（1）将工作层面切换到【Top Layer】（顶层）。

（2）在图 8-21 中，将鼠标光标移到电源网络布线上，然后单击鼠标左键选中某段电源导线，按 Delete 键逐段删除电源网络布线，结果如图 8-22 所示。

（3）调整插件 CN1 焊盘的网络标号，以方便布线。将接插件 CN1 的焊盘 4 和 8 的网络标号对调，有利于电源网络的布线。调整网络标号后的结果如图 8-23 所示。

（4）采用手工布线的方法，连接电源网络（VCC），修改后的结果如图 8-24 所示。

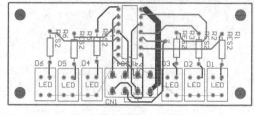

图 8-22　删除需要手工调整的导线

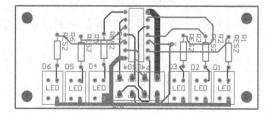

图 8-24　手工调整后的结果

图 8-23　调整焊盘网络标号后的结果

8.5.2　利用拆线功能调整布线结果

在上面的手工调整过程中，用 $\boxed{\text{Delete}}$ 键删除待修改的导线十分不方便，特别是在网络连线较多的情况下，逐段删除导线的工作量是非常大的。为此，Protel 99 SE 提供了强大的拆线功能，使手工调整布线变得十分方便。

执行菜单命令【Tools】/【Un-Route】，即可打开如图 8-25 所示的菜单列表。

各菜单命令的功能如下。

【All】：对整个电路板进行拆线操作。

【Net】：对指定网络进行拆线操作。

【Connection】：对指定连线进行拆线操作。

【Component】：对指定元器件进行拆线操作。

（1）执行菜单命令【Tools】/【Un-Route】/【Net】。

（2）执行命令后，鼠标光标变成十字形光标。移动鼠标光标到图 8-21 所示中需要拆除的某段导线上，然后单击

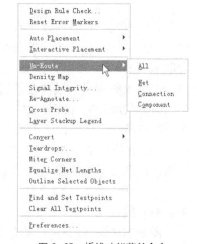

图 8-25　拆线功能菜单命令

鼠标左键，系统就会拆除与该段导线具有相同网络标号的所有连线，这就是拆线功能。

（3）此时系统仍处于拆线命令状态，还可以继续拆除其他的网络连接。最后单击鼠标右键，退出拆线命令状态。

8.6　覆铜

在自动布线结果中，地线网络的连接往往不是十分理想，需要进行手工调整，但不如采用覆铜的方法便捷和有效。对各布线层中放置的地线网络进行覆铜，不但可以增强 PCB 板抗干扰的能力，使电路板更加美观，而且可以增大地线网络过电流的能力。

对地线网络进行覆铜的具体操作步骤如下。

（1）利用拆线功能删除所有地线网络的布线。

（2）设置多边形填充的连接方式。

① 执行菜单命令【Design】/【Rules…】，打开设置布线设计规则对话框，然后单击【Manufacturing】选项卡，并用鼠标左键单击【Rule Classes】分组框中的【Polygon Connect Style】（多边形填充连接方式）设计规则，打开【Polygon Connect Style】设计规则主对话框，如图 8-26 所示。

② 用鼠标左键单击某一项多边形填充连接方式设计规则，然后单击Properties..按钮，打开【Polygon Connect Style】（多边形填充连接方式）设计规则对话框，如图 8-27 所示。

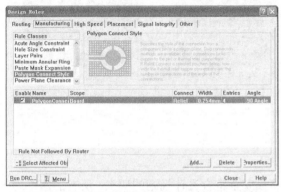

图 8-26　设置多边形填充连接方式设计规则主对话框　　　　图 8-27　多边形填充与网络连接方式对话框

在该对话框中，系统提供了以下 3 种连接方式。

【Relief Connect】：辐射连接。

【Direct Connect】：直接连接。

【None Connect】：不连接。

辐射连接包括图 8-28 所示的 4 种方式。

 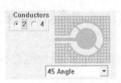 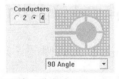 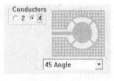

图 8-28　辐射连接的 4 种方式

在电路板设计覆铜阶段，对同一网络通常选择直接连接的方式，这样覆铜在与相同网络连接时，连接的有效面积最大。但是，直接连接也有一个缺点，那就是在电路板焊接时，与焊盘连接的铜箔的面积较大，散热较快，不利于焊接。

（3）设置多边形填充与导线、焊盘和过孔的安全间距（【Routing】选项卡下的【Clearance Constraint】（安全间距限制设计规则）），如果 PCB 电路板允许的的话，建议采用≥0.5mm 的安全间距。

（4）单击放置工具栏中的 ⬚ 按钮，打开【Polygon Plane】（多边形填充选项）设置对话框，如图 8-29 所示。

在该对话框中，将连接网络设置为"GND"，工作层面设置为底层，将线宽设为"1mm"，不采用网格的连接

图 8-29　设置多边形填充选项对话框

方式，采用整块覆铜，设置的结果如图 8-30 所示。

（5）单击 OK 按钮，鼠标光标变成十字形状，然后根据画导线的方法，在需要放置覆铜的区域外画一个封闭的多边形，单击鼠标右键，退出命令状态。覆完铜的 PCB 电路板如图 8-31 所示。

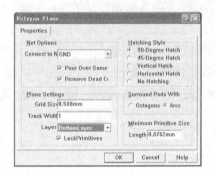

图 8-30 设置好的多边形填充属性设置对话框

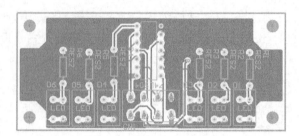

图 8-31 覆铜后的 PCB 电路板

8.7 设计规则检验

在电路板布线完成后，为了确保 PCB 电路板完全符合设计规则的要求，所有的网络均已正确连接，还应当对电路板做设计规则检验（DRC）。这一步对初学者来说尤为重要，即使是有着丰富经验的设计人员，也可以借助 DRC 设计规则检验保证电路板设计万无一失。因此建议在完成 PCB 的布线后，千万不要遗漏这一步。

设计规则检验常用的检验项目如下。

【Clearance Constraints】（安全间距限制设计规则）：该项为导电图件之间的安全间距限制的检验项。

【Max/Min Width Constraints】（最大/最小布线宽度限制设计规则）：该项为导线的布线宽度限制的检验项。

【Short Circuit Constraints】（短路限制设计规则）：该项为电路板布线是否符合短路设计规则的检验项。

【Un-Routed Net Constraints】（未布线网络限制设计规则）：该项将对没有布线的网络进行检验。

进行 DRC 设计规则检验的具体操作步骤如下。

（1）执行菜单命令【Tools】/【Design Rule Check...】，打开【Design Rule Check】（设计规则检验）对话框，如图 8-32 所示。

设计规则的检验结果可以分为两种：一种是【Report】（报表）输出，可以产生检测的结果报表；另一种是【On-Line】（在线检验），也就是在布线的过程中对电路板的电气规则和布线规则进行检验，以防止错误产生。

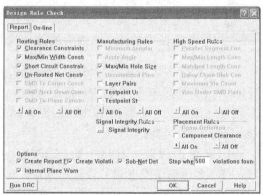

图 8-32 设计规则检验对话框

（2）单击【Report】选项卡，进入【Report】（报表）输出 DRC 设计检验模式，然后设置设计检验项目。本例中只选中【Clearance Constraints】、【Max/Min Width Constraints】、【Short Circuit Constraints】和【Un-Routed Net Constraints】4 项前的复选框，其余选项采用系统默认的设置。

（3）设置好设计检验项目后，单击对话框左下角的 Run DRC 按钮，即可运行设计规则检验。程序结束后，会产生一个检验情况报表，具体内容如下所示。

```
Protel Design System Design Rule Check
PCB File : Documents\Route.PCB
Date : 5-Jan-2006
Time : 21:49:48
Processing Rule : Width Constraint (Min=0.254mm) (Max=2mm) (Prefered=0.5mm) (On the
board)
  Rule Violations :0
Processing Rule : Hole Size Constraint (Min=0.0254mm) (Max=2.54mm) (On the board)
    Violation   Pad Free-4 (4mm, 32mm)  MultiLayer  Actual Hole Size = 4mm
    Violation   Pad Free-3 (80mm, 32mm) MultiLayer  Actual Hole Size = 4mm
    Violation   Pad Free-2 (80mm, 4mm)  MultiLayer  Actual Hole Size = 4mm
    Violation   Pad Free-1 (4mm, 4mm)   MultiLayer  Actual Hole Size = 4mm
  Rule Violations :4
Processing Rule : Clearance Constraint (Gap=0.5mm) (On the board)
  Rule Violations :0
Processing Rule : Broken-Net Constraint (On the board)
  Rule Violations :0
Processing Rule : Short-Circuit Constraint (Allowed=Not Allowed) (On the board)
  Rule Violations :0
Processing Rule : Width Constraint (Min=0.254mm) (Max=2mm) (Prefered=2mm) (Is on
net GND)
  Rule Violations :0
Processing Rule : Width Constraint (Min=0.254mm) (Max=2mm) (Prefered=1.5mm) (Is on
net VCC)
  Rule Violations :0
Violations Detected : 4
Time Elapsed: 00:00:02
```

从生成的报告文件来看，系统提示有 4 个错误，其原因是电路板上放置的 4 个用于安装孔的焊盘尺寸超过了系统设计孔径限制设计规则。其实，这个错误是允许的，我们可以不处理，或者是进入电路板设计规则设置对话框中对孔径限制设计规则进行修改（【Manufacturing】选项卡下的【Hole Size Constraint】（孔径限制设计规则）），使焊盘的孔径不与设计规则冲突。

（4）如果 DRC 设计检验报告有错，则可以根据 DRC 设计检验报告提供的信息对电路板进行修改。

8.8　电路板布线总结

综上所述，在电路板布线的过程中，应当注意以下几点。

（1）输入/输出端的导线应尽量避免相邻平行。最好加线间地线，以免发生反馈耦合。

（2）导线的最小宽度主要由导线与绝缘基板间的粘附强度和流过它们的电流值来共同决定。当铜箔厚度为 50μm、宽度为 1～1.5mm 时，可通过 2A 的电流，而温升不会高于 3℃。对于集成电路，尤其是数字电路，通常选 0.02～0.3mm 导线宽度。当然，只要允许，还是尽可能用宽线。电源线和地线的走线宽度不小于1mm。

（3）导线的最小间距主要由最坏情况下的线间绝缘电阻和击穿电压决定。一般情况下，对普通的信号传输导线可设置为0.3～0.5mm，而对于电源和地线则需要适当加宽。如果电路板上存在高压，则其安全间距一般应不小于2mm。

（4）电路板布线要注意以下问题：电源线和地线尽可能靠近；要为模拟电路专门提供一条地线；为减少线间串扰，必要时可增加导线之间的安全距离；导线宽度不要突变，导线不要突然拐角。

（5）电源线设计的原则：根据电路板上电源线通过电流的大小，应尽量加粗电源线宽度，并减少环路电阻。

（6）地线设计的原则如下。

① 数字地线与模拟地线分开。若线路板上既有逻辑电路又有线性电路，应使它们尽量分开。低频电路的地应尽量采用单点并联接地，实际布线有困难时可部分串联后再并联接地。高频电路宜采用多点串联接地，地线应短而粗，高频元件周围尽量用栅格状大面积地线铜箔。

② 接地线应尽量加粗。若接地线用很细的线条，则由于地线的公共阻抗引入的干扰将会很大，接地电位随电流的变化而变化，使抗噪性能降低。因此应将接地线加粗，使它能通过三倍于印制板上的允许电流。如有可能，接地线应在2～3mm。

③ 接地线构成闭环路。只由数字电路组成的印制板，其接地线布成闭环路大多能提高抗噪声能力。

8.9 课堂案例——指示灯显示电路的布线

本章介绍"指示灯显示电路"的电路板布线，较为详细地介绍了一种交互式的布线方法。因此，本节不再介绍布线的方法，而是介绍两种电路板设计过程十分有用的技巧，即利用全局编辑功能隐藏电路板上所有元器件的参数和修改元器件序号的大小。

下面先介绍隐藏元器件参数的操作。

（1）在电路板上任意元器件的参数上双击鼠标左键，打开编辑元器件参数属性对话框，如图8-33所示。

（2）单击 Global >> 按钮，打开全局编辑功能对话框，对所有元器件的属性进行匹配设置，然后选中【Hide】（隐藏）选项后的复选框，结果如图8-34所示。

图8-33 编辑元器件参数属性对话框

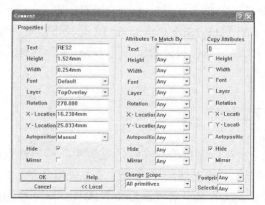

图8-34 设置好的全局编辑功能属性对话框

（3）单击 OK 按钮，系统将会执行隐藏元器件参数的命令，隐藏电路板上所有元器件的参数，结果如图 8-35 所示。

接下来介绍如何修改元器件序号大小的操作。为了方便比较，本例中特意将元器件的序号增大。

（1）在任意元器件的序号上双击鼠标左键，打开编辑元器件属性对话框。

（2）单击 Global >> 按钮，打开全局编辑功能对话框，并对所有元器件的匹配属性进行设置。本例对电路板上所有的元器件序号进行修改，因此不用配置特殊的属性，结果如图 8-36 所示。

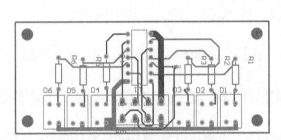

图 8-35　隐藏元器件参数后的结果

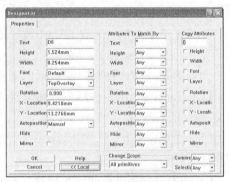

图 8-36　配置全局编辑功能属性

（3）修改元器件序号的大小，将其加高加粗。修改元器件序号的大小可修改【Height】（文本高度）和【Width】（文本宽度）选项，结果如图 8-37 所示。

（4）单击 OK 按钮，执行修改元器件序号大小的命令，结果如图 8-38 所示。

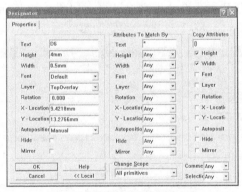

图 8-37　修改元器件序号的大小

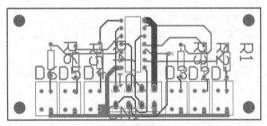

图 8-38　修改元器件序号大小的结果

8.10　课堂练习——线性电源电路的布线

前面已经介绍过，单面板适用于比较简单的电路设计。图 8-39 所示为由三端集成稳压器构成的+15V 线性电源，该电路比较简单，元器件较少，布线不复杂，可以设计成单面板。

本节将以此原理图设计为例介绍单面板布线的操作步骤，其他步骤可参考第 7 章线性电源的布局，这里只介绍布线的步骤。

（1）设置单面板的布线规则，包括单面板布线工作层面限制设计规则、布线宽度限制设计规则、短路限制设计规则和安全间距限制设计规则等。

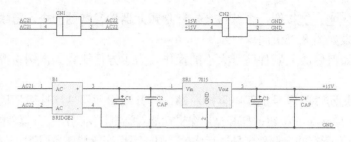

图 8-39　三端集成稳压器构成的+15V 线性电源

不管是手动布线，还是自动布线，用户在布线之前都需要设置电路板的布线设计规则。执行菜单命令【Design】/【Rules...】，打开布线设计规则对话框，如图 8-40 所示。

常用的布线设计规则主要包括以下几项。

【Clearance Constraint】（安全间距限制设计规则）：该项设计规则适用于在线 DRC 或运行 DRC 和自动布线过程。

【Short Circuit】（短路限制设计规则）：该项设计规则适用于在线 DRC 或运行 DRC 和自动布线过程。

【Width Constraint】（布线宽度设计规则）：该项设计规则适用于运行 DRC 和自动布线过程。

此外，在单面板设计中，除了需要在图层堆栈管理器中将电路板的类型设置为单面板外，还需要在设计规则中设置【Routing Layers】（电路板布线工作层面限制设计规则），只有这样才能真正地实现在电路板的指定工作层面上进行布线。

下面介绍布线工作层面限制设计规则的设置。

① 执行菜单命令【Design】/【Rules...】，打开布线设计规则对话框，如图 8-40 所示。

② 在布线设计规则对话框中，选中【Routing Layers】选项，结果如图 8-41 所示。

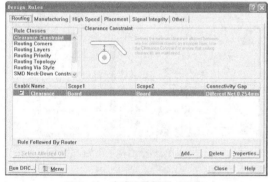

图 8-40　布线设计规则对话框

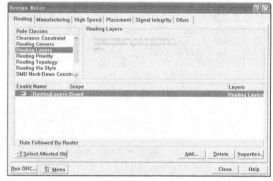

图 8-41　选中【Routing Layers】后的结果

③选中系统提供的默认设计规则，然后单击 Properties... 按钮，打开电路板布线工作层面限制设计规则对话框，如图 8-42 所示。

④本练习将元器件放置在电路板的顶层，而在电路板的底层进行布线，因此应当禁止在顶层布线，选中"Not Used"选项即可，如图 8-43 所示。

这样就完成单面板布线工作层面限制设计规则的设置了。其余的设计规则设置如下。

● 安全间距限制设计规则的设置如图 8-44 所示。

● 布线宽度设计规则的设置如图 8-45 所示。

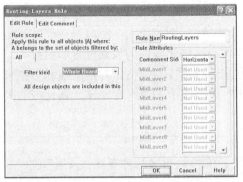

图 8-42 布线工作层面限制设计规则对话框

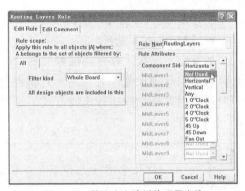

图 8-43 禁止在电路板的顶层布线

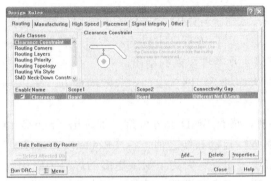

图 8-44 安全间距限制设计规则的设置

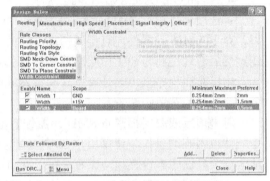

图 8-45 布线宽度设计规则的设置

- 短路限制设计规则的设置如图 8-46 所示。

（2）电路板的自动布线。

单面板的设计由于元器件比较少，电路也比较简单，元器件之间的连线也比较短，因此选用自动布线将会是一个很好选择，可以极大地提高电路板的设计效率。

自动布线之前，应当对自动布线器的参数进行设置，使自动布线的结果能够最大限度地满足电路板设计的需要。

1）自动布线器参数设置。执行菜单命令【Auto Route】/【Setup…】，打开自动布线器参数设置对话框，如图 8-47 所示。

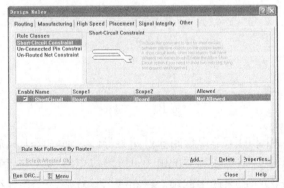

图 8-46 短路限制设计规则的设置

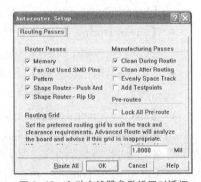

图 8-47 自动布线器参数设置对话框

在该对话框中有 4 个分组框，分别是【Router Passes】、【Manufacturing Passes】、【Pre-routes】和【Routing Grid】。

①【Router Passes】分组框

● 【Memory】选项

如果在电路板上存在存储器元器件，并且用户关心这些元器件的放置位置和定位等，那么可以选中此项设置，对存储器元器件上的走线方式进行最佳的评估。对地址线和数据线，一般是采用有规律的平行走线方式。这种布线方式对电路板上的所有存储器元器件或有关的电气网络有效。

即使电路板上并不存在存储器元器件，选中此项功能对布线也是有利的。

● 【Fan Out Used SMD Pins】选项

本选项可以进行 SMD 元器件的扇出，并可以让过孔与 SMD 元器件的引脚保持适当的距离。对于 SMD 元器件焊点走线跨越不同的工作层面时，本规则可以先从该焊点走一小段导线，然后通过过孔与他工作层面连接，这就是 SMD 元器件焊点的扇出。

扇出布线程序采用的是启发式和搜索式的算法。对于电路板上扇出失败的地方，将以一个内含叉号的黄色圆圈表示。

对于顶层或底层都密布 SMD 元器件的电路板，进行 SMD 元器件焊点的扇出（Fan Out）是一件很困难的操作。建议用户在对整个电路板进行自动布线之前，在【Router Passes】选项区域中只选中本设置项，试着进行一次自动布线。如果有大约 10%或更多的焊点扇出失败的话，那么在正式自动布线时，是无法完成的。解决这个问题的办法是，在电路板上调整扇出失败的元器件的位置。

● 【Pattern】选项

本选项用于设置是否采用布线拓扑结构进行自动布线。

● 【Shape Router-Push And Shove】选项

选中本选项后，布线器可以对走线进行推挤操作，以避开不在同一个网络中的过孔或焊盘。

● 【Shape Router-Rip Up】选项

在 "Push And Shove" 布线器进行布线时，电路板上可能存在着间距冲突的问题（在图上以绿色的小圈表示）。"Rip Up" 布线器可以删除那些与间距有关的已布导线，并进行重新布线以消除这些冲突问题。

②【Manufacturing Passes】分组框

● 【Clean During Routing】选项

在布线过程中对冗余的导线进行清除。

● 【Clean After Routing】选项

在布线之后清除冗余的导线。

● 【Evenly Space Tracks】选项

当设置的布线参数允许在集成电路芯片相邻的两个焊盘间穿过两条导线，而实际上只放置了一条导线时，放置的这条导线可能距其中一个焊盘为 20mil（一般集成电路芯片中相邻两个焊盘的间距为 100mil，焊盘外径为 50mil），那么选中此项，在布线器运行后，这条导线将被调整到两个焊盘的正中央。

● 【Add Testpoints】选项

选中此项，在布线时将在电路板上添加全部网络的测试点

③【Pre-routes】分组框

本分组框中只有一个选项【Lock All Pre-route】，它用于保护所有的预布线、预布焊盘和过孔。

● 选中此项后，将保护所有的预布对象，而不管这些预布对象是否处于"Locked"（锁定）状态下。

● 不选中此项，那么"Shape Router-Rip Up"布线器在自动布线的过程中，会对那些未处于"Locked"（锁定）状态下的预布对象进行重新调整，也就是说，对这些预布对象起不到保护作用，而只能保护那些处于"Locked"（锁定）状态下的预布对象。

④【Routing Grid】分组框

本分组框用于指定布线格点，也就是布线的分辨率。布线的格点值愈小，布线的时间就愈长，所需的内存空间也愈大。

格点值的选取必须和设计规则中所设定的导线（Track）和焊盘（Pad）间的安全间距值相匹配。开始自动布线的时候，布线器会自动分析格点—导线—焊盘（Grid-Track-Pad）的尺寸设置，如果设置的格点值不合适，程序会告知用户所设置的格点值不合适，并给出一个建议值。

设置完自动布线参数后，就可以开始自动布线了。Protel 99 SE 中自动布线的方式灵活多样，根据布线的需要，用户可以对整块电路板进行全局布线，也可以对指定的区域、网络、元器件甚至是连接进行布线，因此，用户可以充分利用系统提供的多种自动布线方式，根据设计过程中的实际需要灵活选择最佳的布线方式。如果没有特殊的要求，用户可以直接对整个电路板进行布线，即所谓的全局布线。

2）电路板的自动布线。在图 8-47 中单击 Route All 按钮即可进入自动布线状态，自动布线完成后的结果如图 8-48 所示。

对自动布线的结果进行手动调整，调整的结果如图 8-49 所示。

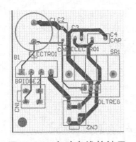

图 8-48　自动布线的结果

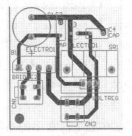

图 8-49　手动调整的结果

（3）接下来调整安装孔和电路板的边界，调整的方法与定义电路板边界的方法基本一样。调整好安装孔和电路板边界后的结果如图 8-50 所示。

至此，该单面板基本上就设计好了。

（4）单击 按钮保存设计好的电路板。

PCB 设计完成后，还可以看一下电路板的 3D 效果，以确认元器件之间是否距离太近，会不会造成元器件之间的相互干涉。

（5）执行菜单命令【View】/【Board in 3D】（电路板 3D 效果图），系统将会自动生成电路板的 3D 效果图，如图 8-51 所示。

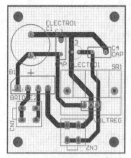

图 8-50　调整好的电路板

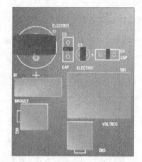

图 8-51　单面板的 3D 效果图

习　题

8-1　填空题

（1）手工布线就是用手工连接电路导线。在布线过程中可以切换导线模式、切换导线方向、设置光标移动的最小间隔。对导线还可以进行剪切、复制与粘贴、_____及属性修改等操作。手工布线的缺点是_____。

（2）自动布线就是用计算机自动连接电路导线。自动布线前按照某些要求预置_____规则，设置完布线规则后，程序将依据这些规则进行自动布线。自动布线_____，速度快。

8-2　选择题

（1）执行（　　）命令，可完成自动布线工作。

A.【Auto Route】/A【ll】　　B.【Auto Route】/【Net】　　C.【Auto Routing】/【Connection】

（2）执行（　　）命令，拆除已布导线操作。

A.【Tools】/【Un-Route】/【All】

B.【Tools】/【Un-Route】/【Net】

C.【Tools】/【Un-Route】/【Connection】

（3）画印制电路板图时，放置覆铜线命令有以下几种途径？（　　）

A. 菜单命令：【Place】/【Track】

B. 使用快捷键：Alt+P，S

C. 单击工具栏上的"PlaceTrack"按钮

8-3　电路板有哪几种常用的布线方法？各自的特点是什么？

8-4　电路板交互式布线的基本流程是什么？

8-5　常用的布线设计规则包括哪几项？

8-6　电路板布线的一般原则是什么？

8-7　手工调整的作用是什么？

8-8　覆铜对电路板有什么好处？

8-9　进行 DRC 检验的好处是什么？

8-10　如何隐藏电路板上元器件的参数？

第 **9** 章　元器件封装的制作

在电路板设计过程中，经常会碰到不知道元器件封装放在哪个库文件，或者找不到合适的元器件封装等情况。对于第 1 种情况，利用浏览和查找元器件库的方法可以找到合适的元器件封装。对于第 2 种情况，设计者就不得不自己动手制作元器件封装了。

本章详细介绍两种创建元器件封装的方法，即利用系统提供的生成向导创建元器件封装和手工制作元器件封装。

9.1　制作元器件封装基础知识

1．概念辨析

元器件外形：元器件安装到电路板上后，在电路板上的投影即为元器件的外形。

焊盘：主要用于安装元器件的引脚，并通过它与电路板上其他的导电图件连接。根据元器件种类的不同，可分为表贴式焊盘和直插式焊盘。元器件封装的焊盘序号与原理图符号中的引脚序号具有一一对应的关系，网络标号就是通过焊盘序号和引脚序号来传递的。

元器件封装：元器件封装指的是实际元器件焊接到电路板上时，在电路板上所显示的外形和焊点位置关系的集合。

元器件封装库：元器件封装库是用来放置元器件封装的设计文件，在 Protel 99 SE 中其后缀名称为 ".lib"。

2．元器件封装的组成

元器件封装一般由 3 部分组成：第 1 部分是元器件外形，第 2 部分是安装元器件引脚的焊盘，第 3 部分是一些必要的注释，如图 9-1 所示。

3．制作元器件封装的方法

在 Protel 99 SE 中，制作元器件封装的基本方法有以下两种。

（1）利用元器件封装库编辑器提供的生成向导创建元器件的封装。

（2）手工制作元器件的封装。

利用系统的生成向导制作元器件的封装，对于典型元器件封装的制作来说是非常便捷的；如果元器件属于异形的封装，那么采用手工制作的方法可能更加合适。

4．手工制作元器件封装的流程

利用系统提供的生成向导创建元器件封装只需根据系统的提示，一步一步地进行参数设置就可以生成标准的元器件封装，过程比较简单。而手工制作元器件封装则比较复杂，其制作过程如图9-2所示。

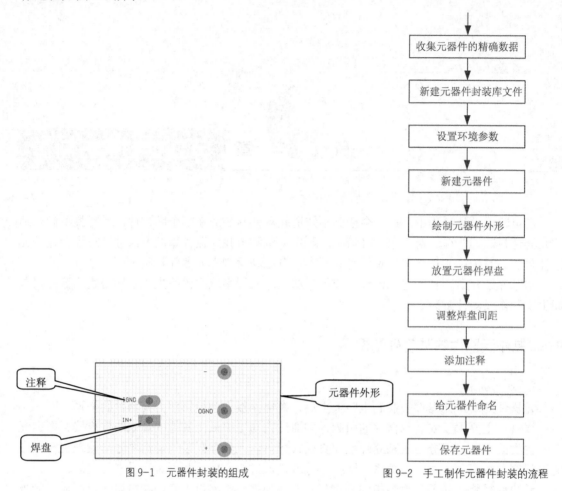

图 9-1　元器件封装的组成

图 9-2　手工制作元器件封装的流程

9.2　新建元器件封装库文件

在创建元器件封装之前，首先应当创建一个元器件封装库文件，以放置即将创建的元器件封装。

（1）新建一个设计数据库文件，并将该文件命名为"diypcb.ddb"后保存。

（2）执行菜单命令【File】/【New…】，打开【New Document】（新建设计文件）对话框，如图 9-3 所示。

（3）单击 图标，然后单击 OK 按钮，系统将会自动生成一名称为"PCBLIB1.lib"的库文件，如图 9-4 所示。

（4）将该库文件命名为"diypcb.lib"，然后单击 按钮，保存该元器件封装库文件。

图 9-3　新建设计文件对话框

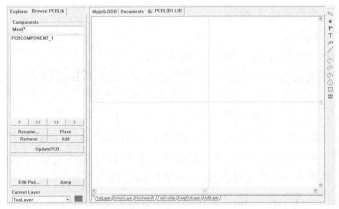

图 9-4 新创建的元器件封装库文件

9.3 元器件封装库编辑器

元器件封装库编辑器工作窗口的构成和常用的编辑功能，与前面介绍的原理图编辑器、PCB 编辑器基本相同，本章就不再详细介绍了。下面主要介绍一下元器件封装库编辑器的管理窗口，图 9-5 所示为元器件封装库编辑器的工作窗口和管理窗口。

在元器件封装库编辑器管理窗口中包含以下 5 部分。

（1）【Mask】（屏蔽筛选）：在该文本框中输入特定查询字符后，在元器件封装列表框中将显示包含输入的特定字符的所有元器件封装。查询框中的"*"号代表任意字符，因此当文本框中为"*"号时，在元器件封装列表框中将显示元器件封装库中所有的元器件封装。

（2）元器件封装列表栏：在该栏中显示符合【Mask】查询框中要求的所有元器件封装。在列表栏中选中某一元器件封装后，该元器件封装将在工作窗口的中心放大显示。

（3）元器件封装浏览按钮。

    < ：选择上一个元器件封装。

    << ：选择最前面一个封装。

    >> ：选择最后面一个封装。

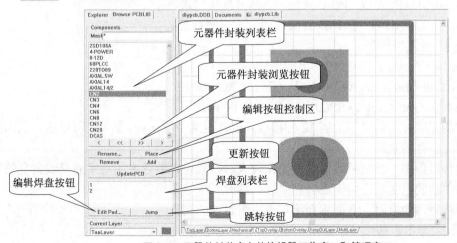

图 9-5 元器件封装库文件编辑器工作窗口和管理窗口

> ：选择下一个元器件封装。

（4）编辑按钮控制区。

Rename... ：对当前选中的元器件封装重命名。

Place ：将当前选中的元器件封装放置到激活的 PCB 文件中。

Remove ：将当前选中的元器件封装从封装库中删除。

Add ：在元器件封装库中添加新的元器件封装。

UpdatePCB ：将元器件封装的修改结果更新到激活的 PCB 设计文件中。如果在某 PCB 电路板文件中使用了某一元器件的封装，随后在元器件封装库中对该元器件封装进行了修改，此时单击此按钮，将会使 PCB 编辑器中的元器件封装随之改动。

（5）焊盘列表栏：在该栏中列出了元器件封装的所有焊盘的编号。

Edit Pad... ：编辑焊盘按钮。在焊盘列表栏中选中某一焊盘后，单击该按钮可打开编辑焊盘属性对话框。

Jump ：跳转按钮。在焊盘列表栏中选中某一焊盘后，单击此按钮，可使处于选中状态的焊盘在工作窗口放大显示。

9.4 利用生成向导创建元器件封装

利用系统提供的生成向导制作元器件封装，只需根据系统的向导一步步输入元器件的尺寸参数就可以完成元器件封装的制作，它的特点是简便快捷。但是利用系统提供的生成向导创建元器件封装，只能制作标准的元器件封装。

系统总共提供了 12 种标准的元器件封装，介绍如下。

【Ball Grid Array（BGA）】：BGA 封装，格点阵列型。

【Diodes】：二极管型封装。

【Capacitors】：电容型封装。

【Dual in-line Packages】：双列直插型封装。

【Edge Connectors】：边缘连接型。

【Leadless Chip Carrier（LCC）】：LCC 封装，无引线芯片载体型。

【Pin Grid Arrays（PGA）】：PGA 封装，引脚网格阵列式。

【Quad Packs（QUAD）】：QUAD 封装，四方扁平塑料封装。

【Resistors】：电阻型封装。

【Small Outline Package（SOP）】：小型表贴封装。

【Staggered Ball Grid Array（SBGA）】：错列的 BGA 封装。

【Staggered Pin Grid Arrays（SPGA）】：错列的 PGA 封装。

如果制作的元器件封装属于上述 12 种标准元器件封装中的一种，那么就可以选择利用生成向导来制作元器件封装。

在电路设计过程中，当电阻通过的电流比较大时，就会耗散较多的功率而导致自身的发热，如果采用普通的电阻就会由于过热而烧坏。这时，应当采用功率电阻来替换普通的电阻。下面将介绍功率电阻封装的制作，图 9-6 所示为该功率电阻的尺寸示意图。

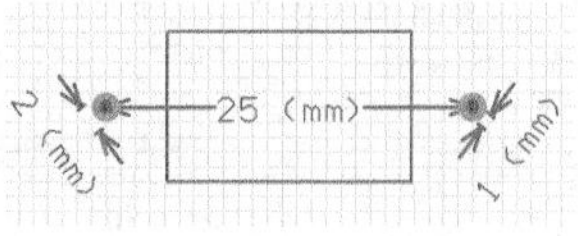

（1）在新生成的元器件封装库文件中，执行菜单命令【Tools】/

图 9-6 功率电阻封装

【New Component】(新建原器件封装),打开【Component Wizard】(创建元器件封装)向导对话框,如图 9-7 所示。

如果单击图 9-7 所示对话框中的 Cancel 按钮,程序将会放弃利用向导生成 PCB 元器件封装,而创建一个空白的新元器件,这个新元器件可以手工来制作。

(2)单击 Next> 按钮,打开图 9-8 所示的对话框。在该对话框中可以选择元器件的封装类型,在对话框的列表选项中一共列举了 12 种标准的封装外形。

图 9-7 创建元器件封装向导对话框

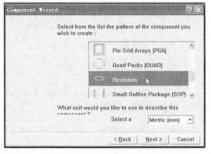

图 9-8 选择元器件封装的类型对话框

(3)单击【Resistors】(电阻封装)选项,并将描述元器件的单位设置为"Metric(mm)"。

(4)单击 Next> 按钮,打开设置焊盘类型对话框。在该对话框中可以设置电阻的类型,本例中选择【Through hole】(直插电阻),结果如图 9-9 所示。

(5)单击 Next> 按钮,打开设置焊盘尺寸对话框,设置好参数后的结果如图 9-10 所示。

图 9-9 设定焊盘类型

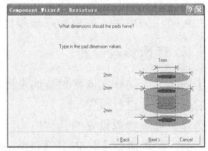

图 9-10 设置焊盘尺寸

(6)单击 Next> 按钮,打开设置电阻焊盘间距对话框,设置好参数后的结果如图 9-11 所示。

(7)单击 Next> 按钮,打开设置电阻外形的高度和线宽对话框,如图 9-12 所示。本例中将外形线高度设置为"5mm",线宽采用默认值。

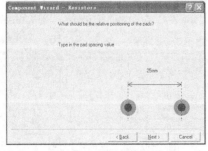

图 9-11 设置焊盘间距

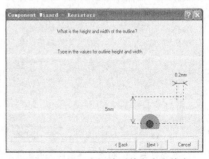

图 9-12 设置电阻外形的高度和线宽

（8）单击 Next> 按钮，在弹出的对话框中给新建的元器件封装命名，在这里命名为"Axial1.0"，如图9-13所示。

（9）单击 Next> 按钮，所有设置工作已经完成，进入最后一个对话框，如图9-14所示。

（10）单击 Finish 按钮确认，这时程序将在元器件封装库编辑的工作窗口中根据设置的参数自动生成如图9-15所示的元器件封装。

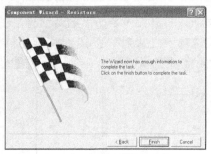

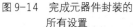

图9-13 给新建的元器件封装命名 　　图9-14 完成元器件封装的 　　图9-15 利用生成向导
　　　　　　　　　　　　　　　　　所有设置 　　　　　　　　　　制作的元器件封装

 如果在设置元器件封装参数的过程中想更改以前的设置，可以单击 <Back 按钮返回到前一次设置对话框进行修改。

9.5 手工创建元器件的封装

利用系统提供的元器件生成向导创建元器件封装十分快捷，但是对于一些异形的非标准的元器件封装，采用手工创建的方法却更为有效。

9.5.1 环境参数设置

为了提高手工制作元器件封装的设计效率，在制作元器件封装之前需要对元器件封装库编辑器的环境参数进行设置。

下面介绍环境参数设置的具体操作。

（1）执行菜单命令【Tools】/【Library Options…】，打开【Document Options】（元器件封装库编辑器工作窗口环境参数）设置对话框，如图9-16所示。

（2）其参数的设置与PCB编辑器环境参数的设置基本相同。设置好的元器件库环境参数如图9-17所示。

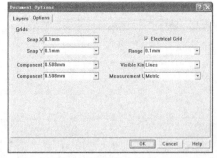

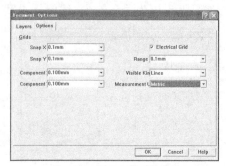

图9-16 元器件封装编辑器工作窗口环境参数设置 　　图9-17 设置好的环境参数

9.5.2　绘制元器件封装的外形

元器件封装的外形指的是当元器件放置到电路板上时，其外形在电路板上的投影。如果元器件封装的外形绘制不准确，则该元器件安装到电路板上后将可能与其他的元器件相互干涉，因此在绘制元器件封装外形之前最好能够有元器件实物，并准确测量其外形尺寸。

根据元器件放置的工作层面不同，元器件封装外形又可以分为顶层元器件封装的外形和底层元器件封装的外形，前者是元器件实物外形的顶视图，而后者则是元器件实物外形的底视图。

下面具体介绍顶层元器件封装外形的绘制方法，底层元器件封装外形的绘制方法与顶层元器件封装外形的绘制方法基本相同，只是视图位置不一样。

下面将以图 9-18 所示的元器件封装外形为例，介绍如何快速绘制元器件封装的外形。

（1）将工作层面切换到顶层丝印层，然后单击 ≈ 按钮，在工作窗口中放置 4 条线段，序号分别为 1、2、3、4，结果如图 9-19 所示。

（2）执行菜单命令【Edit】/【Set Reference】/【Location】，鼠标光标变成十字形，在线段 1 的左端点单击鼠标左键，将其设置为工作窗口的坐标参考点，则根据当前设置的坐标参考原点，4 条线段的起始点和终止点的坐标分别为：线段 1（0,0）、（10,0），线段 2（10,0）、（10,10），线段 3（10,10）、（0,10），线段 4（0,10）、（0,0）。

（3）在线段 1 上双击鼠标左键，打开【Track】（编辑线段属性）对话框。在该对话框中将线段 1 的起始点和终止点坐标修改为（0,0）、（10,0），结果如图 9-20 所示。

（4）重复操作步骤（3），修改其他 3 段外形线的参数，修改后元器件的外形结果如图 9-21 所示。

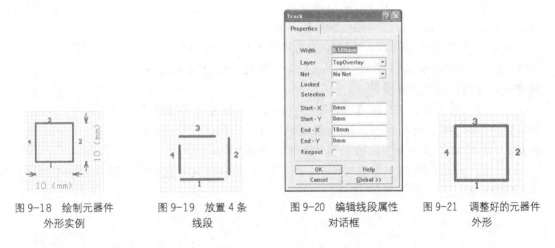

图 9-18　绘制元器件　　　图 9-19　放置 4 条　　　图 9-20　编辑线段属性　　　图 9-21　调整好的元器件
　　　外形实例　　　　　　　　　线段　　　　　　　　　对话框　　　　　　　　　　外形

9.5.3　调整焊盘的间距

焊盘是元器件封装中重要的组件，如果焊盘的大小和位置不适合实际元器件的引脚，则元器件将不能安装到电路板上。通常情况下，焊盘孔径的大小要略大于元器件引脚的直径，同时焊盘间距必须精确测量和调整。

下面介绍焊盘间距的调整操作。图 9-22（a）图所示为随意放置的 4 个焊盘，对焊盘间距进行调整后的结果如图 9-22（b）所示。

（1）将工作窗口中的坐标参考原点设置在序号为 1 的焊盘中心，则 4 个焊盘的坐标值可以确定：1（0,0）、2（10,0）、3（10,10）、4（0,10）。

（2）将鼠标移到序号为 2 的焊盘上，双击鼠标左键，打开编辑焊盘属性对话框，将该焊盘的位置坐标设置为（10,0），如图 9-23 所示。

（3）根据焊盘间距的要求，计算其余焊盘的坐标值，重复操作步骤（2），调整焊盘的间距，最终的结果如图 9-24 所示。

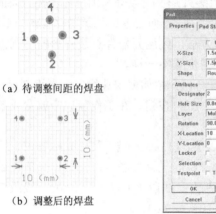

（a）待调整间距的焊盘

（b）调整后的焊盘

图 9-22　调整焊盘间距实例

图 9-23　设置焊盘的位置坐标

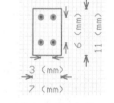

图 9-24　调整好焊盘间距的结果

9.5.4　手工制作元器件封装

在前面介绍了如何运用设置工作窗口的相对坐标原点的方法来快速、准确地绘制元器件的外形和调整焊盘间距。在今后的电路板设计中，还会经常用到这种方法，比如元器件在电路板上的准确定位等，希望大家能够熟练掌握。

图 9-25 所示为指示灯显示电路中的指示灯的尺寸，其中焊盘为圆焊盘，直径为 1.5mm，孔径为 0.762mm。下面以指示灯为例介绍手工创建该元器件封装的具体操作。

图 9-25　指示灯的尺寸

（1）执行菜单命令【Tools】/【New Component】，打开创建元器件封装向导对话框，然后单击 Cancel 按钮，进入手工创建元器件封装的模式，系统将创建一个空白的元器件封装，如图 9-26 所示。

（2）将工作层面切换到顶层丝印层，然后根据图 9-25 所示提供的元器件的数据绘制元器件封装的外形，结果如图 9-27 所示。

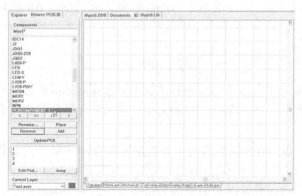

图 9-26　新创建的空白元器件封装

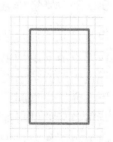

图 9-27　元器件封装的外形

（3）放置焊盘。

① 单击放置工具栏中的 ◉ 按钮，即可进入放置焊盘的命令状态。

② 按 Tab 键，打开编辑焊盘属性对话框，在该对话框中修改焊盘的属性参数，修改后的焊盘参数如图 9-28 所示。

（4）单击 OK 按钮，进入放置焊盘的命令状态，在工作窗口中的适当位置连续放置 4 个焊盘，其序号为 1～4，结果如图 9-29 所示。

（5）根据元器件的尺寸首先计算各焊盘的坐标值，然后据此调整焊盘位置，调整焊盘位置后的结果如图 9-30 所示。

图 9-28　修改焊盘的属性参数

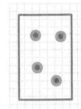
图 9-29　放置焊盘后的元器件封装

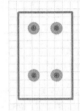
图 9-30　调整好焊盘位置后的元器件封装

（6）设置元器件封装的参考点。一般情况下，将元器件序号为 1 的焊盘作为参考点。执行菜单命令【Edit】/【Set Referance】/【Pin1】，将序号为 1 的焊盘设为元器件的参考点，如图 9-31 所示。

（7）给元器件重命名。执行菜单命令【Tools】/【Rename Component...】，系统将会打开给元器件封装重命名对话框。本例中将指示灯的名称定义成"LEDQ"，如图 9-32 所示。

图 9-31　设置元器件的参考点

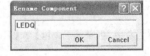
图 9-32　给元器件重命名

（8）这样就完成了名称为"LEDQ"的元器件封装的制作，单击 🖫 按钮，存储元器件封装。

9.6　课堂案例——异形接插件"CN8"的元器件封装

本节将手工创建图 9-33 所示的异形接插件"CN8"的元器件封装，以巩固前面学习的知识。

（1）执行菜单命令【Tools】/【New Component】，添加一个新的元器件。

（2）设置手工创建元器件封装的环境参数。

（3）将工作层面切换到顶层丝印层，根据图 9-33 所示提供的元器件的数据绘制元器件封装的外形，结果如图 9-34 所示。

（4）放置焊盘。

① 用鼠标左键单击 ◉ 按钮，系统进入放置焊盘的命令状态。

② 按 Tab 键，打开编辑焊盘属性对话框，在该对话框中修改焊盘的属性参数，修改后的结果如图 9-35 所示。

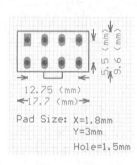

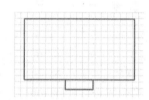

图 9-33　接插件封装及尺寸　　　图 9-34　绘制好的元器件封装的外形　　　图 9-35　修改焊盘的属性参数

（5）单击 [OK] 按钮，进入放置焊盘的命令状态，在工作窗口中的适当位置连续放置 8 个焊盘，其序号为 1～8，结果如图 9-36 所示。

（6）根据元器件的尺寸调整元器件焊盘的位置，结果如图 9-37 所示。

（7）设置元器件封装的参考点。一般情况下，将元器件序号为 1 的焊盘作为参考点，并且将参考点焊盘改为矩形以示区别。设置好参考点的元器件封装如图 9-38 所示。

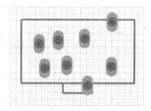

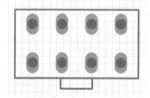

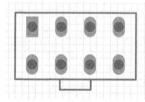

图 9-36　放置焊盘后的元器件封装　　图 9-37　调整好焊盘位置后的元器件封装　　图 9-38　设置元器件的参考点

（8）执行菜单命令【Tools】/【Rename Component】，给元器件重命名。本例中将接插件命名为"CN8"。

（9）单击 🖫 按钮，存储制作好的元器件封装。

9.7　课堂练习——IGBT 模块封装

有些封装并不能利用封装创建向导进行绘制，这时候就需要用户手工创建封装了。下面就来介绍创建图 9-39 所示的 IGBT 模块封装的操作步骤。

（1）查阅该 IGBT 模块的数据手册，得到图 9-40 所示的详细模块外形尺寸。

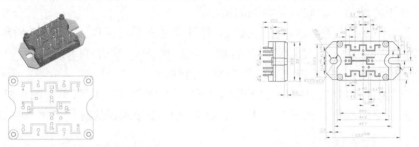

图 9-39 IGBT 模块实物及引脚编号和分布　　　　　　　　图 9-40 模块外形尺寸

（2）根据分析可知，模块将被固定在一块散热片上，上面的引脚将被焊接一块印制电路板上，如图 9-41 所示。

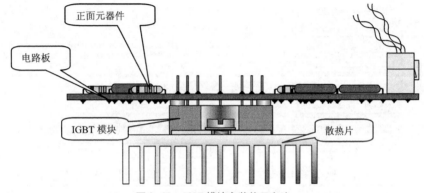

图 9-41 IGBT 模块安装使用方法

可以认为 IGBT 模块安装在印制电路板的背面，而 IGBT 资料上给出的是从引脚面向散热片安装面看的视图。一般用户在绘制元器件封装时，总是默认元器件安装在电路板正面，引脚朝下，因此为了绘制这个 IGBT 模块封装，就必须把资料上给的图（见图 9-40）翻一下面，如图 9-42 所示，这样更加方便用户按照引脚朝下、散热片安装面朝上的方式绘制封装。

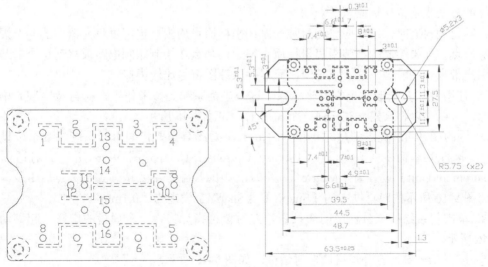

图 9-42 翻过来的模块外形图

对比图 9-42、图 9-39 和图 9-40 可以看出，图 9-42 中所示的图形相当于把图 9-40 中的模块颠倒了一下，然后从上向下看得到的图形。

（3）单击图 9-5 中的 Add 按钮，打开启动向导对话框，如图 9-7 所示，单击 Cancel 按钮取消向导。此时，浏览窗口如图 9-43 所示，系统自动创建了一个默认名为"PCBCOMPONENT_ 1-DUPLICATE"的空元器件。

（4）在浏览器窗口中选中"PCBCOMPONENT_1-DUPLICATE"，单击图 9-43 中的 Rename... 按钮，打开更名对话框，如图 9-44 所示，在对话框中输入新的封装名称"4-IGBT-FB"。

图 9-43　浏览窗口

图 9-44　封装更名对话框

（5）单击 OK 按钮确认封装名称的更改，此时用户会发现浏览窗口中已经出现了一个名为"4-IGBT-FB"封装，只不过这个封装还没有任何内容。

（6）按照图 9-42 中引脚位置放置焊盘。

① 执行菜单命令【Edit】/【Jump】/【Reference】，此时鼠标指针将自动跳至坐标原点，用这样的方法来定位坐标原点。

实际绘制封装时，用户应该将封装绘制在坐标原点周围，也可以将元器件的某个焊盘作为坐标原点。如果绘制的封装距离坐标原点很远，那么在绘制印制电路板移动这个封装时，会给用户带来一些麻烦，这一点与绘制元器件原理图符号比较类似。

② 使用 工具绘制一个临时坐标系，这个坐标系起到参考作用，在封装绘制完毕后将其删除，所以可以将其建立在任何一个图层上，如图 9-45 所示。

③ 因为图 9-42 提供的尺寸单位为"mm"，因此有必要将编辑器系统参数单位设置为"mm"。执行菜单命令【Tools】/【Library Options...】，打开图 9-16 所示的对话框，将【Measurement Unit】设置为"Metric"，图 9-42 中的尺寸数字要精确到小数点后 1 位，用户可以将图 9-16 所示的对话框中的【SnapX】、【SnapY】设定为"0.1mm"。

④ 单击封装绘制工具栏中的 按钮，此时鼠标指针将带一个焊盘的虚影一起移动，如图 9-46 所示。

⑤ 按下 Tab 键，打开焊盘属性对话框，如图 9-47 所示。

图 9-45　绘制一个临时坐标系　　　　图 9-46　即将放置的焊盘　　　　图 9-47　焊盘属性对话框

图 9-47 对话框中主要包含如下选项。

【X-Size】：焊盘在 x 轴向的尺寸。

【Y-Size】：焊盘在 y 轴向的尺寸。

【Shape】：焊盘形状，此处可以选择圆形"Round"、方形"Rectangle"和八角形"Octagonal"。

【Designator】：焊盘标号，该标号应该与原理图引脚编号【Number】的属性一致。

【Hole Size】：焊盘孔径，焊盘孔径应该按照元器件引脚粗细进行设置。

【Layer】：焊盘所在层，如果是插装式，将该属性设置为"MultiLayer"，如果是表面贴装式，将该属性应设置为"TopLayer"。

【Rotation】：焊盘旋转角度。

【X-Location】：焊盘所在位置的 x 轴坐标。

【Y-Location】：焊盘所在位置的 y 轴坐标。

【Locked】：选中该复选框，可以防止误操作导致已经定位的焊盘移动位置。

【Selection】：选中焊盘。

【Testpoint】：选中相应"Top"或"Bottom"复选框确定该焊盘是否作为对应层的测试点。

⑥ 设置焊盘属性后单击 OK 按钮，在编辑区的恰当位置单击鼠标左键可连续放置焊盘，单击鼠标右键结束焊盘的放置，焊盘放置完毕的封装如图 9-48 所示。

　　单击一次鼠标左键将放置一个焊盘，如果不慎在某一位置双击了鼠标左键，则会在同一位置放置两个重合的焊盘，容易出现错误，应该加以注意。

（7）绘制封装外形轮廓。

① 单击封装绘制工具栏中的 ≈ 按钮，开始在【TopOverlay】上绘制外形轮廓。

② 绘制时在恰当位置单击鼠标左键开始直线的绘制，此时按下 Tab 键，打开线宽设置对话框，如图 9-49 所示，可根据需要设置线条的宽度。这里将线宽设置为"10mil"后，单击 OK 按钮确定。

③ 在恰当位置单击鼠标左键确定所绘制直线的一个拐点，可以连续绘制一系列首尾相连的直线，如果想要结束直线的绘制，可以单击鼠标右键。

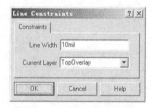

图 9-48　焊盘放置完毕的封装　　　　　　　图 9-49　线宽设置对话框

④ 单击圆弧绘制工具，绘制封装中的圆弧，用户在使用工具绘制圆弧时，首先在绘图区恰当位置单击鼠标左键确定圆心位置，然后移动鼠标光标，此时圆的直径将随之改变，在恰当位置单击鼠标左键确定圆弧直径，然后再次单击鼠标确定圆弧的起点，最后再次单击鼠标左键确定鼠标终点，完成一次圆弧的绘制。

为了能够很好地反映元器件外观，外形轮廓应该尽可能绘制得比较详细和逼真。外形轮廓绘制完毕后，将此前绘制的一些辅助线条删除，初步完成的封装如图 9-50 所示。

（8）执行菜单命令【Reports】/【Component Rule Check...】，打开封装规则检查设置对话框，如图 9-51 所示，选定相应项目后单击 OK 按钮确认。

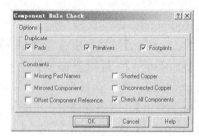

图 9-50　绘制完毕的 IGBT 模块封装　　　　图 9-51　封装规则检查设置对话框

（9）系统将以文本的形式显示规则检查结果。

显示内容如下。

```
Protel Design System: Library Component Rule Check
PCB File : MyPCBlib
Date     : 12-Dec-2005
Time     : 23:04:06
Name            Warnings
------------------------------------------------------------------
```

以上内容表明没有相关错误。

（10）单击 按钮，保存新创建的封装。

习　　题

9-1　填空题

（1）在创建元器件封装之前，首先应当_____，用于_____。

（2）在 Protel 99 SE 中，制作元器件封装的方法有两种：一是_____，二是_____。

（3）元器件封装的外形指的是_____。

（4）根据放置元器件工作层面的不同，可将元器件外形分为_____和_____两类，前者是_____，而后者则是_____。

（5）要新建一个元器件封装，需要在 PCB 元器件库编辑环境下运行_____命令。

9-2　选择题

（1）元器件封装库是用来放置元器件封装的设计文件，在 Protel 99 SE 中其后缀名称为（　　）。

A.　".lib"　　　　　　　　B.　".sch"　　　　　　　　C.　".pcb"

（2）编辑自定义元器件封装形式时，元器件的外形轮廓一般绘制在（　　）板层上。

A.【Top Overlay】　　　　B.【Bottom Overlay】　　　　C.【KeepOut Layer】

9-3　创建一个元器件封装库文件。

9-4　利用生成向导创建的元器件封装具有什么样的特点？

9-5　手工创建的元器件封装具有什么样的特点？

9-6　在手工创建元器件封装的过程中，怎样快速、准确地绘制元器件的外形和调整焊盘的间距？

第 **10** 章 多层电路板设计

当电路板的布线比较复杂或者是对电磁干扰要求较高时，就应当考虑采用多层板来设计电路板。本章将简要介绍多层电路板的设计。

10.1 多层电路板设计基础知识

1. 概念辨析

多层板：指的是 4 层或 4 层以上的电路板，它是在双面板基础上，增加了内部电源层、内部接地层以及若干中间信号层构成的电路板。电路板的工作层面越多，则可布线的区域就越多，使得布线变得更加容易。但是，多层板的制作工艺复杂，制作费用也较高。

内电层：内部电源层简称内电层，属于多层板内部的工作层面，是特殊的实心覆铜层。定义的每一个内电层可以为电源网络，也可以为地线网络。一个内电层上可以安排一个电源网络，也可以利用分割电源层的方法使多个电源网络共享同一个电源层。在 Protel 99 SE 中，系统总共提供了 16 个内电层。

反转显示：指的是在内电层上有导线的区域，在实际生产出来的电路板中是刻蚀掉的，没有铜箔；而在电路板设计中没有导线的区域，在实际的电路板上却是铜箔。这与前面顶层信号层和底层信号层上放置导线的结果正好相反，因此叫做反转显示。

2. 多层电路板的特点

多层电路板与双面板最大的不同就是增加了内部电源层（保持内电层）和接地层，电源和地线网络主要在电源层上布线。但是，电路板布线主要还是以顶层和底层为主，以中间布线层为辅。

因此，多层板的设计与双面板的设计方法基本相同，其关键在于如何优化内电层的布线，使电路板的布线更合理，电磁兼容性更好。

3. 内电层连接方式

电源和接地网络与内电层连接的方式主要有以下两种。

【Relief Connect】：辐射连接。电源或接地网络与具有相同网络名称的内电层连接时，采用辐射的方式连接，连接导线的数目有 "2" 和 "4" 两种，如图 10-1 所示。

【Direct Connect】：直接连接。电源或接地网络与具有相同网络名称的内电层直接连接。

4. 多层电路板设计流程

多层板的设计与双面板的设计方法基本相同，其关键是需要添加和分割内电层，因此多层电路板设计的基本步骤除了遵循双面板设计的步骤外，还需要对内电层进行操作。图 10-2 所示为内电层的设计流程。

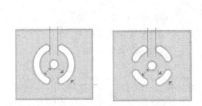

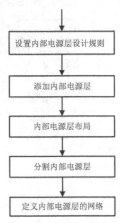

图 10-1　两种辐射连接的方式　　　　图 10-2　内电层设计流程

（1）设置内电层设计规则：主要包括【Power Plane Connect Style】和【Power Plane Clearance】设计规则的设置。

（2）添加内电层：通过常规方法创建的 PCB 文件通常是没有内电层的，可以通过手动的方法为电路板添加内电层。

（3）内电层布局：如果电路板设计比较复杂，需要多个电源网络共享一个内电层时，就需要对内电层进行分割，但是在分割内电层之前，必须对具有电源网络的焊盘和过孔进行重新布局，尽量将具有同一个电源网络的焊盘和过孔放置到一个相对集中的区域，以便于后面的内电层分割，保证所有的电源网络都能够连接到内电层，最终达到简化布线的目的。

（4）分割内电层：将布局好的内部电源网络按块进行分割。分割内电层通常用导线在内电层围成一个封闭的区域，这个封闭的区域将成为一个分割出来的电源网络。

（5）定义内电层网络：为刚才分割好的内电层定义一个电源网络。

10.2　浏览内电层

与内电层具有相同网络标号的焊盘或过孔究竟是怎样与内电层相连的呢？本节将以系统安装目录"…\Design Explorer 99 SE\Examples\ LCD Controller.ddb"中的"LCD Controller.pcb"电路板为例介绍浏览内电层的方法。打开后的电路板如图 10-3 所示。

（1）打开需要浏览内电层的 PCB 电路板设计，如图 10-3 所示。

（2）执行菜单命令【Design】/【Options…】，在打开的电路板工作层面设定对话框中只打开【InternalPlane1】、【Pad Holes】和【Multi-Layer】。

只打开【InternalPlane1】、【Pad Holes】和【Multi-Layer】等几个工作层面，是为了方便浏览内电层上的图件。

（3）单击工作窗口左下角的工作层面切换选项卡，将工作层面切换到"Internalplane1"内电层，即可以浏览第一个内电层与焊盘、过孔等导电图件的连接情况，如图 10-4 所示。

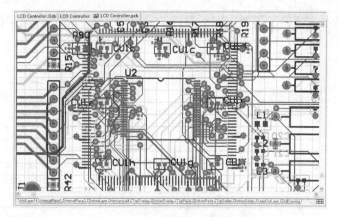

图10-3　示例电路板设计的局部

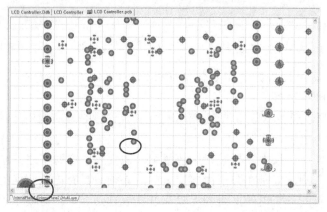

图10-4　浏览内电层

一般地，焊盘或过孔与内电层的连接方式主要有以下4种方式，如图10-5所示。

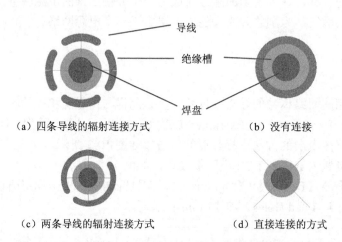

（a）四条导线的辐射连接方式　　　　　　　（b）没有连接

（c）两条导线的辐射连接方式　　　　　　　（d）直接连接的方式

图10-5　焊盘与内电层的4种连接方式

内电层采用反转显示的方法显示电源层上的图件。放置在内电层上的导线及填充等图件在实际生产出来的电路板中是没有铜箔的，而PCB电路板中没有填充的区域在实际的电路板上却是实心的铜箔。

10.3 设置内电层设计规则

内电层设计规则主要包括内电层安全间距限制设计规则和内电层连接方式设计规则。执行菜单命令【Design】/【Rules…】，打开电路板设计规则设置对话框，然后打开【Manufacturing】选项卡即可对内电层设计规则进行设置。

内电层设计规则的设置方法与电路板布线设计规则的设置基本相同，本节只简单介绍一下设计规则功能和各选项的意义。

1. 【Power Plane Clearance】内电层安全间距限制设计规则

该项设计规则适用于设置内电层工作层面上内电层与通过内电层的焊盘和过孔之间的安全间距（Clearance），如图 10-6 所示。

一般地，内电层工作层面是整个铜膜，如果有过孔或焊盘穿过但并不与该层连接时，则电源工作层面上应留出足够大的间距，以防止误连接。

2. 【Power Plane Connect Style】内电层连接方式设计规则

该项设计规则适用于设置内电层工作层面上电层与通过电层且与电层相连的焊盘或过孔的连接方式，如图 10-7 所示。

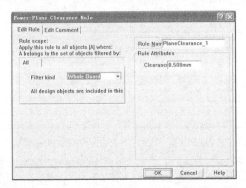

图 10-6　内电层安全间距限制设计规则设置对话框

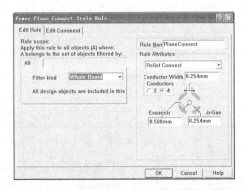

图 10-7　内电层连接方式设计规则设置对话框

一般地，内电层是整个覆上铜箔或者是被分成几个不同网络名称的电层，如果有过孔或焊盘穿过并与该层连接时，则需要在【Power Plane Connect Style】选项中指定连接的方式。在图 10-7 所示的对话框中，系统主要提供以下几种连接方式。

（1）【Relief Connect】：辐射方式连接。辐射方式连接根据连接的导线的数目分成为两条导线和 4 条导线两种，如图 10-8 所示。

选择"Relief Connect"后，还需要设置【Conductor Width】（导线的宽度）、【Conductor】（连线数目）、

（a）2 条导线　　（b）4 条导线

图 10-8　两种辐射方式连接

【Expansion】（扩展距离大小）及【Air-Gap】（空隙大小）等参数。采用辐射方式连接可以避免内电层上的热量传到元器件引脚上，也方便元器件装配时的焊接操作。

（2）【Direct Connect】：直接连接。选择"Direct Connect"后，没有其他参数进行设置，它会使焊盘与内电层完全连接。

（3）【No Connect】：没有连接。

10.4 添加内电层

通过常规方法创建的 PCB 文件通常不具有内电层，可以通过手动的方法为电路板添加内电层。下面介绍添加内电层的操作。

（1）执行菜单命令【Design】/【Layer Stack Manager…】，即可打开【Layer Stack Manager】（图层堆栈管理器）对话框，如图 10-9 所示。

（2）用鼠标左键单击示意图上的电路板的信号层，然后单击 Add Plane 按钮，为电路板添加内电层。在本例中添加了两个内电层，一个作为电源网络层，另一个作为接地网络层，结果如图 10-10 所示。

（3）为添加的内电层命名和添加网络标号。在内电层上双击鼠标左键即可弹出【Edit Layer】（编辑内电层属性）对话框，如图 10-11 所示。

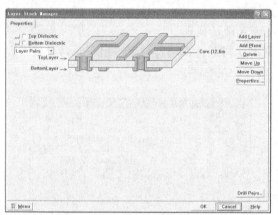

| 图 10-9 图层堆栈管理器对话框 | 图 10-10 添加内电层后的图层堆栈管理器 |

在该对话框中，可以设置内电层属性，主要包括 3 个属性参数。

【Name】（内电层名称）：该选项用于设置内电层的名称。

【Copper thickness】（内电层铜箔的厚度）：该选项用于设置内电层铜箔的厚度。

图 10-11 编辑内电层属性对话框

【Net name】（内电层的网络名称）：该选项用于设置内电层的网络名称。本例中将接地电层的网络标号设置为"GND"，将电源层的网络标号设置为"VCC"。

（4）设置好内电层属性后，单击 OK 按钮，即可完成添加电路板内电层的操作。

10.5 分割内电层

如果电路板设计比较复杂，需要多个网络（一般为电源和接地网络）共享一个内电层时，就需要对内电层进行分割。为了尽量简化内电层的分割，必须对具有电源网络的焊盘和过孔进行重新布局，尽量将具有同一个电源网络的焊盘和过孔放置到一个相对集中的区域，使内电层被分割的数目尽量少，而面积尽量大。

本节仍然以"LCD Controller.pcb"电路板为例介绍分割内电层的方法。为了方便介绍，仅为电路板上的网络 NetJ5_1 分割出一片区域，并将该网络连接放到分割出来的内电层上。示例电路局部如图 10-12 所示。

（1）打开"LCD Controller.pcb"电路板，然后执行菜单命令【Tools】/【Un-Route】/【Net】，拆除 NetJ5_1 网络布线，结果如图 10-13 所示。

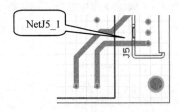
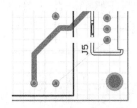

图 10-12　分割内电层示例文件　　　　图 10-13　拆除 NetJ5_1 网络布线的结果

（2）执行菜单命令【Design】/【Options...】，进入文档参数设置对话框，只打开【InternalPlane1】、【Pad Holes】、【Multi Layer】和【KeepOut Layer】，然后将当前的工作层面切换到内电层，结果如图 10-14 所示。

（3）执行菜单命令【Place】/【Split Plane...】或者单击凸按钮，即可打开【Split Plane】（分割内电层参数设置）对话框，设置好的分割内电层参数的对话框如图 10-15 所示。

　　　　内电层通常是整片铜膜，并采用负性（反转）显示方式，即铜膜为白色，而没有铜膜的地方为深色。在图 10-15 中，导线的宽度实际上指的是没有铜箔的间隔。

（4）放置导线将具有"NetJ5_1"的网络标号的焊盘围起来，即可实现对电源层进行分割，结果如图 10-16 所示。

至此，就完成了内部电层的分割，将内电层 VCC 分割成了两个区域，一个区域中的电源网络为"VCC"，另一个区域中的网络为"NetJ5_1"。

同样，当多个地线网络共享同一个内电层时，也需要分割内电层，其操作方法与以上的操作完全相同。

这样基本上就完成了内电层的设计，接下来多层板的设计就与双面板的设计大致相同了。如果选用的电路板还有中间信号层的话，还可以将一部分重要的线路、易受干扰的线路和功耗不大的线路放到中间层上，以提高电路板的保密性能和抗干扰性能，从而使布线更加方便。

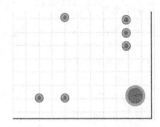

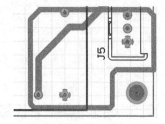

图 10-14　显示内电层的结果　　图 10-15　分割内电层参数设置对话框　　图 10-16　分割内电层的结果

10.6　课堂案例——多层板设计

本节将以前面设计完成的"指示灯显示电路.PCB"为例，巩固多层电路板的设计。设计完成的 PCB 电路板如图 10-17 所示。

　　双面板改成多层电路板，只需添加内电层，如果有多个网络共享同一内电层，则还需要对内电层进行分割。

　　下面简要介绍指示灯显示电路多层电路板的设计。

　　（1）打开设计好的"指示灯显示电路.PCB"电路板，然后执行菜单命令【Tools】/【Un-Route】/【Net】，拆除电源网络"VCC"和地线网络"GND"，结果如图 10-18 所示。

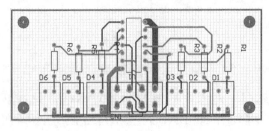
图 10-17　多层电路板设计实例

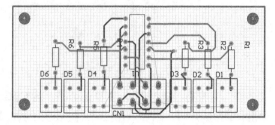
图 10-18　拆除电源网络"VCC"和地线网络"GND"的结果

　　（2）设置内电层安全间距限制设计规则和内电层连接方式设计规则。其中将安全间距设置为"0.508mm"，将内电层连接方式设置为辐射连接，导线数目为 4。

　　（3）执行菜单命令【Design】/【Layer Stack Manager...】，打开【Layer Stack Manager】对话框，添加两个内电层，一个内电层为"VCC"，另一个为"GND"，结果如图 10-19 所示。

　　（4）添加好内电层并设置好内电层的网络标号后，单击 OK 按钮返回工作窗口中，电路板上的网络标号为 VCC 的焊盘已经同内电层 VCC 自动连接到一起了，而网络标号为 GND 的焊盘已经同内电层 GND 连接到一起了，如图 10-20 所示。

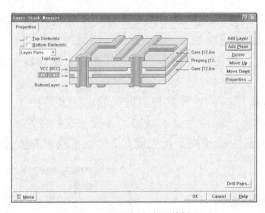
图 10-19　添加内电层的结果

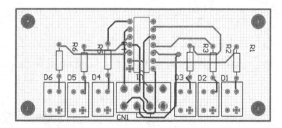
图 10-20　设计好的多层电路板

10.7　课堂练习——4 层板电路设计

　　本节再列举一个 4 层电路板设计实例，即 DSP+CPLD 控制板，以帮助理解和消化本章介绍的知识。此练习重点讲解 4 层 PCB 区别于两层 PCB 的一些不同操作，如内电层的定义和分割等。

　　（1）在绘制印制板之前，第 1 步仍然是完成电路原理图的设计和检查。本例 PCB 设计项目的电路原理图采用层次原理图绘制，其顶层电路如图 10-21 所示。

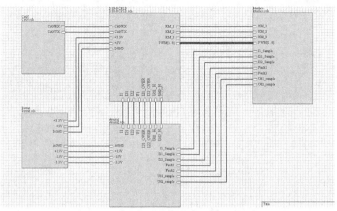

图 10-21 层次原理图的顶层电路

（2）在该顶层电路中，将电路功能划分为 5 个模块，分别是："DSP&CPLD"主芯片模块、"Analog"模拟电路模块、"Power"电源模块、"CAN"总线通信模块和"Interface"接口电路模块。划分好各模块并确定相互之间的连接关系后，采用由方块图生成电路原理图的方法生成下层电路原理图，其中"DSP&CPLD"模块对应的下层原理图如图 10-22 所示。其他模块对应的电路原理图此处不再详细给出。

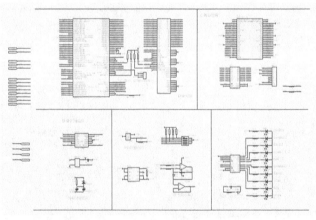

（a）整体布局

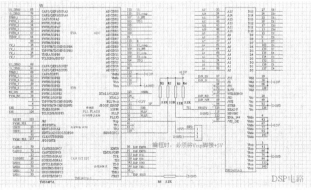

（b）DSP 部分放大后的电路

图 10-22 方块图对应的下层电路图"DSP&CPLD.sch"

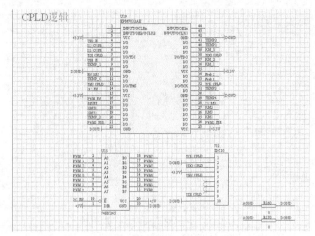

（c）CPLD 逻辑部分放大后的电路

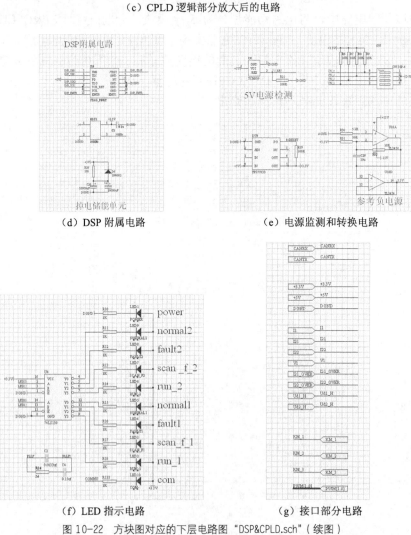

（d）DSP 附属电路　　　　　　　（e）电源监测和转换电路

（f）LED 指示电路　　　　　　　（g）接口部分电路

图 10-22　方块图对应的下层电路图 "DSP&CPLD.sch"（续图）

　　完成原理图设计并检查确认无误后，在原理图编辑界面中选择执行菜单命令【Design】/【Netlist Creation】，在弹出的网络表生成对话框中的【Net Identifier Scope】下拉列表中选择【Net

Labels and Ports Global】选项，如图 10-23 所示。表示在该层次原理图中网络标号和电路 I/O 端口（Port）的适用范围是全局的。单击该对话框中的 OK 按钮，在当前设计项目中生成表示元件封装形式以及电气连接特性的网络表。

（3）在设计项目文件夹 "Documents" 下新建一个 PCB 文件并命名为 "DSP.PCB"，然后双击该文件进入 PCB 编辑器。首先将当前工作层切换到禁止布线层（KeepOutLayer），利用绘制直线工具绘制印刷电路板板框。

（4）完成对电路板的规划后，在【Browse PCB】工具下的【Libraries】选项下添加所需的 PCB 库元件。除了系统自带的元件库 "PCB Footprint.lib" 之外，此处还需要添加一个系统元件库 "SO IPC.lib"，里面含有常用的贴片 IC 的封装。另外还需要添加自建的 PCB 库文件 "DSP_pcb.lib"，里面包含一些特殊元件的封装，其路径就在当前设计数据库的 "Documents" 文件夹下。PCB 元件库文件添加完成后的【Browse PCB】对话框如图 10-24 所示。

图 10-23 选择网络标识的适用范围   图 10-24 添加元件库文件

　　通常设计者将自建的库文件就放在当前设计数据库中，便于管理和查看。

（5）载入网络表。添加 PCB 设计所需的元件封装库后，执行载入网络表命令【Design】/【Load Nets…】，在弹出的对话框中选择步骤 3 中生成的网络表文件 "Top.NET" 并执行（Execute）载入命令，电路板的所有元件及其连接关系就会出现在 PCB 编辑界面下。此时元件之间的连接关系是很凌乱的，设计者可以先隐藏元件之间的预拉线，其方法是在 PCB 编辑区下按下 L 键，在弹出的【Document Options】对话框中取消【Connections】的选中状态，如图 10-25 所示。此时 PCB 编辑区的状态如图 10-26 所示。

（6）元件布局。本练习采用全手工布局的方式进行元件的布局，在布局的时候应注意遵循前面总结的多层 PCB 布局原则，特别是使用同一类型电源和地网络的元件应尽量集中放置，以便于后面的内电层分割操作。布局完成后的电路板如图 10-27 所示。

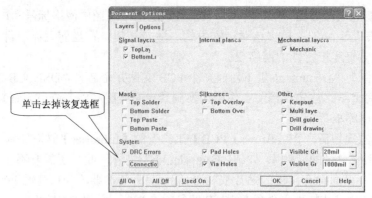

图 10-25　隐藏预拉线的显示

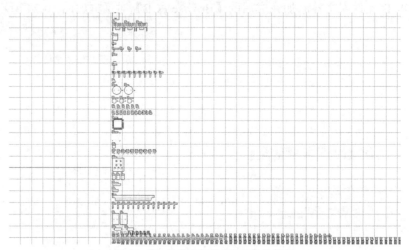

图 10-26　隐藏预拉线后的 PCB 编辑区

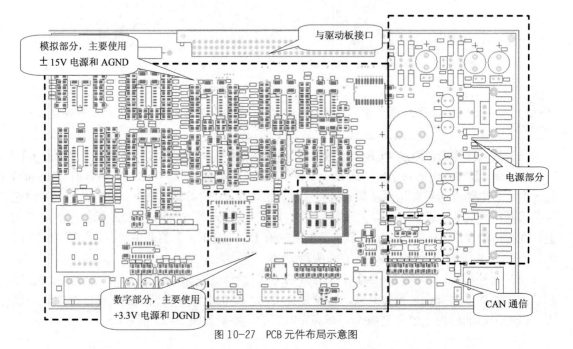

图 10-27　PCB 元件布局示意图

（7）设置布线规则。本例设置整板（Whole Board）的元件最小间距约束（Clearance Constraint）为"7mil"，导线宽度介于"10～50mil"，优选（Preferred）"15mil"。其他设置采用系统默认设置。

（8）手工布线。本例采用手工布线的方式走线，在布线之前，可以先隐藏电源/地网络的预拉线，只对信号线进行布线，电源/地网络可以通过内电层连接。隐藏电源/地网络预拉线的具体方法是，执行菜单命令【View】/【Connections】/【Hide Net】，然后依次选中电源/地网络标号，如"+3.3V""+5V"和"DGND"等，则这些网络的预拉线就被隐藏起来了。另外，在布线的时候应注意前面总结的布线原则。信号线连接完成后的 PCB 如图 10-28 所示。

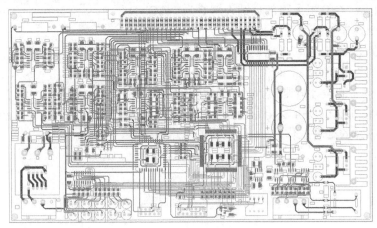

图 10-28　信号线连接完成后的 PCB

（9）内电层定义。执行菜单命令【Design】/【Layer Stack Manager...】，在弹出的层堆栈管理器对话框中定义两个内部电源层，并分别命名为"GND"和"Power"。根据前面介绍叠层的有关知识，本例中确定层排布的顺序为"TOP—GND—Power—BOTTOM"。因本例中的内电层需要被划分为多个区域，故在定义内电层时设置其连接的网络为"No Net"，即不连接任何电气网络。设置好的层堆栈管理器的属性如图 10-29 所示。

（10）内电层分割。完成内电层的定义之后，设计者需要将内电层划分为多个区域，以连接不同的电源网络。执行菜单命令【Design】/【Split Planes...】，在弹出的内电层分割对话框中依次添加不同的网络区域，如图 10-30 所示。

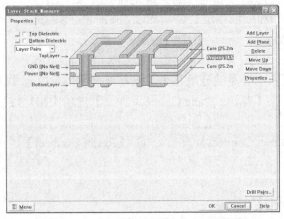

图 10-29　在层堆栈管理器中定义层叠结构

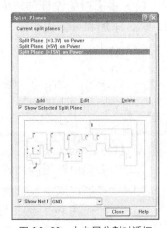

图 10-30　内电层分割对话框

（11）内电层分割完成后，可以在信号层上用导线将不能通过内电层连接的电源/地网络连接到最近的网络节点上。这样，所有的电气连线就完成了，此时设计者可以在编辑界面下按下 L 键，在弹出的【Document Options】对话框的【Layers】选项卡下隐藏所有的层面，只选中【Connections】选项，这样便可以很直观地查看是否还存在没有完成连接的预拉线。

（12）补泪滴。执行菜单命令【Tools】/【Teardrops…】，给所有的焊盘和过孔添加弧形泪滴。

（13）覆铜。执行菜单命令【Place】/【Polygon Plane…】，在弹出的覆铜设置对话框中设置好各选项，如图 10-31 所示，在顶层（TopLayer 层）数字电路部分铺设网络为"DGND"的铜膜，在模拟电路部分铺设网络为"AGND"的铜膜，使这两块铜膜区域互不相连，以达到隔离数字电路和模拟电路的效果。以同样的方法在底层（BottomLayer）也铺设网络分别为"DGND"和"AGND"的铜膜。

图 10-31　覆铜设置对话框

（14）执行全面的设计规则检查，如果生成的报告文件中提示没有错误，那么一块 4 层电路板就基本设计完成了。

（15）完成后续的处理工作，如输出需要的电路板信息、打印和存盘等。

习　题

10-1　填空题

（1）多层板是指_____，它是在双面板已有的顶层和底层基础上，增加了_____、_____以及若干_____。

（2）内部电源层简称内电层，属于多层板内部的工作层面，是_____。

（3）电源和接地网络与内电层连接的方式主要有以下两种方式，即_____和_____。

（4）如果电路板设计比较复杂，需要多个网络（一般为电源和接地网络）共享一个内电层时，就需要对_____。

（5）内电层设计规则主要包括_____规则和_____规则。

10-2　选择题

（1）多层板的设计与双面板的设计方法基本相同，其关键是需要（　　）。

A．添加和分割内电层　　　　B．添加和分割顶层　　　　C．添加和分割底层

（2）在 Protel 99 SE 中，系统总共提供了（　　）个内电层。

A．15　　　　　　　　　　B．16　　　　　　　　　　C．17

（3）一般地，内电层是整个覆上铜箔或者是被分成几个不同网络名称的电层，如果有过孔或焊盘穿过并与该层连接时，则需要在【Power Plane Connect Style】选项中指定连接的方式，辐射方式连接是（　　）。

A．【No Connect】　　　　B．【Direct Connect】　　　　C．【Relief Connect】

10-3　多层电路板的特点是什么？

10-4　多层电路板设计流程是什么？

10-5　如何在 PCB 编辑器中添加内电层？

10-6　在什么情况下需要分割内电层？怎样分割内电层？

第 **11** 章　电路板设计典型实例

通过前面的学习，熟悉了电路板设计的全过程，能够比较轻松地完成电路板设计了。为了巩固学习成果，在实践中提高设计电路板的能力，本章将介绍 4 个典型的电路板设计实例，驱动电路及外接 IGBT 电路，基于 PT2262 和 PT2272 收发编、解码电路的无线电收发系统，DC/DC 变换器和单片机最小系统。

11.1　驱动电路及外接 IGBT 电路设计综合实例

由于双面板在电路板的两个面上进行布线，大大地降低了布线的难度，同时其成本也比较低，因而是目前应用最为广泛的一种电路板。下面介绍双面板的设计。

11.1.1　准备电路原理图设计

设计好的驱动电路及外接 IGBT 电路的电路原理图如图 11-1 所示。

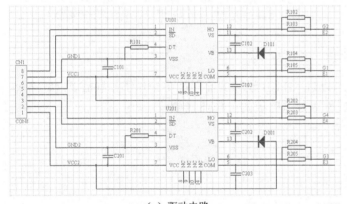

（a）驱动电路

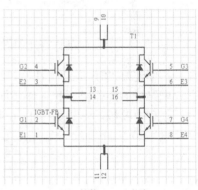

（b）外接 IGBT 电路

图 11-1　驱动电路及外接的 IGBT 电路

在图 11-1 中，采用两片美国 IR 公司的 IR21844 集成驱动芯片来驱动全桥 IGBT 模块中 4 个 IGBT，IR21844 可以驱动母线电压低于 600V 的功率场效应管和高速 IGBT 模块，且具有死区设置功能。

在图 11-1 所示的驱动电路中还应当添加驱动信号外接的接插件，添加的接插件如图 11-2 所示。

图 11-2　添加的驱动信号接插件

电路原理图绘制完成后，就可以开始进行 PCB 的设计了。

11.1.2 创建一个 PCB 设计文件

在进行 PCB 设计之前，必须先创建一个 PCB 设计文件。本小节将以常规的方法来创建 PCB 设计文件。

（1）执行菜单命令【File】/【New…】，打开【New Docment】（新建文件）对话框，如图 11-3 所示。

（2）选择【PCB Document】图标，然后单击 OK 按钮，系统将会自动创建一个 PCB 设计文件。

（3）将该 PCB 设计文件更名为"双面板.PCB"，结果如图 11-4 所示。

图 11-3　新建文件对话框

（4）在 PCB 文件上双击鼠标左键，即可激活 PCB 编辑器，进入 PCB 设计文件编辑窗口，如图 11-5 所示。

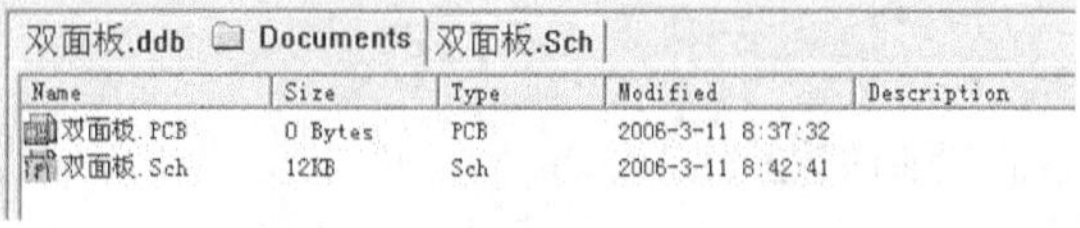

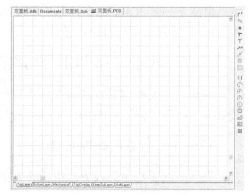

图 11-4　新建的 PCB 设计文件

图 11-5　PCB 设计文件编辑窗口

11.1.3 PCB 设计的前期准备

在创建好 PCB 设计文件后，就可以进入 PCB 设计的前期准备工作了，包括规划电路板，设置电路板的工作类型和工作层面属性以及电路板的工作环境参数。

规划电路板的结果如图 11-6 所示。

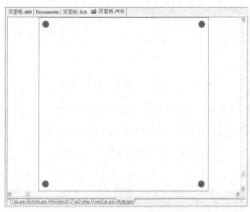

图 11-6　规划好的双面板

电路板的类型设置为双面板，工作层面显示/隐藏属性及栅格参数的设置如图 11-7 所示，工作环境参数的设置如图 11-8 所示。

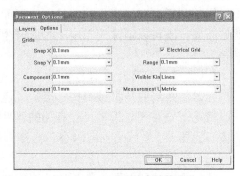

图 11-7　工作层面显示/隐藏属性及栅格参数的设置　　　　　图 11-8　工作环境参数的设置

11.1.4　将电路原理图设计更新到 PCB 中

在电路板的准备工作做好后，就可以将电路原理图设计中建立的网络表和元器件封装导入到 PCB 编辑器中了。

Protel 99 SE 提供了真正的双向同步设计功能，网络表和元器件封装既可以在 PCB 编辑器中载入，又可以在电路原理图设计中将元器件封装和网络表更新到 PCB 编辑器中。如果是在原理图编辑器中更新 PCB 设计，就不用生成网络表文件了。

本节将介绍在原理图编辑器中将原理图设计更新到 PCB 设计中的操作。

（1）将工作窗口切换到原理图编辑器。

（2）执行菜单命令【Design】/【Update PCB…】，打开【Update Design】（更新 PCB 设计）对话框，如图 11-9 所示。

（3）单击 Execute 按钮，执行更新 PCB 设计的命令。将工作窗口切换到 PCB 编辑器，更新后的电路板设计如图 11-10 所示。

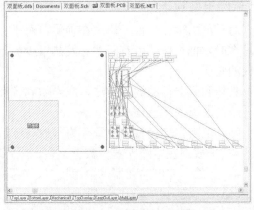

图 11-9　更新 PCB 设计对话框　　　　　　　图 11-10　更新后的 PCB 设计

11.1.5　元器件布局

除了高质量的元器件和设计合理的电路外，印刷线路板的元器件布局和电气连线方向的正确结构设计也是制造一台性能优良的设备的关键因素。对同一种元器件和参数的电路，元器件布局和电气连线方向的不同，其结果可能存在很大的差异。电路板上元器件布局的好坏，不仅影响到后面布线工作的难易程度，而且会关系到电路板实际工作情况的好坏。合理的元器件布局，既可以消除因布线不当而产生的噪声干扰，同时也便于生产中的安装、调试与检修等。

1. 元器件布局的基本要求

元器件布局要从机械结构、散热、电磁干扰和将来布线的方便性等方面进行综合考虑。一般情况下先布置与机械尺寸有关的器件并锁定这些器件，然后是大的占位置的器件和电路的核心元器件，最后是外围的小元器件。下面简要介绍元器件手工布局需要注意的几个方面。

（1）机械结构方面的要求。

外部接插件和显示器件等的放置应整齐，特别是板上各种不同的接插件需从机箱后部直接伸出时，更应从三维角度考虑器件的安放位置。板内部接插件的放置应考虑总装时机箱内线束的美观。

（2）散热方面的要求。

板上有发热较多的器件时应考虑加散热器甚至轴流风机（风机向内吹时散热效果好，但板子容易脏，所以一般还是向外排风较为多见），并与周围电解电容、晶振、锗管等怕热元器件隔开一定距离。竖放的板子应把发热元器件放置在板的最上面，双面放元器件时底层不得放发热元器件。

（3）电磁干扰方面的要求。

元器件在电路板上的排列要充分考虑抗电磁干扰问题，原则之一是各部件之间的引线要尽量短。在布局上，要把模拟信号、高速数字电路和噪声源（如继电器、大电流开关等）这3 部分合理地分开，使相互间的信号耦合为最小。随着电路设计的频率越来越高，EMI 对电路板的影响越来越突出。在设计电路原理图时可以加上功能电路块，电源滤波用磁环、旁路电容等器件。每个集成电路的电源脚附近都应有一个旁路电容（一般使用 0.1μF 的电容）连到地，有时候关键电路还需要加金属屏蔽罩。

（4）其他要求。

对于单面板，器件一律放在顶层。对于双面板或多层板，器件一般放在顶层，只有在器件过密时才把一些高度有限并且发热量少的器件，如贴片电阻、贴片电容和贴片 IC 等放在电路板的底层。

具体到元器件的放置方法，应当做到各元器件排列、分布要合理均匀，力求达到整齐美观，结构严谨的工艺要求。

（5）电阻、二极管的放置分为平放与竖放两种。

- 平放：在电路元器件数量不多、电路板尺寸较大的情况下，一般采用平放。
- 竖放：在电路元器件数量较多、电路板尺寸不大的情况下，一般采用竖放。

（6）电位器/IC 座的放置原则。

- 电位器：电位器安放应当满足整机结构安装及面板布局的要求，尽可能放在电路板的边缘，使可调旋钮朝外，方便调试时改变电位器的阻值。
- IC 座：在设计电路板时，在使用 IC 座的情况下，一定要特别注意 IC 座上定位槽放置的方向是否正确，并注意各个 IC 脚位是否正确，例如 IC 座的第 1 引脚只能位于 IC 座的右下角或者左上角，而且紧靠定位槽。一般情况下，为了防止在元器件装配时将 IC 座的方向装反，在同一块电路板上所有的 IC 座的方向在布局时与定位槽的方向都一致。

2. 关键元器件的布局

关键元器件的布局可以分成以下几个步骤。

● 对所有的元器件进行分类，找出电路板上的关键元器件。

● 放置关键元器件。

● 锁定关键元器件。

下面主要介绍锁定放置好的关键元器件的方法。

（1）根据电路设计的要求，放置好关键元器件。

（2）将鼠标光标移到需要锁定的元器件上，然后双击鼠标左键，打开元器件属性对话框，如图 11-11 所示。

（3）在元器件属性对话框中选中【Locked】（锁定）选项后的复选框即可锁定当前元器件。

当元器件位置处于锁定状态时，在工作窗口中对元器件位置的操作都将无效。如果要移动元器件的位置，则系统将会打开【Confirm】（确认移动元器件）对话框，如图 11-12 所示。

图 11-11　元器件属性对话框

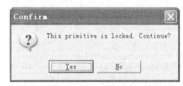

图 11-12　确认移动元器件

在该对话框中，单击 Yes 按钮即可移动元器件到指定的位置。

3. 元器件的自动布局

Protel 99 SE 提供了强大的元器件自动布局功能，元器件的自动布局主要分为两个步骤。

● 设置与元器件布局有关的设计规则。

● 选择自动布局的方式，并进行自动布局的操作。

为了保证元器件的自动布局能够按照用户的意图进行，在元器件自动布局之前应当对元器件自动布局设计规则进行设置。下面介绍元器件自动布局设计规则的设置方法。

在 PCB 编辑器中，执行菜单命令【Design】/【Rules...】，打开【Design Rules】（电路板设计规则）对话框，然后单击【Placement】选项卡，打开元器件布局设计规则对话框，如图 11-13 所示。

一般情况下，在元器件布局设计规则的设置中，只对元器件的安全间距和元器件方位约束进行设置就可以了，如果是单面板还应对元器件放置的工作层面进行设置。

下面介绍元器件安全间距限制设计规则的设置。

（1）单击【Component Clearance Constrain】选项，打开元器件安全间距限制设计规则选项对话框，如图 11-14 所示。

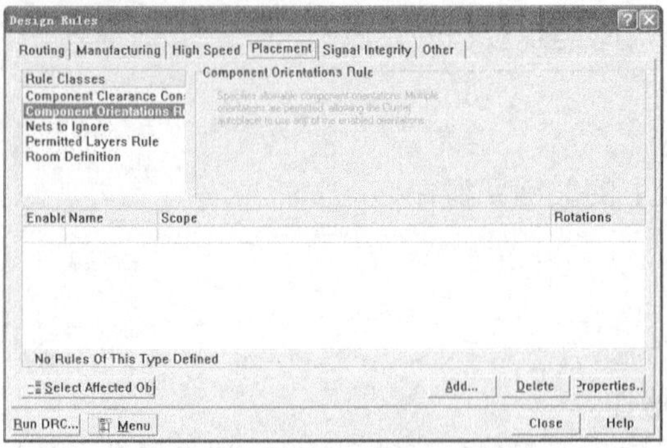

图 11-13　元器件布局设计规则对话框 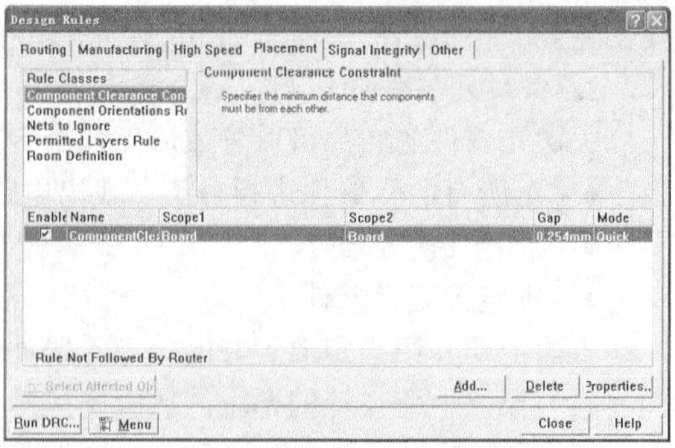　　　　　　　图 11-14　安全间距限制设计规则选项对话框

（2）选中系统默认的元器件安全间距，然后单击 [roperties.] 按钮，打开【Component Clearance】（元器件安全间距限制设计规则）对话框，如图 11-15 所示。

在该对话框中，可以设置元器件之间的安全间距限制。元器件安全间距限制一般要求设置两个彼此之间需要限定间距的对象，该对象可在图 11-16 所示的下拉列表中进行选择。

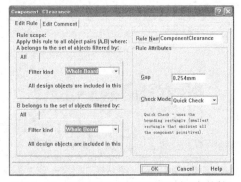

图 11-15　元器件安全间距限制设计规则对话框　　　　　图 11-16　选择安全间距限制的对象

在本例中，为了方便元器件的装配和以后的布线，设置电路板上所有元器件的最小间距均为 0.5mm，采用"Full Check"作为距离的计算方法。设置好元器件安全间距限制设计规则参数的对话框如图 11-17 所示。

（3）设置好安全间距限制设计规则后，单击 [OK] 按钮即可回到元器件安全限制设计规则设置选项对话框。

其余的元器件自动布局设计规则的设置方法与此大致相同，这里就不再介绍了。

设置好元器件自动布局设计规则后，就能进行元器件的自动布局了。下面介绍具体的操作步骤。

（4）在 PCB 编辑器中，执行菜单命令【Tools】/【Auto Placement】/【Auto Placer…】，打开下一级自动布局的子菜单，如图 11-18 所示。

（5）执行菜单命令后，将会打开【Auto Place】（元器件自动布局）对话框，如图 11-19 所示。

在该对话框中可以选择元器件自动布局的方式。元器件的自动布局主要有两种方式，成组布局方式和基于统计的布局方式。

（6）选中【Statistical Placer】前的单选框，即可打开基于统计布局方式的自动布局对话框，将栅格距离设为"0.1mm"，如图 11-20 所示。

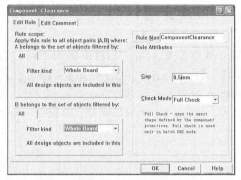

图 11-17 设置好元器件安全间距限制设计规则后的对话框

图 11-18 执行自动布局菜单命令

图 11-19 元器件自动布局对话框

图 11-20 统计布局方式下的元器件自动布局对话框

（7）设置好元器件自动布局参数后，单击 OK 按钮即可开始元器件的自动布局。图 11-21 为选中成组布局方式，并同时选中【Quick Component Placement】复选框后自动布局的结果。

要点提示
即使对同一个电路采用相同的自动布局方式，程序每次执行元器件自动布局的结果也可能不相同，用户可以根据电路板设计的要求从多次自动布局的结果中选择一个比较满意的。

4. 元器件布局的自动调整

在很多情况下，利用 Protel 99 SE 提供的元器件自动排列功能对元器件布局进行调整，可以得到意想不到的效果，尤其在元器件排列整齐方面，是十分快捷有效的。

利用系统提供的自动排列元器件的功能，只要先选中需要排列的元器件，然后执行相应的命令即可将元器件整齐地排列起来。

下面介绍排列元器件的操作步骤。

（1）在 PCB 编辑器中选中待排列的元器件，结果如图 11-22 所示。

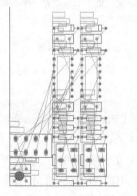

图 11-21 成组布局方式的自动布局结果

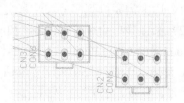

图 11-22 选中待排列的元器件

（2）执行菜单命令【Tools】/【Interactive Placement】，将会打开排列元器件的命令菜单，如图 11-23 所示。

Protel 99 SE 提供了多种元器件的排列方式，可以根据元器件相对位置的不同，选择相应的排列功能。本例只介绍执行菜单命令【Tools】/【Interactive Placement】/【Align】的操作步骤，其余排列元器件的菜单命令的操作与之基本相同。

（3）执行菜单命令【Align】，打开【Align Component】（排列元器件）对话框，如图 11-24 所示。

图 11-23　排列元器件命令菜单

图 11-24　排列元器件对话框

排列元器件的方式分为水平和垂直两种，即水平方向的对齐和垂直方向的对齐。两种方式既可以单独使用，也可以复合使用，用户可以根据需要任意配置。因此，在 Protel 99 SE 中元器件的自动排列是十分方便的。

设置好的排列元器件选项如图 11-25 所示。

（4）单击 OK 按钮，自动执行排列元器件的命令，结果如图 11-26 所示。

由此可见，Protel 99 SE 提供的元器件自动排列功能在元器件对齐和 PCB 板的整体布局上是非常有用的。

利用系统提供的元器件自动排列功能，除了可以排列元器件外，还可以对元器件的序号和注释文字进行调整。

图 11-25　设置好的排列元器件选项

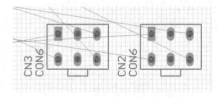

图 11-26　调整结果

下面介绍排列元器件的序号和注释文字的操作步骤。

（1）选中需要排列序号和注释文字的元器件。

（2）执行菜单命令【Tools】/【Interactive Placement】/【Position Component Text...】，打开【Component Text Position】（元器件注释文字的位置）对话框，如图 11-27 所示。

在该对话框中，文本注释（包括元器件的序号和注释）的排列有正上方、正中间、正下方、左方、右方、左上方、左下方、右上方、右下方和不变 10 种方式。在本例中将元器件序号放置在元器件正上方，而将文本注释放在元器件的正下方。

（3）设置好元器件序号和注释文字的排列位置后，单击 OK 按钮，则系统将会按照设置好的规则自动调整元器件序号和注释文字，结果如图 11-28 所示。

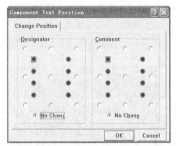

图 11-27 元器件文本位置对话框

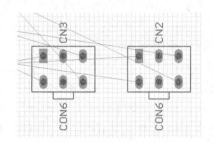

图 11-28 调整好元器件序号和注释文字的结果

5. 手工调整

很多时候，元器件的自动布局并不能完全符合设计需要，即使是通过元器件的自动调整。这时就需要对自动布局进行手工调整。

手工调整元器件布局的操作主要包括对元器件进行移动和旋转等。在移动和旋转元器件时要遵循一定的电气原则，还要考虑电路板整体设计的美观。调整元器件序号的标准是大小适中，以能清晰查看为准，排列尽量整齐美观，易于查找。

对元器件自动布局手工调整后的结果如图 11-29 所示。

6. 网络密度分析

在元器件布局完成后，用户可以利用系统提供的网络密度分析工具对电路板的布局进行分析，并根据密度分析结果，对电路板的元器件布局进行优化。

（1）执行菜单命令【Tools】/【Density Map】（网络密度分析），系统将会自动生成网络密度分析结果，如图 11-30 所示。

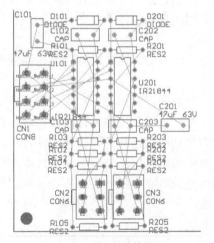

图 11-29 手工调整的结果

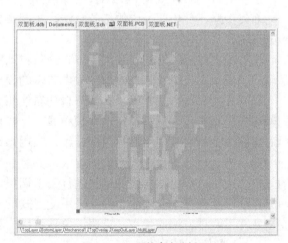

图 11-30 网络密度分析图

（2）按 End 键或者执行重新刷新屏幕的菜单命令【View】/【Refresh】，即可清除密度分析图。

在网络密度分析图中，颜色越深的地方表示网络密度越大，反之网络密度就越小。有了密度分析这个工具，就可以按照最优化的方法对电路板的元器件进行布局。一般认为网络密度相差很大，元器件布局就不合理。但是，也不要认为分布绝对均匀就合理。实际的密度分配和具体电路有很大关系，例如，一些大功耗元器件，产生热量大，需要周围元器件少些，密度小些。相反，小功率元器件就可以安排得紧密一些。密度分析仅仅是一个参考依据，具体问题还要具体分析。

7. 3D 效果图

利用 3D 效果图可以分析元器件布局的实物效果。在 3D 效果图上可以看到 PCB 板的实际效果及全貌。

（1）执行菜单命令【View】/【Board in 3D】，PCB 编辑器的工作窗口变为一个 3D 仿真图形，如图 11-31 所示。

用户可以通过电路板元器件布局的 3D 效果图查看元器件封装是否正确，元器件之间的位置是否有干涉、是否合理等。总之，在 3D 效果图上，可以看到印制电路板的全貌，也可以在设计阶段把一些错误给消灭掉，从而缩短设计周期和降低成本。因此，3D 效果图是一个很好的元器件布局分析工具，用户在今后的工作中应当熟练掌握。

（2）3D 效果图预览工作窗口与 PCB 编辑器中的其他窗口一样，可以进行切换和关闭。

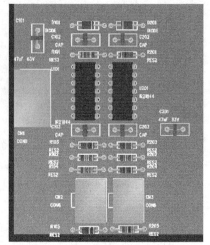

图 11-31   3D 效果图

11.1.6   电路板布线

在元器件布局完成之后，就可以进行电路板的布线了。电路板布线可以采用手工布线，也可以采用自动布线。

所谓的自动布线就是 PCB 编辑器内的自动布线系统，根据设定的布线设计规则和选择的自动布线策略，并依照一定的拓扑算法，按照事先生成的网络自动在各个元器件之间进行连线的过程。

一般的电路板往往需要采用手工布线与自动布线相结合的方法，这样既能保证电路板满足用户的要求，又能快速高效地完成电路板的设计。

交互式的布线方法是手工布线与自动布线相结合的一种布线方法。首先对电路板上重要的网络进行预布线，然后锁定这些预布线，这样可以最大限度地满足电路设计者的要求。然后对电路板上剩余的网络进行自动布线，利用系统提供的自动布线器和各种优化算法，可以使电路板符合电路自身电气特性的要求，并且在短时间内完成电路板的布线，大大提高布线的效率。最后，对自动布线的结果进行手工调整，手工调整的对象是那些绕远和需要加粗的网络布线以及部分不合理的布线。采用交互式的布线方法，手工布线与自动布线交互进行，完全发挥了两种方法的优点，克服了单独使用一种方法的缺点。

1. 设置布线设计规则

不管是手动布线还是自动布线，其布线过程都要遵循一定的电路板布线设计规则。因此，在布线之前需要设置电路板的布线设计规则。

执行菜单命令【Design】/【Rules…】，打开布线设计规则对话框，如图 11-32 所示。

与电路板布线相关的设计规则较多，大多数都可以采用系统提供的默认设置，因此本章只介绍几个常用的电路板布线设计规则的设置。

安全间距限制设计规则属于电气规则的范畴。

（1）执行菜单命令【Design】/【Rules…】，然后再单击【Routing】（布线）选项卡，打开电路板布线设计规则对话框。

（2）单击【Clearance Constraint】选项，在列表框中显示安全间距限制设计规则。

（3）在需要编辑的设计规则上双击鼠标左键，打开【Clearance Rule】（安全间距限制设计规则）对话框，如图 11-33 所示。

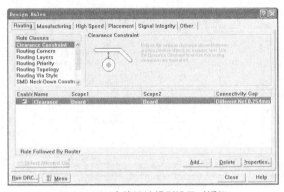

图 11-32 布线设计规则设置对话框

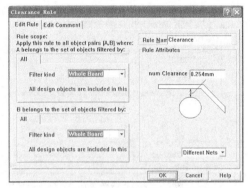

图 11-33 安全间距限制设计规则对话框

在图 11-33 对话框中，可以对【Rule scope】（设计规则适用范围）、【Rule Name】（设计规则名称）和【Rule Clearance】（安全间距）等参数进行设置。本例中将电路板上所有导电图件之间的安全间距设定为 0.5mm。

短路限制设计规则属于电气规则的范畴，一般情况下，电路板上不允许不同的网络短路连接。

（1）在布线设计规则设置对话框中单击【Other】选项卡，打开其他设计规则设置对话框，如图 11-34 所示。

（2）单击【Short Circuit Constraint】选项，打开短路限制设计规则选项对话框，单击系统默认的【ShortCircuit】短路限制设计规则，然后再单击 Properties. 按钮，即可打开【Short Circuit Rule】（短路限制设计规则）对话框，如图 11-35 所示。

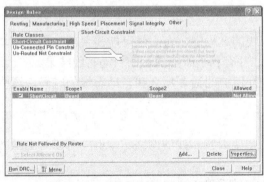

图 11-34 其他设计规则设置对话框

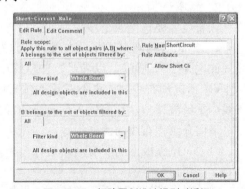

图 11-35 短路限制设计规则对话框

通常情况下，电路板上不同网络的图件是不允许短路的。

（3）取消【Rule Attributes】（设计规则属性）分组框中【Allow Short Circuit】（允许短路）复选框的选中状态，即可将该项设计规则设置成不允许短路的状态。

设置布线宽度限制设计规则。

（1）在电路板设计规则对话框中单击【Routing】选项卡，然后再单击【Width Constrain】选项，打开布线宽度设计规则选项对话框，如图 11-36 所示。

（2）选中布线宽度设计规则中的某项设计规则，然后单击 Properties.. 按钮，即可打开【Max-Min Width Rule】（布线宽度限制设计规则）对话框，在该对话框中可以设置布线的宽度，如图 11-37 所示。

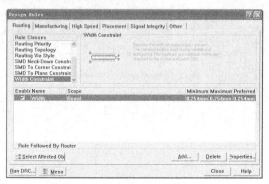

图 11-36　布线宽度设计规则主对话框

图 11-37　布线宽度限制设计规则对话框

（3）设置完布线宽度设计规则后，单击 OK 按钮即可回到布线宽度设计规则选项对话框，继续其他设计规则的设置。单击 Add... 按钮可添加新的布线宽度设计规则，然后重复步骤 2 的操作即可完成多项布线宽度设计规则的设置。本例中设置好的布线宽度设计规则如图 11-38 所示。

（4）当所有的布线宽度限制设计规则设置完后，单击 Close 按钮，即可完成本次布线宽度限制规则的设置。

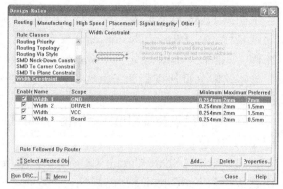

图 11-38　设置好的多项布线宽度限制设计规则

2．预布线

预布线主要包括两个步骤。

● 对重要的网络进行预布线。在进行布线的过程中，有时候可能需要事先布置一些走线（如电源线和地线），以满足一些特殊要求，并有利于改善随后的自动布线结果。

● 锁定预布线。如果不对这些预布线进行保护的话，那么在自动布线的时候，这些预布线会重新被调整，从而失去预布线的意义。

下面介绍预布线的操作步骤。

（1）对电路板上的所有网络进行分析，找出需要预布线的网络。本例中可以对电源网络“VCC”进行预布线。

（2）对电源网络进行预布线，结果如图 11-39 所示。

（3）锁定预布线。在任意一段导线上双击鼠标左键进入导线属性对话框，如图 11-40 所示。

（4）单击 Global >> 按钮，打开全局编辑对话框，对导线全局编辑的属性进行配置，以锁定所有预布的导线。全局编辑属性的配置结果如图 11-41 所示。

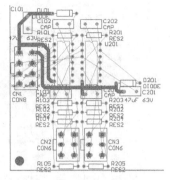

图 11-39 预布线的结果

图 11-40 编辑导线属性对话框

（5）单击 OK 按钮，将所有的预布线锁定。

3. 自动布线

对电路板上的重要网络完成预布线后，就可以对剩下的网络进行自动布线了。执行菜单命令【Auto Route】/【Setup...】，打开【Autorouter Setup】（自动布线器参数设置）对话框，在该对话框中对自动布线器参数进行设置。

设置完自动布线参数后，就可以开始自动布线了。Protel 99 SE 中自动布线的方式灵活多样，根据布线的需要，既可以对整块电路板进行全局布线，也可以对指定的区域、网络、元器件甚至是连接进行布线。因此用户可以充分利用系统提供的多种自动布线方式，根据设计过程中的实际需要灵活选择最佳的布线方式对电路板进行布线。

下面采用全局布线命令对电路板上剩下的网络进行布线。

（1）执行菜单命令【Auto Route】/【All...】，打开自动布线器参数设置对话框，确认所选的布线策略是否正确。

（2）单击 Route All 按钮进入自动布线状态，全局自动布线完成后的结果如图 11-42 所示。

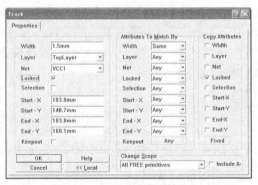

图 11-41 全局编辑属性设置

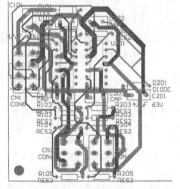

图 11-42 全局自动布线后的结果

4. 手工调整

自动布线结束后，系统将会提供【Design Explorer Information】（自动布线的状态信息），如图 11-43 所示。

由系统提供的信息可知，电路板上仍然有网络未连接，需要进行调整。另外，绕远和拐角太多的导线以及电路板的边界和安装孔等也都需要调整。手工调整的结果如图 11-44 所示。

图11-43　自动布线的状态信息

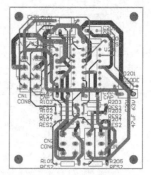

图11-44　手工调整的结果

11.1.7　设计规则检验

在电路板布线完成后，应当对电路板做DRC，以确保PCB完全符合设计规则的要求，所有的网络均已正确连接。用户可以借助DRC保证电路板设计万无一失。

（1）执行菜单命令【Tools】/【Design Rule Check...】，打开【Design Rule Check】（设计规则检验）对话框，如图11-45所示。

设计规则的检验结果可以分为两种，一种以【Report】（报表）的形式输出，可以生成检测的结果报表；另一种是【On-Line】（在线检验），也

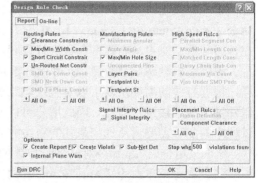

图11-45　设计规则检验对话框

就是在布线的过程中对电路板的电气规则和布线规则进行检验，以防止错误产生。

（2）单击【Report】选项卡进入报表（Report）输出设计检验模式，设置设计校验项目。本例中只选中【Clearance Constraints】、【Max/Min Width Constraints】、【Short Circuit Constraints】和【Un-Routed Net Constraints】4个选项前的复选框，其余选项采用系统默认的设置。

（3）设置好设计校验项目后，单击对话框左下角的 Run DRC 按钮，即可运行设计规则校验。程序结束后，会生成一个检验情况报表，具体内容如下。

```
Protel Design System Design Rule Check
PCB File : Documents\双面板-自动布线-调整.PCB
Date     : 11-Mar-2006
Time     : 21:07:26
Processing Rule : Hole Size Constraint (Min=0.0254mm) (Max=2.54mm) (On the board )
Violation   Pad Free-4(104mm,167mm)  MultiLayer  Actual Hole Size = 4mm
Violation   Pad Free-3(156mm,167mm)  MultiLayer  Actual Hole Size = 4mm
Violation   Pad Free-2(156mm,104mm)  MultiLayer  Actual Hole Size = 4mm
Violation   Pad Free-1(104mm,104mm)  MultiLayer  Actual Hole Size = 4mm
Rule Violations :4
Processing Rule : Width Constraint (Min=0.254mm) (Max=2mm) (Prefered=1.5mm) (Is
part of net class VCC )
Rule Violations :0
Processing Rule : Clearance Constraint (Gap=0.5mm) (On the board ),(On the board )
Rule Violations :0
Processing Rule : Broken-Net Constraint ( (On the board ) )
Rule Violations :0
```

```
Processing Rule : Short-Circuit Constraint (Allowed=Not Allowed) (On the
board ),(On the board )
    Rule Violations :0
    Processing Rule : Width Constraint (Min=0.254mm) (Max=2mm) (Prefered=2mm) (Is part
of net class GND )
    Rule Violations :0
    Processing Rule : Width Constraint (Min=0.254mm) (Max=2mm) (Prefered=1.5mm) (Is
part of net class DRIVER )
    Rule Violations :0
    Processing Rule : Width Constraint (Min=0.254mm) (Max=2mm) (Prefered=0.5mm) (On
the board )
    Rule Violations :0
    Violations Detected : 4
    Time Elapsed       : 00:00:00
```

根据设计规则检验的结果可知，电路板上一共有 4 个错误。进一步分析 DRC 报告，可知出错是由于安装孔的孔径大于设计规则中设置的尺寸，不属于设计错误，因此可以忽略。

至此，双面板就设计完成了。

11.1.8 驱动电路及外接的 IGBT 电路的双面板的手工设计

全桥式 IGBT 母线电压高达几百伏，即使是同一个桥臂上的驱动电路之间的电压也能达到上百伏。不同 IGBT 开关管驱动电路之间也存在高压，这样的电路对元器件的布局和电路板的布线都有很高的绝缘要求。为了满足电气连接和高压电气绝缘的要求，用户最好采用手工的布线方法来设计电路板。

下面介绍双面板手工设计的操作步骤。

（1）进行电路板的前期准备工作，包括电路原理图设计、规划电路板、载入元器件封装和网络表以及 PCB 设计工作参数的设置等。

（2）设置元器件布局和电路板布线设计规则。

（3）对电路板上元器件之间的电气连接进行分析，找出核心元器件以及需要高压隔离的元器件。该驱动电路是由 IGBT 构成的全桥逆变电路，4 路驱动输出之间均属于高压，都需要绝缘，因此在 4 路输出之间应留出足够的空间。同时驱动芯片的输入信号之间也应当适当隔离，因此本例中将 8 输入的接插件改为两个 4 输入的接插件。修改后的电路原理图如图 11-46 所示。

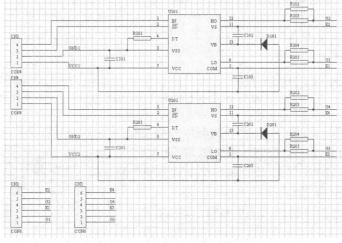

图 11-46　修改后的电路原理图设计

（4）将修改后的电路原理图载入到 PCB 编辑器中，结果如图 11-47 所示。

（5）采用全局编辑功能隐藏元器件的参数。在任何一个元器件的参数上双击鼠标左键进入元器件参数编辑对话框，对其全局编辑的属性进行配置，结果如图 11-48 所示。

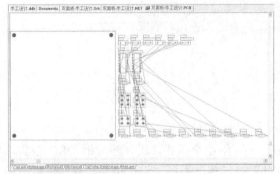

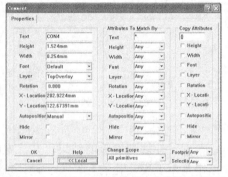

图 11-47　修改电路原理图设计后载入的元器件封装和网络表　　图 11-48　隐藏元器件参数的全局编辑属性配置

（6）接下来就可以对元器件进行一边布局一边布线了。

① 从电路板的一角开始布线。首先应当确定安装孔的位置，然后放置信号输入的接插件，如图 11-49 所示。

② 按照信号的流向对其他元器件进行布局。在布局的过程中可以进行布线，布局与布线可以交替进行。图 11-50 所示是部分元器件布局和布线后的结果。

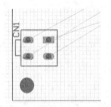

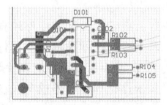

图 11-49　开始电路板的布线　　　　　　　图 11-50　部分元器件布局和布线后的结果

③ 放置该部分驱动电路的输出接插件 CN2，然后进行布线。在布线过程中为了方便连线，对输出接插件引脚的网络标号进行了调整，调整接插件网络标号的结果如图 11-51 所示。这样就完成了单桥臂的驱动电路的布线，结果如图 11-52 所示。

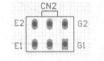

（a）调整前引脚的网络标号布局　　　　　　（b）调整后引脚的网络标号布局

图 11-51　调整接插件引脚的网络标号

④ 调整电路板的右边界。电路板的右边界确定后，就可以调整电路板的外形了，调整的结果如图 11-53 所示。

⑤ 重复步骤（1）～（4）设计另一半桥臂驱动电路，最后的结果如图 11-54 所示。

⑥ 调整电路板的上边界，结果如图 11-55 所示。

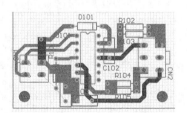

图 11-52　完成布线的单桥臂驱动电路

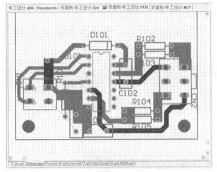
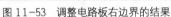

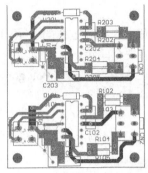

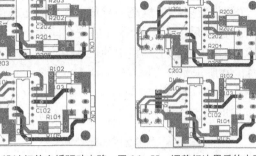

图 11-53　调整电路板右边界的结果　　图 11-54　设计好的全桥驱动电路　图 11-55　调整好边界后的电路板

（7）电路板地线覆铜。

对各布线层中放置的地线网络进行覆铜，不但可以增强 PCB 的抗干扰能力，而且可以增大地线网络过电流的能力。本例中需要对地线网络"GND1"和"GND2"进行覆铜。

① 设置多边形填充的连接方式。执行菜单命令【Design】/【Rules…】，打开布线设计规则对话框。在该对话框中，单击【Manufacturing】选项卡即可打开【Polygon Connect Style】（多边形填充连接方式设计规则）选项对话框，如图 11-56 所示。

② 鼠标左键双击【Polygon Connect Style】即可打开【Polygon Connect Style】（多边形矩形填充与网络连接方式）对话框，如图 11-57 所示。

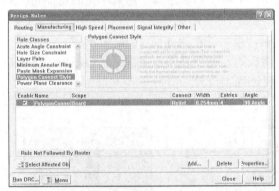

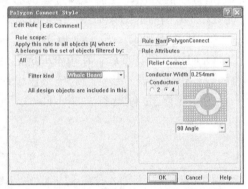

图 11-56　多边形填充连接方式设计规则选项对话框　　　图 11-57　多边形填充与网络连接方式对话框

在图 5-141 的对话框中，提供了以下 3 种连接方式。

【Relief Connect】：辐射连接。

【Direct Connect】：直接连接。

【None Connect】：不连接。

辐射连接包括图 11-58 所示的 4 种方式。

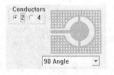
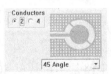

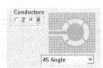

图 11-58　辐射连接的 4 种方式

对于同一种网络通常选择直接连接的方式，这样在连接相同网络时，连接的有效面积最大。但是这样做有一个缺点，那就是在焊接元器件时，与焊盘连接铜箔的面积较大，散热较快，不利于焊接。

③ 设置多边形填充与导线、焊盘和过孔的安全间距（Clearance Constraint），如果电路板允许，建议采用大于 0.5mm 的安全间距。

④ 单击放置工具栏中的⬚按钮，打开【Polygon Plane】（多边形填充选项）对话框，如图 11-59 所示。

在该对话框中，将连接网络设置为"GND1"，工作层面设置为底层，线宽设为"1mm"，不采用网格的连接方式，采用整块覆铜，设置的结果如图 11-60 所示。

图 11-59 设置多边形填充选项对话框

图 11-60 设置好的多边形填充选项对话框

⑤ 设置好多边形填充属性后，单击 OK 按钮，此时鼠标指针变成十字光标，然后根据绘制导线的方法，在需要放置覆铜的区域绘制一个封闭的多边形，然后单击右键即可。对"GND1"覆铜后的结果如图 11-61 所示。

⑥ 重复步骤④、⑤，对"GND2"进行覆铜，最后的结果如图 11-62 所示。

（8）DRC 设计校验。在覆铜完成之后，电路板的设计就基本上完成了，但是为了保证电路板设计正确无误，还应当对电路板设计进行设计规则校验。

（9）查看 3D 效果图，如图 11-63 所示。

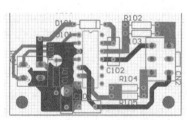

图 11-61 对"GND1"覆铜后的电路

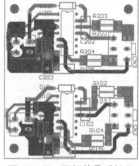

图 11-62 覆铜的最后结果

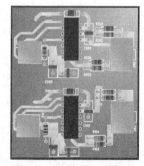

图 11-63 查看 3D 效果图

11.2 单片机最小系统的电路设计综合实例

电路原理图设计实例如图 11-64 所示，该电路是由单片机 8031、地址锁存器 74LS373、存储器 27128 以及相应的时钟振荡电路和上电复位电路等组成的单片机最小系统。

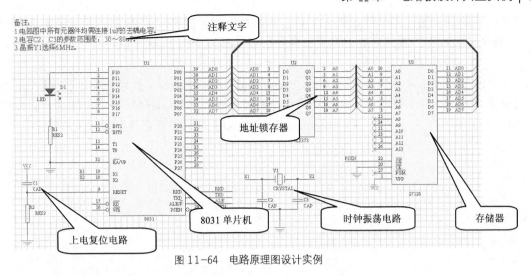

图 11-64 电路原理图设计实例

11.2.1 双面板布线的准备工作

（1）准备电路原理图，如图 11-64 所示。

（2）生成网络表文件。

（3）规划电路板。

① 设置当前工作层为禁止布线层（KeepOutLayer）。

② 单击放置工具栏（Placement Tools）中的 按钮，初步绘制一个矩形框组成电路板的电气边界。

③ 完成电路板电气边界的绘制后，单击放置工具栏中的 按钮，在电气边界的拐角位置上放置 4 个安装孔，电路板的电气边界规划结果如图 11-65 所示。

（4）载入网络表。

① 在 PCB 编辑器中载入所需的元器件封装库，这里将 Protel 99SE 的安装目录 "\Library\Pcb\Generic Footprints" 中的设计数据库文件 "Miscellaneous.ddb" 和 "General IC.ddb" 载入。

② 执行菜单命令【Design】/【Load Nets...】，在弹出的【Load/Forward Annotate Netlist】对话框中选择要载入的网络表文件的位置和名称，这里选择的是 "单片机最小系统.NET"，如图 11-66 所示。

图 11-65 电路板的电气边界规划

图 11-66 选择所要载入的网络表文件

③ 确认所装入的网络正确无误后，单击对话框中的 Execute 按钮，完成网络表与元器件封装的装入过程。载入网络表与元器件封装后的结果如图 11-67 所示。

（5）元器件的自动布局。

① 执行菜单命令【Tools】/【Auto Placement】/【Auto Placer…】，系统自动弹出【Auto Place】（元器件自动布局）对话框。在对话框中选择成组布局（Cluster Placer）方式进行元器件的自动布局，并且不选中【Quick Component Placement】项。设置结果如图 11-68 所示。

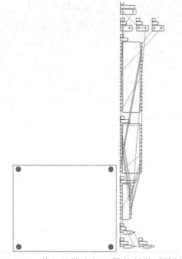

图 11-67　载入网络表与元器件封装后的结果　　　图 11-68　设置自动布局参数

② 设置好元器件自动布局参数后，单击对话框中的 OK 按钮即可开始元器件自动布局。自动布局完成后的效果如图 11-69 所示。

（6）调整电路板元器件布局，结果如图 11-70 所示。

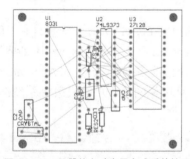

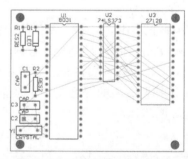

图 11-69　元器件自动布局完成后的结果　　　　图 11-70　调整元器件布局的结果

（7）网络密度分析。

① 执行菜单命令【Tools】/【Density Map】。

② 执行密度分析命令后，得到网络密度分布结果，如图 11-71 所示。在密度分析图中，颜色越深的地方表示网络密度越大，这样设计者可以直观地了解电路板中网络的密度分布。

③ 按 End 键或者执行重新刷新屏幕的菜单命令【View】/【Refresh】，即可清除密度分析图。

图 11-71　网络密度分析结果

11.2.2　布线设计规则的设置

在电路板的元器件布局完成之后，下一步的工作就是设置布线设计规则，它是进行电路板布线前必须要做的一项工作。电路板布线过程中用户要严格按照布线规则进行布线，因此布线设计规则设置得是否合理将直接影响到后面布线工作的质量和成功率。

（1）执行菜单命令【Design】/【Rules…】，系统自动弹出【Design Rules】（设计规则设置）对话框，如图 11-72 所示。

（2）在【Rule Classes】列表框中选择【Width Constraint】选项，设置布线宽度规则，如图 11-205 所示。然后单击 Add… 按钮，打开【Max-Min Width Rule】（最大、最小线宽规则）对话框，如图 11-73 所示。

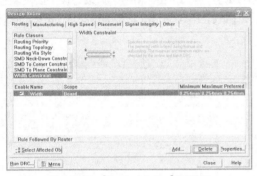

图 11-72　【Design Rules】对话框

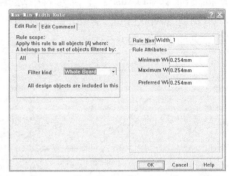

图 11-73　【Max-Min Width Rule】对话框

（3）单击【Filter kind】（选择类型）下拉列表右侧的 按钮，选择【Net Class】（网络组）选项，如图 11-74 所示。

（4）【Max-Min Width Rule】对话框的界面发生改变，如图 11-75 所示。单击界面下方的 Edit Classe 按钮，系统打开【Object Classes】（项目组设置）对话框，如图 11-76 所示。

（5）单击对话框中的 Add… 按钮，系统弹出【Edit Net Class】（编辑网络组）对话框。首先在【Name】（网络组名称）文本框中输入"POWER"，然后在该对话框的【Non-Members】（非网络组成员）列表框中选择【VCC】，然后单击旁边的 按钮，即可将网络"VCC"添加到【Members】（网络组成员）列表框中。用同样的方法将网络"GND"也添加到【Members】列表框中，结果如图 11-77 所示。

（6）单击 OK 按钮完成网络组的设置，这时【Object Classes】对话框中的【Net】选项卡将出现新创建的"POWER"网络组，如图 11-78 所示。

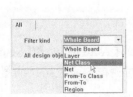

图 11-74　选择【Net Class】选项

图 11-75　选择【Net Class】选项后的【Max-Min Width Rule】对话框

图 11-76 【Object Classes】对话框

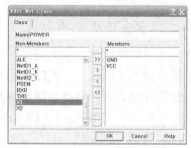

图 11-77 添加网络到"POWER"网络组

（7）单击 Close 按钮，关闭【Object Classes】对话框，然后在【Max-Min Width Rule】对话框中的【Net Class】下拉列表中选择【POWER】，在【Rule Attributes】分组框中设置线宽，本例将【Maximum Width】设置为"2mm"、【Preferred Width】设置为"1mm"，最后的设置结果如图 11-79 所示。

图 11-78 创建网络组完毕后的【Object Classes】对话框

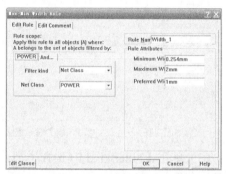

图 11-79 设置【POWER】网络组的线宽属性后的结果

（8）线宽设置完毕后，单击 OK 按钮确认，此时的【Design Rules】对话框如图 11-80 所示。

（9）剩下的布线规则，包括安全间距容许值（Clearance Constraint）、布线拐角模式（Routing Corners）、布线层的确定（Routing Layers）、布线优先级（Routing Priority）、布线原则（Routing Topology）和过孔的类型（Routing Via Style）等可以参照前面提出的要求，在对话框中的【Rule Classes】列表框中选择不同的参数设置选项，一一确定其数值，并添加所需的内容即可。

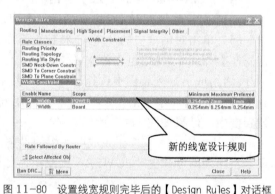

图 11-80 设置线宽规则完毕后的【Design Rules】对话框

11.2.3　电路板的自动布线

（1）自动布线策略的选择。

① 在 PCB 编辑器内，执行菜单命令【Auto Route】/【All…】或【Auto Route】/【Setup…】，系统自动弹出【Autorouter Setup】（自动布线器布线策略设置）对话框，设置结果如图 11-81 所示。

② 设置完毕后，单击对话框中的 OK 按钮确认。

（2）自动布线。

① 执行菜单命令【Auto Route】后，系统弹出图 11-82 所示的自动布线菜单命令。

② 选择【All...】（整板布线）选项，系统自动弹出【Autorouter Setup】（自动布线器布线策略设置）对话框，如图 11-81 所示。

③ 由于自动布线策略在前面已经设置完毕了，这里只需单击对话框中的 Route All 按钮，系统即可开始进行自动布线。布线结束后的结果如图 11-83 所示。

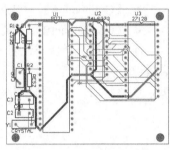

图 11-81　自动布线器布线策略设置　　图 11-82　自动布线菜单命令　　图 11-83　自动布线后的结果

11.2.4　手动调整布线

1．自动布线的修改

在顶层的连线上，导线穿过了芯片引脚后再绕回来，走了不必要的弯路，如图 11-84 所示，下面对其进行修改。

（1）选择不需要的导线，按 Delete 键将其删除，结果如图 11-85 所示。

图 11-84　导线穿过芯片引脚

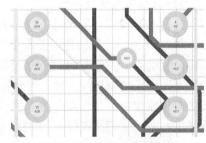

图 11-85　删除不需要的导线

（2）单击 PCB 编辑器工作窗口下方的 BottomLayer 标签选择当前工作层为底层。

（3）首先绘制一段底层导线，然后单击放置工具栏中的 按钮，在其端部放置一个过孔。

（4）单击 PCB 编辑器工作窗口下方的 TopLayer 标签，选择当前工作层为顶层。

（5）绘制一条顶层导线，将刚刚放置的过孔与原导线连接。最后绘制的结果如图 11-86 所示。

对自动布线的修改后，设计者还可以利用

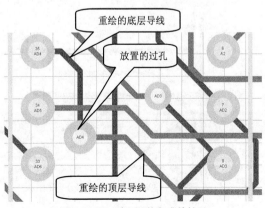

图 11-86　手工调整完成的结果

Protel 99SE 的拆线功能删除两个焊盘或过孔之间的连线，然后再重新进行布线。这种方法并不能节约多少工作量，修改的大量工作还必须由操作者手动完成，它只是起到拆线的作用。

Protel 99SE 中的拆线功能主要通过菜单命令【Tools】/【Un-Route】来完成，如图 11-87 所示。

下面将菜单中的不同选项作简要说明。

- 【All】：该选项对整个电路板上的布线进行拆线操作。
- 【Net】：该选项对指定网络进行拆线操作。
- 【Connection】：该选项对指定连线进行拆线操作。
- 【Component】：该选项对指定元器件进行拆线操作。

下面通过一个例子说明一下利用拆线功能进行布线调整的详细步骤。如图 11-88 所示，鼠标光标指示的连线从两个焊盘中间绕了一个大弯后，连接到 8 号焊盘，这种转弯完全不必要，应该修改。下面利用拆线功能调整导线。

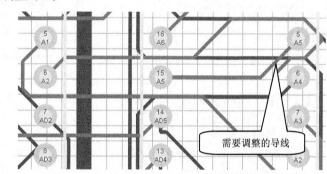

图 11-87　菜单【Tools】/【Un-Route】中的选项　　　　图 11-88　修改前的电路放大图

2. 利用拆线功能调整导线

（1）执行菜单命令【Tools】/【Un-Route】/【Connection】。

（2）执行命令后，鼠标光标变成十字形状。移动鼠标光标到连接有问题的导线上，单击鼠标左键，就会拆除两个焊盘之间的连线，拆线结果如图 11-89 所示。

（3）为了重新绘制导线方便，需要将图 11-89 中的 15 号焊盘与 5 号焊盘间的连线进行调整。首先双击水平放置的顶层导线，在弹出的【Track】对话框中将【Layer】（工作层面）项设置为【BottomLayer】（底层），如图 11-90 所示，然后单击 OK 按钮确认。

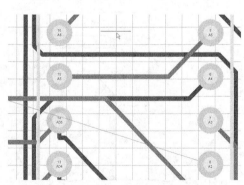

图 11-89　拆除连线的部分电路放大图

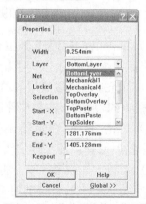

图 11-90　修改导线的工作层面

（4）单击工具栏中的 ![按钮] 按钮，在两段导线的结合处放置一个过孔。最后调整的结果如图 11-91 所示。

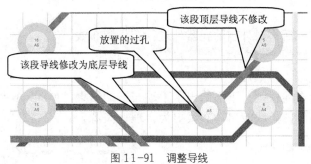

图 11-91　调整导线

（5）上述导线调整完毕后，单击 PCB 编辑器工作窗口下方的 TopLayer 标签，选择当前工作层为顶层。

（6）单击放置工具栏中的 ![按钮] 按钮进行布线，重新绘制两个焊盘之间的连线，结果如图 11-92 所示。

虽然 Protel 99 SE 的自动布线功能十分强大，但在布线完成的电路板中必然存在着许多不合理之处，设计者必须对这些不合理的走线进行调整。上面就部分不合理的布线进行了调整，类似于这种不合理的布线还有很多，还需要细心地修改。经过一番努力之后，得到最终结果如图 11-93 所示的电路图，该图在部分细节上进行过调整，这样就比自动布线后的电路更加合理、美观。

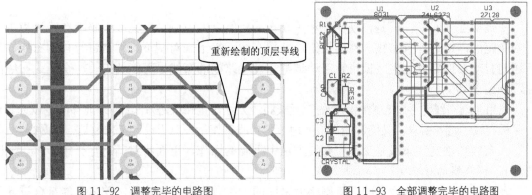

图 11-92　调整完毕的电路图　　　　图 11-93　全部调整完毕的电路图

11.2.5　电路板的手动布线

电路板的手动布线是指整个电路板都采用手工的布线方法进行布线。手动布线与自动布线相差很大，在电路板布线设计规则设置完成之后，并不是马上对电路板进行布线，而是先需要对整个电路板上元器件的布局、元器件之间的网络连接进行全局的考虑，形成一个基本的元器件布局图，然后才开始元器件的布线。更重要的一点是手动布线与元器件的手动布局是同时进行的，即按电气功能将电路板上的元器件进行分块，然后分块进行元器件的布局和电路板的布线。手动布线的流程如图 11-94 所示。

手动布线还应当遵循以下原则。

（1）与机械尺寸有关的器件应当先布局，然后进行布线。

（2）大的占位置的器件也应当优先布局和布线。

（3）确定核心元器件的位置，然后根据核心元器件同外围器件的电气连接关系来优化其位置。

（4）以上操作完成后再对外围的元器件进行布局和布线。

（5）每个集成电路的去耦电容应当尽量靠近 IC 芯片。

（6）所有的连线应当尽量短。

根据以上的手动布线原则，下面给出了手动布线的结果，如图 11-95 所示。从图 11-95 中可以看出，手动布线的走线较自动布线更为合理、美观。

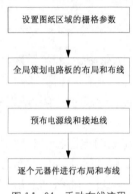

图 11-94　手动布线流程

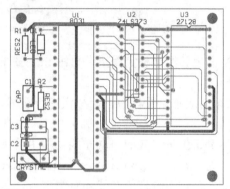

图 11-95　手动布线结果

11.2.6　电路板的交互式布线

所谓交互式布线，就是自动布线和手动布线相结合的方法，在完成电路板布线过程中，先对关键的网络进行预布线，然后锁定这些预布线，接下来对剩下的网络进行自动布线，最后再对自动布线完成的电路板进行手动调整，使电路板的布线尽可能的完美。交互式布线的流程如图 11-96 所示。

采用自动布线与手动布线相结合的交互式布线方法对电路板进行布线，既能够满足设计者对电路板布线的特殊要求，又能够最大限度地节省布线工作量，对于设计者来说是一举两得。

预布线和锁定预布线是交互式布线方法中重要的操作，下面将对其进行介绍。

1. 预布线的对象

预布线是针对电路板上的关键网络而采取的一种预先布线的措施，使之更能符合设计人员的特殊要求。预布线的对象主要包括以下几种情况。

● 预布电源线和地线以防止某些区域由于元器件过多、布线过密而导致电源线和地线最后无法布通。

● 为了保护某些设计者不希望布线的区域。

● 键盘或 FPGA 等逻辑器件下方需要预留一片区域，放置一块接地网络的矩形或多边形填充，以使回流的地线面积足够宽，减小射频干扰。

● 单片机系统的时钟电路下面也应当预留空地，放置大面积的地线填充块，以吸收高频时钟电路产生的辐射干扰。

● 在高速电路设计中，为了防止平行线的"交叉反射干扰"，在其背面也希望能有大面积的接地层，以吸收反射干扰。

2．锁定预布线

在电路板上预布线后，应当将所有的预布线锁定，否则在自动布线阶段预布线的结果将会被自动布线器重新布线，这样就达不到预布线的目的。下面介绍锁定一条预布线的方法。

（1）执行菜单命令【Edit】/【Change】，将出现的十字形鼠标指针移动到需要锁定的预布线之上，然后单击鼠标左键，即可打开【Track】（编辑导线属性）对话框，如图 11-97 所示。

要点提示　　直接双击需要锁定的预布线，同样可以弹出【Track】对话框。

（2）将【Locked】选项后的复选框选中，然后单击 ◻ OK ◻ 按钮即可锁定当前选中的导线。

（3）此时，系统仍处于当前命令状态，单击鼠标右键或按 Esc 键退出。

由于交互式布线是手动布线与自动布线相结合的产物，因此它的具体操作步骤也是前面介绍的两种布线方法的综合，这里不再过多介绍，可以根据本节开始给出的交互式布线流程自行对实例进行交互式布线。

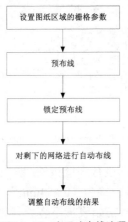

图 11-96　交互式布线流程

图 11-97　编辑导线属性对话框

11.2.7　覆铜

覆铜是电路板布线完毕后的一种常见操作，它是将电路板上没有放置导线和元器件的区域铺满铜箔。覆铜的对象既可以是电源网络、地线网络，也可以是信号线等，一般对地线网络进行覆铜最为常见。对地线覆铜的作用一方面可以增大地线的导电面积，降低电路由于接地而引入的公共阻抗；另一方面可以增大地线网络的面积，提高电路板的抗干扰性能和过大电流的能力。

下面在手动布线的基础上对地线网络进行覆铜，并介绍电路板覆铜的基本知识和操作方法。

1．设置与覆铜相关的设计规则

当电路板上的元器件布局和布线完成之后，接下来用户就可以对电路板进行覆铜操作了。覆铜操作前首先要对与覆铜设计规则进行设置，这样会使覆铜的结果更能满足设计者的要求。

与覆铜相关的设计规则主要包括两个。

● 安全间距限制（Clearance Constraint）设计规则。

- 多边形填充的连接方式（Polygon Connect Style）设计规则。

安全间距限制设计规则主要用来限制多边形填充铜箔与导线、元器件焊盘和过孔等导电图件之间的最小安全间距。如果用户的 PCB 板允许的的话，建议采用≥0.5mm 的覆铜安全间距。由于先前设置的安全间距参数为"0.254mm"，因此用户需要重新设置覆铜的安全间距。

（1）设置安全间距限制设计规则。

① 在 PCB 编辑器中执行菜单命令【Design】/【Rules…】，打开【Design Rules】（电路板设计规则设置）对话框，然后再打开【Clearance Rules】（安全间距设计规则）对话框，在该对话框中将安全间距设置为"0.5mm"。设置完成后返回【Design Rules】对话框，结果如图 11-98 所示。

② 单击对话框中的 Run DRC... 按钮，打开【Design Rule Check】（设计规则校验）对话框，进入【On-Line】选项卡，并取消对【Clearance Constraints】复选项的选择，如图 11-99 所示。

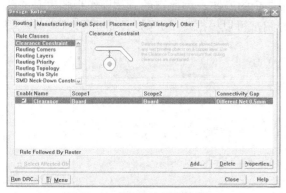

图 11-98　设置安全间距为 0.5mm

图 11-99　取消【Clearance Constraints】复选项的选择

这样做的目的是暂时使 PCB 编辑器无法对安全间距规则进行在线校验，即当前布线不会出现安全间距错误，当覆铜完成后还要将安全间距参数重新设置为"0.254mm"。也就是说只是覆铜的安全间距为"0.5mm"，其他导线间的安全间距保持初始设置不变。

为了能最大限度地压缩电路板的面积，以笔者的经验一般不选中【Component Clearance】（元器件安全间距检查）复选项，这样用户在进行手工布线时可以根据需要将元器件尽量靠近，从而缩短元器件间的距离使元器件布局更紧凑。

③ 单击 OK 按钮返回【Design Rules】对话框，然后再单击其中的 Close 按钮关闭【Design Rules】对话框。

（2）设置多边形填充连接方式。

① 执行菜单命令【Design】/【Rules…】，打开【Design Rules】对话框。

② 进入【Manufacturing】选项卡，在设计规则列表框中选择【Polygon Connect Style】（多边形填充设计规则设置）选项，打开【Polygon Connect Style】（多边形填充连接方式设置）对话框，如图 11-100 所示。

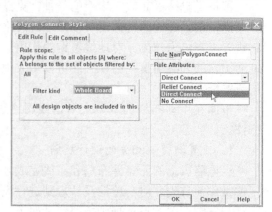

图 11-100　多边形填充连接方式设计规则设置对话框

③选择【Direct Connect】选项，设置多边形填充的连接方式为直接连接，然后单击 OK 按钮确认并返回【Design Rules】对话框。

④ 在【Design Rules】对话框中单击 Close 按钮，关闭【Design Rules】对话框完成设置。

2. 电路板覆铜

覆铜设计规则设置完毕后，下面就可以开始进行地线网络的覆铜操作了。

（1）在 PCB 编辑器中执行菜单命令【Place】/【Polygon Plane...】，或者单击放置工具栏中的 ⊿ 按钮，打开【Polygon Plane】（多边形填充属性设置）对话框，如图 11-101 所示。在【Polygon Plane】对话框中设置覆铜参数，结果如图 11-102 所示。

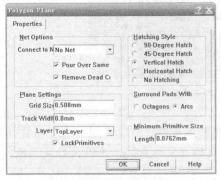

图 11-101 多边形填充属性设置对话框

图 11-102 设置覆铜参数的结果

（2）设置完覆铜参数后，单击【Polygon Plane】对话框中的 OK 按钮，回到 PCB 编辑器的工作窗口中，这时会出现带有十字形的鼠标指针，然后像绘制导线一样绘制一个封闭的区域，将需要覆铜的区域包围在其中。在绘制过程中，如果单击鼠标右键，将退出命令状态，同时程序会自动将起始点与最后放置的导线端点连接起来。

在画线的过程中，设计者可以配合 Space 键改变走线的样式。

（3）在图 11-103 所示的位置单击鼠标右键即可开始覆铜操作，结果如图 11-104 所示。

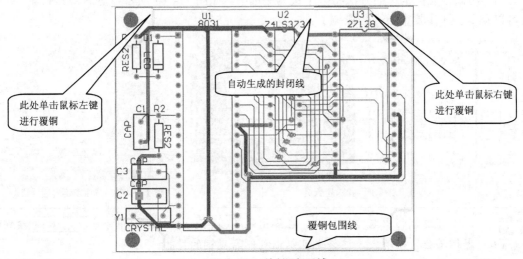

图 11-103 绘制覆铜区域

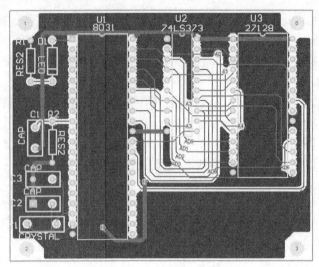

图 11-104　覆铜后的电路板

　　　　图 11-103 中所示的封闭线是程序自动生成的。另外，用户也可以自行封闭覆铜包围线，但是要在终点（也是起点）处单击鼠标左键，才能执行覆铜操作。

（4）如果用户对覆铜的结果不满意，那么可以重新设置覆铜参数。在覆铜层上双击鼠标左键，系统弹出【Polygon Plane】对话框，对覆铜参数进行重新设置后单击 OK 按钮，接着会弹出【Confirm】对话框，如图 11-105 所示。

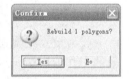

图 11-105　修改覆铜

（5）如果用户单击 Yes 按钮则系统会按照新的覆铜参数重新进行覆铜，否则单击 No 按钮，退出本次修改。

（6）如果用户对本次覆铜的外形不满意的话，还可以将鼠标光标移到覆铜层上，按住鼠标左键不放，将覆铜层拉到电气边界外，松开鼠标左键，系统会弹出【Confirm】对话框，如图 11-106 所示。单击 No 按钮，这时覆铜层将会留在当前位置。

（7）用鼠标光标框选的方法将整个覆铜层选中，如图 11-107 所示，然后将其删除。接着就可以重复上述步骤重新开始覆铜了。

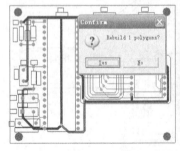

图 11-106　移除覆铜层

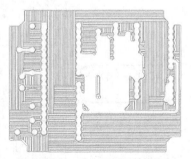

图 11-107　选中覆铜层后的状态

　　　　将覆铜移出电气边界后，在弹出的【Confirm】对话框中单击 Yes 按钮，覆铜层会自动消失，这样也可以达到删除覆铜的目的。

11.2.8 DRC 设计校验

电路板布线完成后, 为了保证电路板上所有的网络连接正确无误, 完全符合电路板布线设计规则和设计者的要求, 应当对电路板进行 DRC 设计校验。即使是有着丰富经验的设计人员, 在设计复杂的 PCB 电路板时也是很容易出错的, 对电路板进行 DRC 设计校验对初学者来说尤为重要。因此在完成 PCB 的布线后, 千万不要遗漏这一步。

本节我们首先介绍 DRC 设计校验的作用, 然后通过实例讲解进行 DRC 校验的一般步骤。

1. DRC 设计校验的作用

DRC 设计校验主要分为两种形式, 即在线的 DRC 设计校验 (Online) 和 DRC 设计校验报告 (Report)。

在线 DRC 设计校验的功能是当电路板设计过程中有违反设计规则的操作的时候, 系统将提醒用户(与设计规则相冲突的图件将会变成绿色), 并使当前的操作不能完成, 如图 11-108所示。DRC 设计校验报告主要运用在电路板设计完成后, 对整个电路板进行一次性的设计校验, 与电路板设计规则相冲突的图件也将变成绿色。典型的 DRC 校验报告如图 11-109 所示。

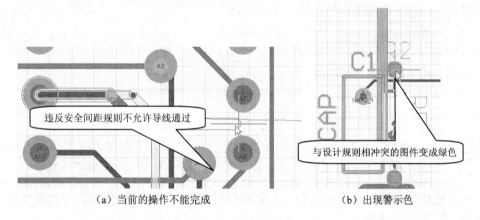

(a) 当前的操作不能完成　　　　　　　　(b) 出现警示色

图 11-108　在线 DRC 的功能

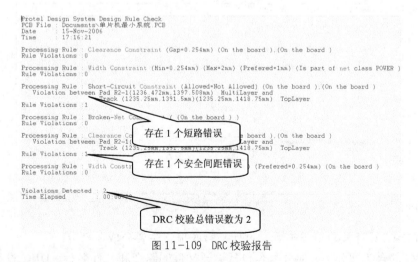

图 11-109　DRC 校验报告

利用系统提供的 DRC 设计校验功能用户可以对电路板上违反设计规则的内容进行检验。

2. DRC 设计校验

DRC 设计校验的检验项目与电路板的设计规则具有一一对应的关系，因此设计者在进行 DRC 设计校验时就应当根据电路板设计过程中设定的设计规则来激活设计检验器中相应的检验项目。

下面通过实例具体介绍 DRC 设计校验的操作。

（1）打开"Polygon Plane.PCB" PCB 文件。

（2）在 PCB 编辑器中执行菜单命令【Tools】/【Rules…】，打开【Design Rules】对话框。然后再打开【Clearance Rules】对话框，在该对话框中将安全间距重新设置为"0.254mm"。

（3）单击【Design Rules】对话框中的 Run DRC… 按钮，打开【Design Rule Check】对话框，如图 11-110 所示。

该对话框中的检验项目与电路板上的设计规则具有一一对应的关系。但是就一般的电路板而言，电路板设计完成后只要对【Routing Rules】（布线规则）栏中的各项进行 DRC 设计校验就能满足电路板设计的需要。

图 11-110　设计规则校验设置对话框

（4）将【Routing Rules】和【Opinions】分组框中的全部选项选中，对于其余栏中的校验项目不选择，设置结果如图 11-110 所示。

 如果选中【Max/Min Hole Size】项，DRC 校验会警告安装孔尺寸错误，由于安装孔是设计者有意这样设计的，因此不选择该项从而忽略该项检查。

（5）设计校验项目设置完毕后，单击 Run DRC 按钮，即可开始 DRC 校验并生成 DRC 报告文件，如图 11-111 所示。

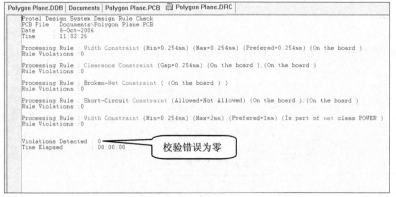

图 11-111　DRC 报告文件

从上面 DRC 设计校验报告来看，设计检验的报告主要分成 3 部分。

（1）报告的台头部分。该部分内容包括设计文件的路径和文件名称、DRC 设计校验的检验日期和 DRC 设计校验的检验时间等内容。

（2）报告的主题内容部分。主体的内容主要包括各项需要检验的设计规则的详细内容、违反电路板设计规则的详细内容和总的违反该项设计规则的统计次数等。

（3）报告的结尾部分。结尾部分主要为违反各项设计规则次数的总和以及设计校验耗费的时间。

在电路板的 DRC 设计校验报告出来后，设计者就可以根据报告的内容了解电路板上有多少与设计规则相冲突的地方，并从违反电路板设计规则的详细内容中检查电路板上违反设计规则的原因从而有针对性地对错误之处进行修改。

11.3　原理图设计技巧实例

11.3.1　应用原理图模板创建原理图

在绘制原理图的过程中，如果每一张原理图都必须具有某些完全相同的图形对象，如原理图的边框和标题栏，那么可以用一张只具有这些对象的原理图作为模板。这样一来，以后每次绘制原理图的时候，就只需要采用这个模板，而不需要每次都重复绘制同样的图形对象。

1. 创建原理图模板

Protel 99 SE 的原理图编辑器提供了许多图纸模板，每种图纸型号对应一个模板，选择某一个标准型号的图纸时，原理图编辑器就会自动加载相应的原理图模板。

用户也可以自己定义图纸模板。首先在图纸中放置所需要的图形对象，完成绘制工作之后，执行菜单命令【File】/【Save as】，从文件类型下拉列表框中选择【*.dot】，如图 11-112 所示，然后单击 OK 按钮，将编辑好的原理图另存为模板文件。

2. 调用和更新模板

用户可以指定一个模板作为默认模板，这样每次新建原理图文件时就会自动调用，执行菜单命令【Tools】/【Preferences】，在【Preferences】对话框底部的【Default Template File】分组框中单击 Browse... 按钮，可以选择默认模板，如图 11-113 所示。

图 11-112　将原理图另存为模板文件

图 11-113　设置默认模板

执行菜单命令【Design】/【Template】/【Setup Template File Name】，也可以设置默认模板文件。【Template】子菜单如图 11-114 所示，其各个选项的含义如下：

（1）【Update】

用于更新当前模板。

如果对模板进行了编辑修改，且当前打开的原理图中有文件采用了该模板，那么就不需要重新加载模板，只需要执行该命令，模板所做的修改就会自动反映到采用该模板的原理图中。

执行菜单命令【Design】/【Template】/【Update】，弹出图 11-115 所示的模板更新对话

框。单击 Apply to All 按钮，会将图纸模板的更新应用于当前工作区中打开的所有设计项目中的原理图文件。单击 OK 按钮，只将图纸模板的更新应用于当前激活的原理图文件。

图 11-114 【Template】子菜单

图 11-115 模板更新对话框

（2）【Setup Template File Name】

用于设置模板文件的文件名。

（3）【Remove Current Template】

用于卸载当前模板。

执行菜单命令【Design】/【Template】/【Setup Template File Name】，打开图 11-116 所示的选择模板对话框，在该对话框中选择所需的原理图文件作为模板，Protel 99 SE 就会将选中的模板应用到当前的原理图图纸中，并且这些模板中的图形对象在当前原理图中是不可编辑和修改的。

该对话框的各项设置的含义如下。

- 下拉列表：位于对话框顶部的下拉列表中包含了当前工作区中打开的设计数据库，改变其中的选择，其下方文档结构框中的内容也会随之改变，便于用户在已经打开的设计项目中更加方便地浏览和查找所需的模板文件。

- Add... 按钮：如果所需的模板文件不在已经打开的设计项目中，单击 Add... 按钮，将弹出图 11-117 所示的选择模板对话框，用户可以在这里浏览定位到模板文件所在的设计数据库，再单击 打开(0) 按钮，把该设计数据库添加到当前的下拉列表中。但是用户需要先在下拉列表中选择该数据库，然后才能浏览其内部的文档结构，进而找到所需的文档。

图 11-116 选择模板对话框

图 11-117 选择模板对话框

- 文档结构框：该方框类似于文件管理器的显示，它以树状目录显示出当前选中的设计项目内部的文档结构，它会根据【Document Kind】下拉列表的设置来显示文件，一般只会显示所选库中的原理图文件。

- 【Document Kind】下拉列表：用于对文件的类型进行过滤，这有助于筛选出所需的模板文件。

> 如果想修改 Protel 99 SE 自带的模板，但是在原理图的编辑环境中，模板上的线条和文字等对象是不可编辑的，必须重新绘制。

用户可以在【Document　Options】对话框的【Organization】选项卡中插入一些图纸的信息，之后这些信息会自动显示在图纸右下角的标题栏中，用户自定义的图纸模板也可以实现，但是需要给字符串加上特殊的符号，Protel 99 SE 为用户提供了特殊字符串的转换功能。

11.3.2　全局编辑功能

在原理图编辑器中不仅可以对单个图件进行编辑，而且还可以同时对当前文档或整个数据库设计文件中具有相同属性的图件进行编辑。

对当前设计文档或整个数据库设计文件中具有相同属性的图件同时进行编辑的功能就是全局编辑功能。利用全局编辑功能可以通过一次操作对多个图件进行编辑，从而大大提高原理图设计效率，减少设计人员的工作量。

以 Protel 99 SE 安装目录下 "Design Explorer 99 SE\Examples\LCD Controller.ddb" 设计数据库文件中的 "Clock Generator.sch" 文件实现利用全局编辑功能修改线路节点的大小。

（1）打开 "Clock Generator.sch" 原理图，如图 11-118 所示。

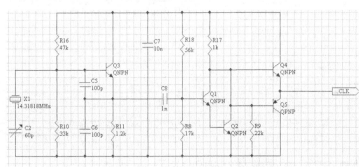

图 11-118　"Clock Generator.sch" 原理图

（2）将鼠标光标移动到电路节点上，然后单击鼠标左键，系统将会弹出选择图件快捷菜单，在选择图件快捷菜单选择【Junction】选项，如图 11-119 所示。

（3）双击该节点打开修改电路节点属性对话框，如图 11-120 所示。

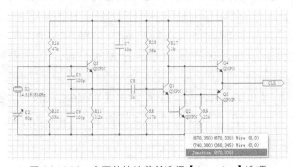

图 11-119　在图件快捷菜单选择【Junction】选项

图 11-120　修改电路节点属性对话框

（4）选择电路节点的类型为【Small】，单击 Global >> 按钮，打开全局编辑功能选项，如图 11-121 所示。

（5）单击 OK 按钮，系统会弹出确认对话框，如图 11-122 所示。

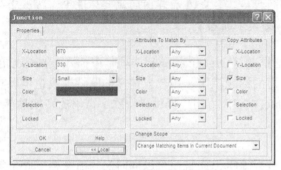

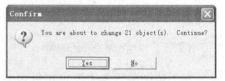

图 11-121　全局编辑功能对话框　　　　　　　图 11-122　确认对话框

（6）单击 Yes 按钮，系统自动将原理图设计中的电路节点大小修改为【Small】，结果如图 11-123 所示。

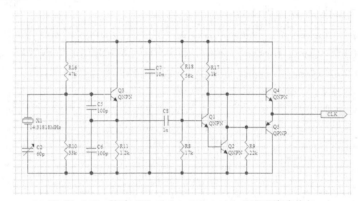

图 11-123　修改"Clock Generator.sch"原理图线路节点

11.3.3　放置 PCB 电路板布线规则符号

Protel 99 SE 允许在电路原理图设计中放置印制电路板设计规则符号，以事先指定布线（或网络）铜膜的宽度、过孔的直径、布线策略、布线的优先权及布线的层别等属性。如果用户在绘制电路原理图时对某些具有特殊要求的连线进行相应的印制电路板布线设置，那么在印制电路板绘制的时候，用户就不必再为这些具有特殊要求的连线进行【Design Rules】（布线设计规则）设置了。

如果在绘制电路原理图时，能灵活地运用印制电路板布线规则符号操作方法，那么在日后的印制电路板设计过程中，将会大大减少布线设计规则参数设置的个数，从而提高工作效率。

执行菜单命令【Place】/【Directives】/【PCB Layout】，或者单击【WiringTools】绘制电路原理图工具栏中的图图标，按 Tab 键，打开 PCB 布线规则符号属性设置对话框如图 11-124 所示。

对话框各项的含义如下。

（1）【Track】（布线宽度）：该选项用来设置布线时的铜膜宽度，单位为（mil）。默认值为 "10mil"。

（2）【Via Width】（过孔直径）：该选项用来设置该网络布线时所用到的过孔的直径。默认值为 "50 mil"。

（3）【Topology】（布线策略）：该选项用来设置该网络布线时采用的最佳布线策略。该项有如下 7 种选项，如图 11-125 所示，默认值为【Shortest】选项。

图 11-124 PCB 布线规则符号属性设置对话框

图 11-125 布线策略

- 【X-Bias】：偏向 x（水平）方向布线。
- 【Y-Bias】：偏向 y（垂直）方向布线。
- 【Shortest】：尽量以最短路径布线。
- 【Daisy Chain】：以菊花链方式布线。
- 【Min Daisy Chain】：以小型菊花链方式布线。
- 【Start/End Daisy Chain】：起点和终点相接的菊花链方式布线。
- 【Star Point】：星形放射状布线。

（4）【Priority】（布线优先级）：该选项用来设置网络的布线优先级。该项有如下 5 种选项，如图 11-126 所示，默认值为【Medium】选项。

图 11-126 布线优先级

- 【Highest】：最优先布线。
- 【High】：优先布线。
- 【Medium】：中等优先布线。
- 【Low】：较后布线。
- 【Lowest】：最后布线。

（5）【Layer】（工作层面）：该选项用来设置布线所在的工作层面。该项有 22 种选项。

- 【Undefined】：未定义，此项为默认设置。
- 【Top Layer】：最上层。
- 【Mid Layer 1～14】：中间第 1～14 层。
- 【Bottom Layer】：最底层。
- 【Multi-Layer】：多布线层。
- 【Power Plane 1～4】：电源布线平面 1～4 层。

（6）【X-Location】（X 坐标）：该选项用来设置 PCB 布线符号的 x 轴坐标。

（7）【Y-Location】（Y 坐标）：该选项用来设置 PCB 布线符号的 *y* 轴坐标。

（8）【Color】（颜色）：该选项用来设置 PCB 布线符号的颜色。

 放置 PCB 布线规则符号时，PCB 布线规则符号的底部一定要接在导线上或管脚的端点上。

11.3.4 原理图的拼接打印

打印机输出是一种常用的电路原理图输出方式，常用于小幅面图纸的输出，为了实现大幅面图纸的输出，我们可以使用 Protel 99 SE 打印设置中的自定义缩放模式，以将一张图纸打印成多份，然后再拼接成完整的电路图。

以 Protel 99 SE 安装目录下"Design Explorer 99 SE\Examples\ 4 Port Serial Interface.ddb"数据库文件中的"ISA Bus and Address Decoding.sch"文件完成原理图的拼接打印输出，打印输出的图纸大小为 B5。

（1）打开原理图文件，如图 11-127 所示。

（2）调整原理图图件的位置，如图 11-128 所示。

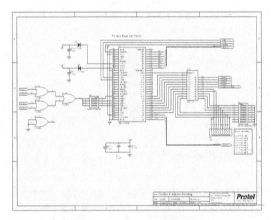

图 11-127　打开原理图文件

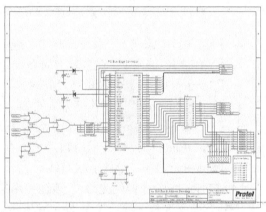

图 11-128　调整原理图图件的位置

（3）执行菜单命令【Design】/【Options】，打开图 11-129 所示的【Document Options】对话框，将【Custom Width】设置为"1100"、【Custom Height】设置为"700"，缩小空白区域。

（4）调整好的结果如图 11-130 所示。

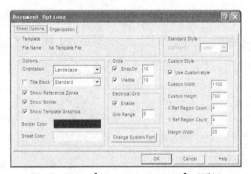

图 11-129　【Document Options】对话框

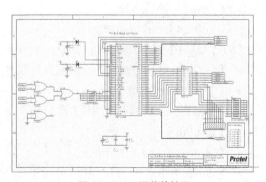

图 11-130　调整的结果

（5）执行菜单命令【File】/【Setup Printer】，打开图 11-131 所示的【Schematic Printer Setup】对话框。

（6）单击 Properties.. 按钮，设置【打印设置】对话框，如图 11-132 所示。

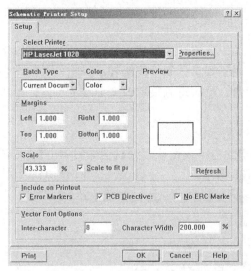

图 11-131　【Schematic Printer Setup】对话框

图 11-132　【打印设置】对话框

（7）横向拼接的结果如图 11-133 所示。

（8）纵向拼接的结果如图 11-134 所示。

（9）单击 Print 按钮，即可进行打印输出。

（10）打印完毕后，将两张图纸拼接在一起即可得到整个电路的电路原理图。

图 11-133　横向拼接的结果

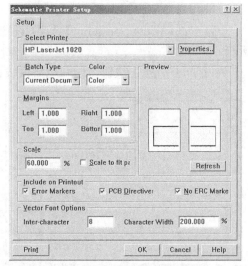

图 11-134　纵向拼接的结果

为了尽可能在图纸上打印出最大的电路原理图设计，在打印之前应当调整图纸的大小，使图纸空白区域最小。

11.4 PCB 电路板设计技巧实例

11.4.1 放置不同宽度导线

由于电路板上空间的限制或其他的特殊要求，一条连续的导线可能需要由多段不同宽度的导线构成，例如当导线穿过两个焊盘之间时，由于焊盘之间的间距较小，粗的导线在当前设定的安全间距限制规则下而不可能穿过两个焊盘。这时可以采取改变导线的宽度，绘制不同宽度的导线，以便使导线能通过两个焊盘。

（1）在 PCB 图中放置两个焊盘，如图 11-135 所示。

（2）执行菜单命令【Design】/【Rules】，在弹出的电路板设计规则对话框中单击【Routing】选项卡中的【Width Constraint】选项，如图 11-136 所示。

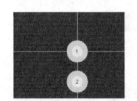

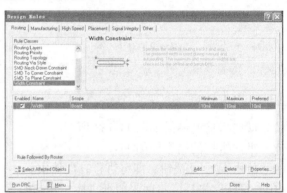

图 11-135　放置两个焊盘　　　　图 11-136　选择【Width Constraint】选项

（3）双击【Width Constraint】选项，设置布线宽度的最小值、最大值和典型值，如图 11-137 所示。

（4）单击 OK 按钮，返回电路板设计规则对话框，如图 11-138 所示。

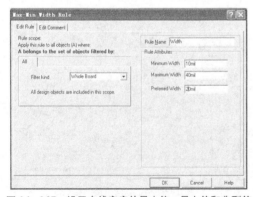

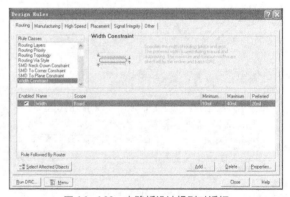

图 11-137　设置布线宽度的最小值、最大值和典型值　　　图 11-138　电路板设计规则对话框

（5）执行菜单命令【Place】/【Interactive Routing】，在导线的起点位置上单击鼠标左键，移动鼠标光标开始进行导线的绘制，如图 11-139 所示。

（6）按 Tab 键，导线宽度设置为"20mil"，如图 11-140 所示。

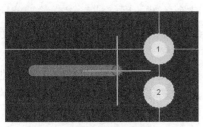

图 11-139　绘制导线

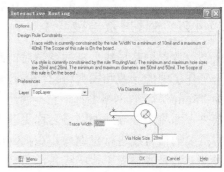

图 11-140　设置导线宽度

（7）单击对话框中的 OK 按钮，将鼠标光标移动到合适的位置后，单击鼠标左键完成第 1 段导线，同时开始绘制第 2 段导线，如图 11-141 所示。

（8）按 Tab 键，设置第 2 段导线宽度设置为 "10mil"，如图 11-142 所示。

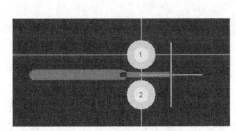

图 11-141　绘制第 2 段导线

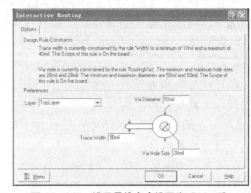

图 11-142　设置导线宽度设置为 "10mil"

（9）单击对话框中的 OK 按钮，将鼠标光标移动到合适的位置后，单击鼠标左键完成第 2 段导线，同时开始绘制第 3 段导线，如图 11-143 所示。

（10）按 Tab 键，设置第 3 段导线宽度为 "40mil"，如图 11-144 所示。

（11）绘制的结果如图 11-145 所示。

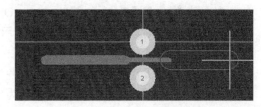

图 11-143　绘制第 3 段导线

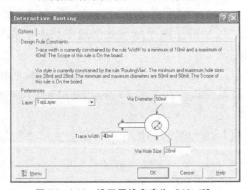

图 11-144　设置导线宽度为 "40mil"

图 11-145　放置不同宽度导线的效果

11.4.2 放置屏蔽导线

所谓"放置屏蔽导线"指的就是对电路板设计中某个关键的网络或某部分关键的区域，用同一工作层中的导线和圆弧将它们围起来，对外起到隔离的作用。系统默认的屏蔽导线的宽度为"8mil"，没有网络名称，它不属于电路板上的任何一个网络。如果把屏蔽导线与地线连接起来，即将屏蔽导线的网络名称更改为与地线同样的网络名称，那么就称为"包地"操作。对重要的信号线进行包地操作在抑制电磁干扰方面是非常有用的。通常需要屏蔽的线路有两种，一种是容易受干扰的线路，另一种是容易干扰其他导线的线路。

对于不同工作层面上的导线，屏蔽导线会自动调整被放置的工作层面。此外，屏蔽线也应遵守电路设计中的安全间距限制设计规则、布线宽度限制设计规则和短路限制设计规则。一般情况下，用屏蔽导线屏蔽线路时，造成屏蔽导线和电路板上其他元器件间的安全间距不够。从而违反设计规则，这时可以通过手工进行调整。

执行菜单命令【Edit】/【Select】/【Physical Connection】，选择线路时，只选中导线，而不会选中与导线相连接的焊点。屏蔽导线实际上直接和焊点相连，起不到屏蔽的作用。

11.4.3 放置泪滴

在导线与焊点或过孔的连接处有一段过渡，过渡处成泪滴状，称为"泪滴"。放置泪滴导线的操作也就是"补泪滴"。对导线进行补泪滴，并不是为了好看，而是为了加强导线和焊盘（或过孔）之间的连接，以防止在钻孔加工的时候，应力集中于导线和焊盘（或过孔）的连接处，导致导线断裂。

为了加强电路板上焊盘（过孔）与导线的连接强度，建议对电路板上元器件的焊盘、过孔添加泪滴，对于比较细的导线，添加泪滴焊盘尤为重要。由于细导线的附着力小，很容易在焊接过程中引起焊盘附近的铜箔断裂，而为其添加泪滴后，可以有效增强焊盘出导线的附着力。

执行菜单命令【Tools】/【Teardrop Options】，系统将会弹出泪滴属性设置对话框，如图 11-146 所示。

图 11-146 泪滴属性设置对话框

1. 【General】（通用选项）分组框

该分组框用于设置添加泪滴操作的各选项参数设置。

• 【All Pads】：选中该选项表示将为电路板上所有的焊盘添加泪滴。

• 【All Vias】：选中该选项表示将为电路板上所有的过孔添加泪滴。

• 【Selected Objects Only】：选中该选项后，可使前面两个选项处于选中状态，系统在执行添加泪滴的操作时，也仅对选中的图件添加泪滴。

• 【Force Teardrops】：补泪滴的操作也受电路板设计的安全间距限制规则和其他布线规则的限制，违反设计规则的补泪滴操作将不会被系统执行。选中【Force Teardrops】选项，可以强制对图件添加泪滴的操作。

• 【Create Report】：选中该选项，系统在执行添加泪滴的操作后，将会生成添加泪的结果报告。

2. 【Action】（操作）分组框

该分组框用于设置是添加或者删除泪滴焊盘的操作。

- 【Add】：选中该选项，系统将会执行添加泪滴焊盘的操作。
- 【Remove】：选中该选项，系统将会执行删除泪滴焊盘的操作。

3. 【Teardrop Style】（泪滴样式）分组框

该分组框用于设置泪滴焊盘的样式。

- 【Arc】：选中该选项，系统在添加泪滴焊盘时，系统将以圆弧线段来构成泪滴焊盘。
- 【Track】：选中该选项，系统在添加泪滴焊盘时，系统将以直线段来构成泪滴焊盘。

11.4.4　全局编辑功能

与原理图编辑器一样，在 PCB 编辑器中也含有一个功能强大的全局编辑功能。

下面以元器件 U1 属性的全局编辑为例，介绍全局编辑对话框中的各设置项。在电路板上 U1 元器件上双击鼠标左键，系统弹出的元器件属性设置对话框，在该对话框中单击 Global >> 按钮，即可打开元器件属性全局编辑对话框，如图 11-147 所示。

在这个对话框中含有 3 个选项卡，下面分别对这 3 个选项卡中的各选项设置进行介绍。

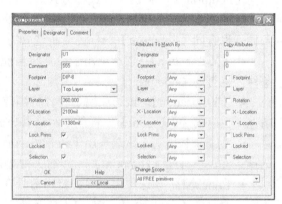

图 11-147　元器件属性全局编辑对话框

1. 【Properties】选项卡

【Properties】选项卡中的设置项主要是用于设置元器件的属性，如图 11-147 所示。在元器件属性设置对话框中，包括 4 栏。

全局编辑功能操作的原则是：将【Copy Attributes】分组框中的内容从当前处于编辑状态下的元器件复制到符合【Attributes To Match By】分组框中所设置的条件并属于【Change Scope】栏设定范围内的所有元器件中。

（1）基本属性栏

该栏用于设置当前处在编辑状态下元器件的基本属性，它含有以下选项。

- 【Designator】：该选项是当前处在编辑状态下元器件的编号。
- 【Comment】：该选项是当前处在编辑状态下元器件的说明文字，如元器件的参数说明。
- 【Footprint】：该选项用于设置当前处在编辑状态下的元器件封装。
- 【Layer】：该选项用于设置当前处在编辑状态下元器件所在的工作层面。
- 【Rotation】：该选项用于设置当前处在编辑状态下元器件放置的角度。
- 【X-Location】：该选项用于设置当前处在编辑状态下元器件放置的 x 向坐标。
- 【Y-Location】：该选项用于设置当前处在编辑状态下元器件放置的 y 向坐标。
- 【Lock Prims】：选中该选项，表示当前处在编辑状态下元器件是一个完整的元器件，而不是分解开的线段、弧线或焊盘等。如果取消该选项的选中状态，则可以在 PCB 编辑器中对该元器件封装进行编辑。
- 【Locked】：选中该选项可以将当前处在编辑状态下的元器件锁定，让它不可以移动。
- 【Selection】：选中该选项可以将当前处在编辑状态下元器件选中。

（2）【Attributes To Match By】分组框

该分组框用于设置符合复制属性的条件，它含有以下选项。

- 【Designator】：本项用于设置将元器件编号作为选择条件，编号一般采用通配符形式。
- 【Comment】：该选项用于设置将元器件的文字说明作为选择条件，文字说明一般也采用通配符形式。
- 【Footprint】：该选项用于设置将当前处在编辑状态下元器件的封装名称作为选择条件，其中有 3 种选择方式："Same"表示封装一样的才符合条件，"Different"表示封装不一样的才符合条件，"Any"表示不论什么样的封装都是符合条件的。
- 【Layer】：该选项用于设置将当前处在编辑状态下元器件的工作层作为选择条件，也有同【Footprint】一样的 3 种选择方式。
- 【Rotation】：该选项用于设置将当前处在编辑状态下元器件放置的旋转角度作为选择条件，也有同【Footprint】一样的 3 种选择方式。
- 【X-Location】：该选项用于设置将当前处在编辑状态下元器件放置的 x 坐标作为选择条件，也有同【Footprint】一样的 3 种选择方式。
- 【Y-Location】：该选项用于设置将当前处在编辑状态下元器件放置的 y 坐标作为选择条件，也有同【Footprint】一样的 3 种选择方式。
- 【Lock Prims】：该选项用于设置将当前处在编辑状态下元器件的分解与否的状态作为选择条件，也有同【Footprint】一样的 3 种选择方式。
- 【Locked】：该选项用于设置将当前处在编辑状态下元器件的锁定与否的状态作为选择条件，也有同【Footprint】一样的 3 种选择方式。
- 【Selection】：该选项用于设置将当前处在编辑状态下元器件的选中与否的状态作为选择条件，也有同【Footprint】一样的 3 种选择方式。

（3）【Copy Attributes】分组框

该分组框用于设置需要复制哪些属性，它含有以下选项。

- 【Designator】：该选项用于设置是否复制当前处在编辑状态下元器件的编号。
- 【Comment】：该选项用于设置是否复制当前处在编辑状态下元器件的文字说明。
- 【Footprint】：该选项用于设置是否复制当前处在编辑状态下元器件的封装形式。
- 【Layer】：该选项用于设置是否复制当前处在编辑状态下元器件所在的工作层面。
- 【Rotation】：该选项用于设置是否复制当前处在编辑状态下元器件放置的旋转角度。
- 【X-Location】：该选项用于设置是否复制当前处在编辑状态下元器件的 x 坐标。
- 【Y-Location】：该选项用于设置是否复制当前处在编辑状态下元器件的 y 坐标。
- 【Lock Prims】：该选项用于设置是否复制当前处在编辑状态下元器件的分解状态属性。
- 【Locked】：该选项用于设置是否复制当前处在编辑状态下元器件的锁定状态属性。
- 【Selection】：该选项用于设置是否复制当前处在编辑状态下元器件的选中状态属性。

（4）【Change Scope】栏

该栏用于设置待修改元器件的选取范围，包括两个选项，含义如下。

- 【All FREE primitives】：表示不是封装形式组成部分的所有图件，才可以进行全局编辑操作。
- 【All primitives】：表示无论图件是否是封装的组成部分，都可以进行全局编辑操作。

2. 【Designator】选项卡

在图 11-147 所示的对话框中单击【Designator】选项卡，即可打开元器件序号全局编辑对话框，如图 11-148 所示。该对话框主要用于设置元器件序号的属性。

在本选项卡下部分选项的作用与【Properties】选项卡下类似选项的作用基本相同，所以介绍与不同的选项。

（1）基本属性栏

本栏用于设置当前处在编辑状态下元器件的序号属性。

• 【Text】：该选项用于设置当前处在编辑状态下元器件的序号。

• 【Height】：该选项用于设置当前处在编辑状态下元器件序号文本的高度，系统的默认值是"60mil"。

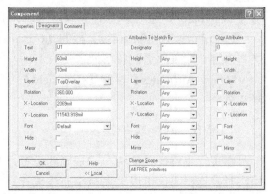

图 11-148 【Designator】选项卡全局编辑对话框

• 【Width】：该选项用于设置当前处在编辑状态下元器件序号文本字符线的宽度，系统的默认值是"10mil"。

• 【Font】：该选项用于设置当前处在编辑状态下元器件序号文本所采用的字体。

• 【Hide】：该选项用于设置是否隐藏当前处在编辑状态下元器件的序号。

• 【Mirror】：该选项用于设置是否将当前处在编辑状态下元器件的编号沿 x 轴进行镜像操作。

（2）【Attributes To Match By】栏

本栏用于设置符合复制属性的条件。

• 【Height】：该选项用于设置将当前处在编辑状态下元器件的编号文本高度作为选择条件。

• 【Width】：该选项用于设置将当前处在编辑状态下元器件的编号文本字符线的宽度作为选择条件。

• 【Font】：该选项用于设置将当前处在编辑状态下元器件的编号文本字体作为选择条件。

• 【Hide】：该选项用于设置将当前处在编辑状态下元器件编号的隐藏与否作为选择条件。

• 【Mirror】：该选项用于设置将当前处在编辑状态下元器件编号文本的镜像与否作为选择条件。

（3）【Copy Attributes】栏

本栏用于设置要复制哪些属性。

• 【Height】：该选项用于设置是否复制当前处在编辑状态下元器件序号文本的高度。

• 【Width】：该选项用于设置是否复制当前处在编辑状态下元器件序号文本的宽度。

• 【Font】：该选项用于设置是否复制当前处在编辑状态下元器件序号文本的字体。

• 【Hide】：该选项用于设置是否复制当前处在编辑状态下元器件序号的隐藏属性。

• 【Mirror】：该选项用于设置是否复制当前处在编辑状态下元器件编号文本的镜像属性。

3. 【Comment】选项卡

在如图 11-147 所示的对话框中单击【Comment】选项卡，即可打开元器件注释文字全局编辑对话框，如图 11-149 所示。该对话框主要用于设置元器件的注释文字（元器件参数）的属性。本选项卡下大部分选项的作用

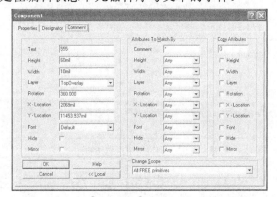

图 11-149 【Comment】选项卡全局编辑对话框

与【Designator】选项卡下的类似，所以只介绍不同的选项。

【Attributes To Match By】栏的【Comment】项于设置将元器件注释文字作为选择条件，文本内容一般采用通配符形式。

【Copy Attributes】栏的【Comment】项于设置是否复制当前处在编辑状态下元器件的注释文本。

11.4.5　网络类的定义

在进行电路板设计中布线规则的设置之前，常常将具有相同布线宽度的网络定义成一个网络类，这样不仅可以大大减少布线设计规则设置中的线宽限制规则的数目，也可以提高布线规则的设置效率。

打开 Protel 99 SE 安装文件中提供的"BOARD 1.ddb"数据库文件中的"Routed BOARD 1.pcb"，定义电源网络类。

（1）打开 PCB 图，如图 11-150 所示。

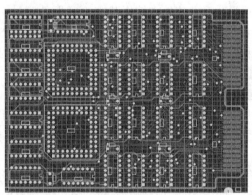

图 11-150　PCB 图

（2）执行菜单命令【Design】/【Classes】，打开【Object Classes】对话框，然后单击【Net】选项卡，打开浏览网络类的对话框，如图 11-151 所示。

（3）单击 Add... 按钮，弹出编辑网络类对话框，如图 11-152 所示。

图 11-151　浏览网络类对话框

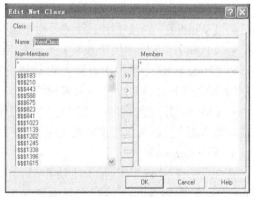

图 11-152　编辑网络类对话框

（4）选中电源网络标号，然后单击 > 按钮将选中的网络标号添加至"POWER"网络类，如图 11-153 所示。

（5）单击 OK 按钮，显示结果如图 11-154 所示。

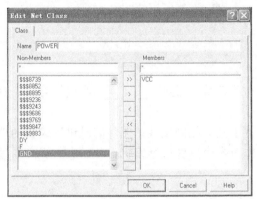

图 11-153　选中电源网络标号并添加至"POWER"网络类

图 11-154　显示结果

11.4.6　设置图纸标记

在当前设计的电路板设计中设置标记，可以实现在工作窗口中快速定位查找。Protel 99 SE 为了方便用户快速定位到电路板的某个区域，特地设置了 10 个定位标记，如图 11-155 所示。

打开 Protel 99 SE 安装文件中提供的"BOARD 1.ddb"数据库文件中的"Routed BOARD 1.pcb"，设置图纸标记。

（1）打开图 11-150 所示的 PCB 图。

（2）执行菜单命令【Edit】/【Jump】/【Set Location Marks】/【1】，鼠标光标变成十字形指针。

（3）将鼠标光标移到 U7 的 GND 管脚放置标记的位置，单击鼠标左键即可放置一个定位标记，如图 11-156 所示。

（4）执行菜单命令【Edit】/【Jump】/【Location Marks】/【1】，如图 11-157 所示。

设置图纸标记可以帮助快速定位到用户关注的图纸区域，这在电路板的设计过程中是非常有用的。

图 11-155　定位标记

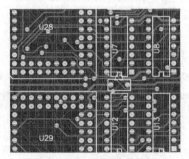

图 11-156　放置定位标记

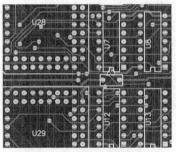

图 11-157　显示命令的结果

习　题

11-1　填空题

（1）调用应用原理图模板_____，提高_____。

（2）在特殊连线或引脚上放置印制电路板布线符号，通过_____将布线符号传递到印制电路板文件中，这样可以_____。

（3）对当前设计文档或整个数据库设计文件中具有相同属性的图件同时进行编辑的功能就是_____。利用_____可以通过一次操作对多个图件进行编辑，从而大大提高原理图设计效率，减少设计人员的工作量。

（4）所谓"放置屏蔽导线"指的就是_____。

（5）如果把屏蔽导线与地线连接起来，即将屏蔽导线的网络名称更改为与地线同样的网络名称，那么就称作为_____操作。

（6）在导线与焊点或过孔的连接处有一段过渡，过渡处成泪滴状，称为_____。

11-2　选择题

（1）更新当前模板的命令是（　　　）。

A.【Design】/【Template】/【Update】

B.【Design】/【Template】/【Setup Template File Name】

C.【Design】/【Template】/【Remove Current Template】

（2）系统默认的屏蔽导线的宽度为（　　　）。

A. 8mil　　　　　　　　　B. 10 mil　　　　　　　　　C. 20 mil

（3）Protel 99 SE 为了方便用户快速定位到电路板的某个区域，特地设置了（　　　）个定位标记。

A. 5　　　　　　　　　　B. 10　　　　　　　　　　C. 15

（4）与原理图编辑器一样，在 PCB 编辑器中也含有一个功能强大的全局编辑功能，其中的（　　　）选项卡用于设置元器件的属性。

A.【Properties】　　　　　B.【Designator】　　　　　C.【Comment】

11-3　如何应用原理图模板创建原理图？

11-4　全局编辑功能有什么好处？

11-5　利用全局编辑功能完成 Protel 99 SE 自带的原理图文件"4 Port UART and Line Drivers.sch"的节点大小和导线属性的更改。

11-6　阐述放置泪滴和屏蔽导线的意义。

11-7　实现全局编辑功能的基本步骤是什么？

11-8　利用 Protel 99 SE 自身提供的"Z80 Processor Board.pcb"文件实现放置泪滴操作。

11-9　利用 Protel 99 SE 自身提供的"Z80 Processor Board.pcb"文件完成隐藏电路板元器件参数。

本任务是完成一个线性电源模块电路板的设计，其原理结构图如图 F1-1 所示。

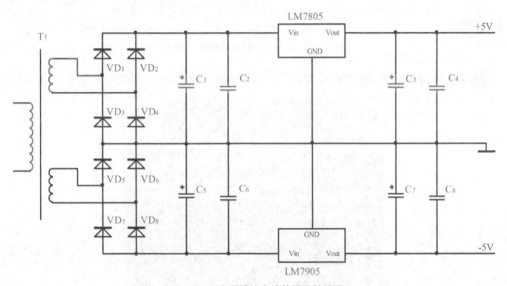

图 F1-1　电源模块电路的原理结构图

在图 F1-1 所示的电源模块电路原理结构图中，220V（或 380V）的交流电经变压器降压后，经由二极管组成的全桥整流电路后变为直流电压，然后经滤波电容输入到三端集成稳压器，最后在三端集成稳压器的输出端就可以得到稳定的直流电压输出。三端集成稳压器输入端和输出端的电容是用来改善稳压器的输入信号和提高输出电压性能的。

通常，在设计电源模块电路板时，由于交流变压器的体积和重量较大是不放置到电路板上的。因此，在进行原理图设计时，电源模块电路只包括集成整流块、滤波电容、三端集成稳压器及其散热器、输出滤波电容。同时，考虑到便于观察是否有电源输出，常常在输出端加上电源指示灯。

F1.1　设计目标

在本例中，首先需要完成电源模块电路的原理图设计，设计好的原理图如图 F1-2 所示。

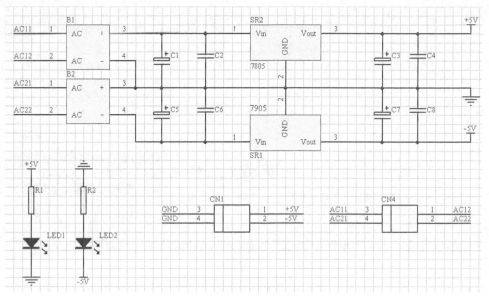

图 F1-2　设计好的电源模块电路原理图

其次，根据设计好的原理图完成电源模块电路板的设计，设计好的电路板如图 F1-3 所示。

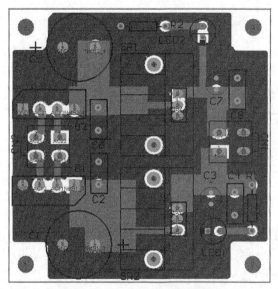

图 F1-3　设计好的电源模块电路板

F1.2　解题思路

对于一个电路板设计，主要分为原理图设计和电路板设计两个阶段。

在原理图设计阶段，原理图草图设计完成后，首先需要搞清楚电路板的电气性能、机械性能，接下来是进行芯片选型。一旦芯片确定下来后，就可以开始原理图的绘制了。如果系统提供的原理图库中没有合适的原理图符号，还需要先绘制原理图符号。

F1.3　绘制原理图符号

本例中需要绘制三端稳压源的原理图符号，如图 F1-4 所示，请注意三端稳压源 LM7805 和 LM7905 都采用相同的原理图符号。

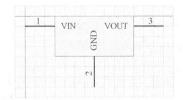

图 F1-4　设计好的三端稳压源的原理图符号

F1.4　原理图设计

在原理图设计时，请注意以下几点。

（1）由于本例中元器件相对较少，因此可以把主要的元器件一次放完。

（2）在放置元器件时，最好是为每个元器件编好序号，添加好元器件封装。按照常规的元器件序号编定方法，通常取元器件的首字母作为序号的头，后面用数字来表示该类元器件的个数，电阻通常为 "R?"，电容通常为 "C?"，而集成电路通常为 "U?"，其中 "？" 表示同类元器件个数的数字编号。

（3）原理图布线。布线时一定要注意布线的原则，较近的连线建议用导线，电源和接地连接建议用电源和接地符号，较远的连线建议使用网络标号。

F1.5　制作元器件封装

本例中需要制作三端稳压源 LM7805 和 LM7905 的元器件封装。虽然三端稳压源 LM7805 和 LM7905 使用相同的原理图符号，但是其元器件封装却不同，如图 F1-5 所示。

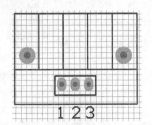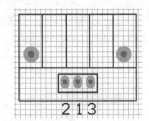

（a）三端稳压源 LM7805 的元器件封装　　　　（b）三端稳压源 LM7905 的元器件封装

图 F1-5　三端稳压源的元器件封装

三端稳压源 LM7805 和 LM7905 元器件封装的外形尺寸、焊盘大小、焊盘间距都相同，只是焊盘的序号不相同。

F1.6 电路板设计

电路板设计主要包括电路板设计准备工作、手工布局和布线、电路板地线覆铜，以及 DRC 设计检验等关键步骤。

F1.6.1 电路板设计准备工作

准备好的电源模块电路如图 F1-6 所示。

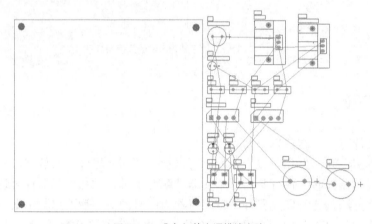

图 F1-6　准备好的电源模块电路

F1.6.2 电路板手工设计

本例中的元器件比较少，并且输入/输出接插件都需要放置在电路板的边缘，布线要求尽量宽，因此建议采用手工设计。

考虑到交流信号从接插件输入，经过整流、滤波后，再经三端稳压源稳压后通过接插件输出，元器件输入/输出对称。而且+5V 和–5V 的元器件也基本对称。因此，本例中元器件布局可以这样：交流信号从电路板的左边通过接插件输入，经过整流、滤波、稳压后再从电路板右端的接插件输出；+5V 和–5V 两路电源上下对称布局。电路板手工设计的结果如图 F1-7 所示。

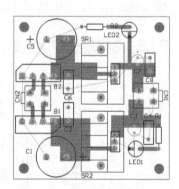

图 F1-7　电路板手工设计的结果

F1.6.3 电路板覆铜

电路板设计完成后，为了增加电路板抗干扰的性能，建议对地线网络进行覆铜。覆铜的结果如图 F1-3 所示。

F1.6.4 DRC 设计校验

电路板设计完成后，为了保证电路板设计正确无误，应当进行 DRC 设计校验。

本任务是完成一个电子开关电路的电路板设计。该电子开关主要由一个大功率的 MOS 管及其驱动、控制和电源模块构成，如图 F2-1 所示。其中，T1 和 T2 为 MOS 管，DC/DC1 为 24V 变 12V 的 DC/DC 模块，U1 为比较器 LM393，U2 为逻辑电路 4011。

F2.1 设计目标

在本例中，首先需要完成电子开关电路的原理图设计，设计好的原理图如图 F2-1 所示。

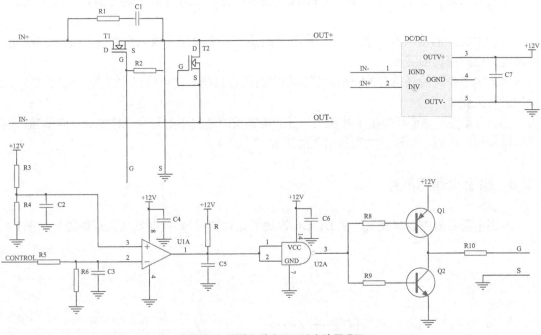

图 F2-1 设计好的电子开关电路原理图

其次，根据设计好的原理图完成电子开关电路的电路板设计，设计好的电路板如图 F2-2 所示。

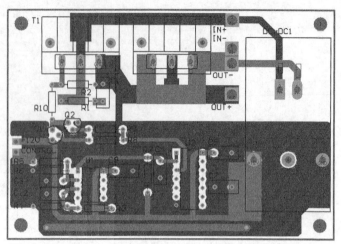

图 F2-2　设计好的电子开关电路的电路板

F2.2　解题思路

仔细分析电子开关电路的原理图，该电路板具有以下特点。

（1）该电路板为强弱电共存的电路板，要求强电和弱电之间应有足够的绝缘距离。

（2）该电路板中电子开关部分电路属于强电部分，要流过较大的电流，布线宽度应足够宽。

（3）主电路的输入/输出接口不宜采用接插件，可采用大焊盘来作为输入/输出引线孔，以满足大电流流过的需要。

（4）电子开关的开通与关断是由其控制电路通过推挽驱动电路来实现的，驱动电路应尽量靠近开关管 T1。

（5）为了提升电路板的抗干扰能力，驱动电路板的地线不能与主电路重合，应单独引线，并尽可能短，以防止地线公共阻抗引入的干扰。

F2.3　绘制原理图符号

本例中需要绘制24V变12V的DC/DC模块的原理图符号，绘制好的原理图符号如图F2-3所示。

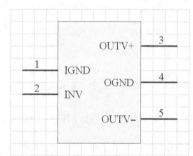

图 F2-3　设计好的 DC/DC 模块的原理图符号

F2.4 原理图设计

在原理图设计时，需要注意两点：第一，在放置元器件时，最好是为每个元器件编好序号，并且添加好元器件封装；第二，在原理图布线时，合理运用网络标号、电源和接地符号。

F2.5 制作元器件封装

本例中需要 DC/DC 模块和 MOS 管的元器件封装。DC/DC 模块的元器件封装如图 F2-4 所示，MOS 管的元器件封装如图 F2-5 所示。

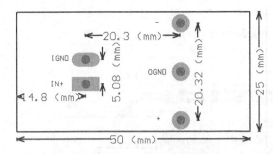

图 F2-4 DC/DC 模块的元器件封装

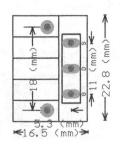

图 F2-5 MOS 管的元器件封装

制作元器件封装时，一定要精确地测量元器件的尺寸，准确绘制元器件的外形、焊盘间距、焊盘大小。

F2.6 电路板设计

电路板设计主要包括电路板设计准备工作、手工布局和布线、电路板地线覆铜以及 DRC 设计规则检验等关键步骤。

F2.6.1 电路板设计准备工作

准备好的电子开关电路如图 F2-6 所示。

F2.6.2 电路板手工设计

本例中考虑到电路板强弱电共存，需要保证强电和弱电之间的安全绝缘；同时，主电路要通过较大的电流，布线要求尽量宽，因此建议采用手工设计。

通过对原理图设计进行分析，可初步确定电路板的设计方案。

（1）首先设计主电路，对主电路进行布线。

（2）然后放置驱动电路。

（3）最后设计控制电路。

在对主电路布线的过程中，必须注意两点：第一，注意主电路不同导线之间的安全间距，不小于 3mm；第二，在安全间距允许的情况下，尽量增加主电路上导线的宽度，可能的话正反两面进行布线。

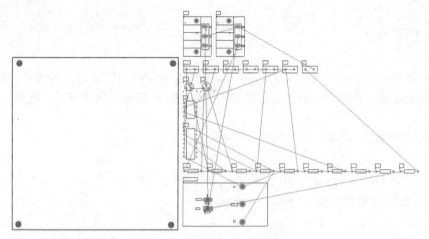

图 F2-6　准备好的电子开关电路

电路板手工设计的结果如图 **F2-7** 所示。

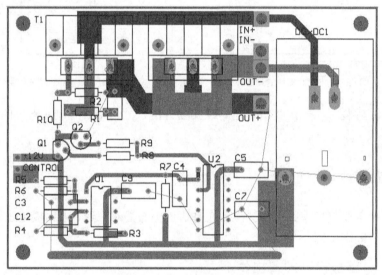

图 F2-7　电路板手工设计的结果

F2.6.3　电路板覆铜

电路板设计完成后，为了增加电路板抗干扰的性能，建议对地线网络进行覆铜。覆铜的结果如图 **F2-3** 所示。

F2.6.4　DRC 设计校验

电路板设计完成后，为了保证电路板设计正确无误，应当进行 DRC 设计校验。

课程设计三 电动自行车控制器设计

电动自行车是近年来发展起来的一种新产品，它采用电力为辅助动力能源，在保留了自行车全部功能的基础上，可以使用洁净的电动能源，大大延长了"自行车"的交通距离，是非常适合广大百姓的个人交通工具，而且与大交通发展并无冲突，互为补充。它是城市化进程中一支不可空缺的生力军。

电动自行车以轻便、安全、环保、使用费用低等显著优点倍受消费者青睐。其逐步替代传统的自行车已是必然的趋势。

F3.1　工作原理

电动自行车是具有电力驱动、脚踏驱动、电力和脚踏并用等功效的绿色环保交通工具。

电动自行车的原理和结构都不复杂，可以认为是在自行车的基础上加一套电机驱动机构组成，如图F3-1所示。蓄电池经过一个控制器给一个电机送电，电机放在后车轮中，电机的旋转带动自行车的行进。电动自行车的控制器连接一个调速手柄，在脚踏中轴上装有助力传感器，转动调速手柄可以让控制器检测到不同的电压值，控制器根据电压值大小，模拟调节输送给电机电压的高低，从而控制了电机的转速。

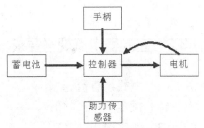

图 F3-1　电动自行车控制方框图

控制器无刷电机控制的方法是根据电机的位置反馈信号，控制电机三相驱动上下臂 MOS 管的导通和截止，从而实现电子换向。电机为三角形连接，如图F3-2所示，三相驱动上下臂各 MOS 管导通顺序组合为：V1-V2，V2-V3，V3-V4，V5-V4，V5-V6，V1-V6。

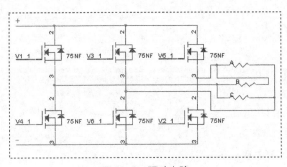

图 F3-2　驱动电路

F3.2 系统方框图

电动自行车采用批 PIC16F72 作为主控 MCU。MCU 主要任务是进行调速电压检测，电池电压检测，电流检测，过流中断检测，3 路霍尔位置信号检测，1 路霍尔位置信号中断检测，刹车信号检测，1∶1 助力检测，温度检测，故障显示输出，PWM 控制电机转速输出，6 路电机驱动输出，系统方框图如图 F3-3 所示。

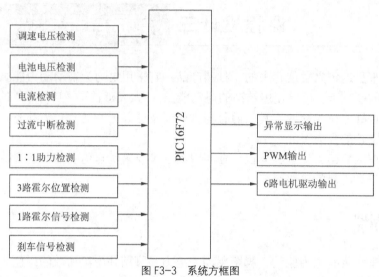

图 F3-3 系统方框图

F3.3 控制器电气规格要求

（1）型式：直流无刷。
（2）额定功率：240W。
（3）额定电压：36V。
（4）额定转速：210R/MIN。
（5）额定扭矩：8.5N·M。
（6）欠压保护：31.5±0.5V。
（7）过流保护：15±1A。

F3.4 控制器功能介绍

控制器的基本功能如下。
- 1∶1 助力。
- 刹车断电，刹车灯供电。
- 自动巡航。
- 欠压保护（31.5V±0.5）。
- 电子刹车。

- 休眠省电功能。
- 过流保护（限流为 15A±1）。
- 堵转断流（倒转，转把复位，重电源，自动复位）。

1．1∶1 助力

1∶1 助力，是指在没有旋转调速车把，电动车电池打开时，电动车会根据骑行者的骑行速度提供 1∶1 助力。

2．电子刹车

电子刹车，就是指在刹车时能做到让电机的驱动 MOS 管上臂（或者下臂）全部导通而下臂（或者上臂）截止，电机三相接线全部短接，能使电机产生阻力，达到刹车的效果。

3．自动巡航

自动巡航，是指把调速车把转到所需的角度，电动自行车达到相应车速后，在 5S（时间可变）内调速车把不转动，则电动自行车就保持在这个速度行驶，这时骑行者可以松开调速车把，免去手一直拧着调速车把之累。自动巡航后只有松开调速车把，并重新旋转调速车把，才可以再次调节电动自行车的行驶速度。

4．堵转断流

堵转断流，是指电动自行车超载时，或是在爬坡时电流过大或者是阻力过大时，导致电机停止转动，系统能检测到这种现象，停止对电机的输出，起到保护作用。发生堵转断流后，只要满足倒转，复位调速车把或电源关闭后再重新打开，3 个条件中的一个，系统会重新检测是否有堵转，如果恢复正常，系统会重新正常工作。

5．智能过流保护

智能过流保护，一是指在高速时（平坦的道路上），最大电流不可以超过 15A；二是速度很低时，尤其是在爬坡时电流不可以超过 23A，过流保护的参考极限电流跟当前车速有关。

6．智能欠压保护

智能欠压保护，当蓄电池电压降至额定值的 90%，36V 电池降为 31.5V 时，电池自动停止供电，从而防止蓄电池放电过深，受到损害。系统会自动检测电池是否欠压，欠压会停止继续工作。在电池欠压停止工作时，会出现电池电压短时间回升，虽然超过欠压的电压值，但系统应不工作，只有当电池电压稳定到额定电压以上，电动自行车才开始正常工作。

7．休眠省电

当系统在通电状态下，无任何操作，5 分钟后会进入到休眠模式，人为转动车轮便可以唤醒系统，继续正常工作。

F3.5　控制器的结构图

控制器的结构如图 F3-4 所示。

图 F3-4　控制器的结构

利用 PIC16F72 单片机完成电动自行车控制器原理图设计及显示仪表的设计。由原理图实现电路板的设计。控制器原理图和显示仪表原理图如图 F3-5 和图 F3-6 所示，电路板如图 F3-7 所示。

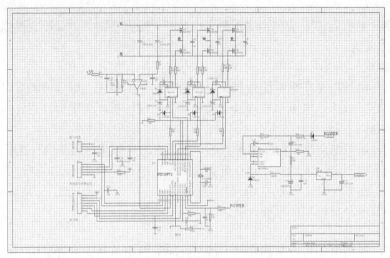

图 F3-5　控制器的原理图

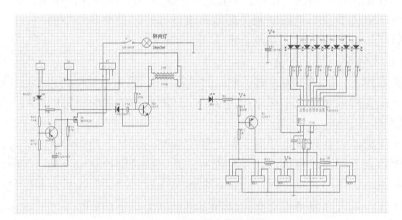

图 F3-6　显示仪表的原理图

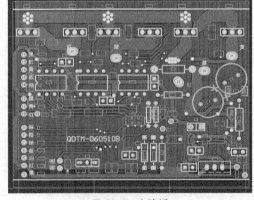

图 F3-7　电路板

前面的章节中已经列举了一个两层板和一个4层板的设计实例,这两种板层结构是目前 PCB 中最常用的。但是对于一些电路结构更复杂、布局更紧凑、布线更密集以及电磁兼容性要求更高的 PCB 来说,采用6层板或者层数更多的电路板是更好的选择,这样虽然会带来成本的上升,但是由此设计出的电路板往往会更可靠、更稳定。

F4.1　功能要求

完成一个6层板设计,主处理器采用 DSP+FPGA 的电路板设计实例,该电路板的功能是实现数据的采集,并经过 DSP 的处理之后驱动液晶屏幕显示,通过 FPGA 芯片实现数据的存储和中转,并实现整体的协调和同步。其他还有一些外围电路如信号调制、AD 采样、时钟发生和系统复位等。

F4.2　原理图设计

(1)设计者在绘制印制板之前,第一步仍然是完成对电路原理图的设计和检查。本课程设计 PCB 设计项目的电路原理图采用层次原理图绘制,其顶层电路如图 F4-1 所示。

(2)在该顶层电路中,电路按功能将被设计者划分为6个模块,分别是"DSP&FPGA"主处理器芯片模块、"Analog"模拟信号调制模块、"Clock"时钟发生模块、"ADC"采样转换模块、"Reset"电源及复位电路模块和"Max232"串口通信模块。划分好各模块并确定相互之间的连接关系后,用总线和导线完成各方块图之间的连接。

图 F4-1 给出的是最终完成的顶层项目文件,所有的方块图接口已添加完善。读者在刚开始设计时,可能并没有将所有的接口都考虑完全,这并没有关系,在绘制具体的下层电路图时,用户可以根据电路需要设置 I/O 端口,完成电路设计后,再在顶层电路上添加完善所有的方块图接口即可。

(3)采用方块图生成电路图的方法绘制下层电路。在顶层项目文件(Top.pjt)编辑界面下执行菜单命令【Design】/【Create Sheet From Symbol】,并在"DSP&FPGA"方块图上单击鼠标左键,系统弹出确认 I/O 端口是否反向的对话框,如图 F4-2 所示,单击该对话框的 No 按钮,系统会自动生成一个名为"DSP&FPGA.Sch"的原理图文件,在此原理图中已添加了电路 I/O 端口,并且 I/O 端口的输入/输出方向与方块图接口相同,如图 F4-3 所示。

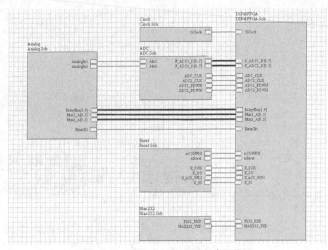

图 F4-1　设计项目的顶层电路原理图

图 F4-2　确认 I/O 端口是否反向

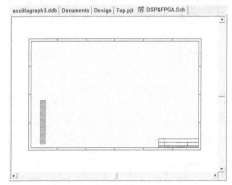

图 F4-3　通过方块图生成下层电路图

（4）在下层电路图中绘制具体的电路，此处无法绘出完整的下层电路图，给出其中一些典型的电路配置，以供参考，如图 F4-4 所示。

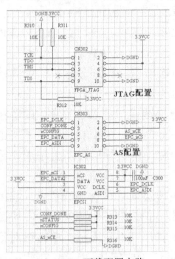

（a）FPGA 下载配置电路

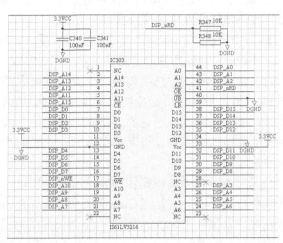

（b）32K×16 位 RAM 配置电路

图 F4-4　典型电路模块

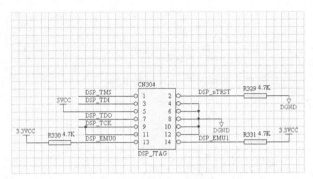

（c）DSP JTAG 下载电路

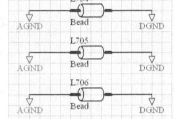

（d）统一地电位

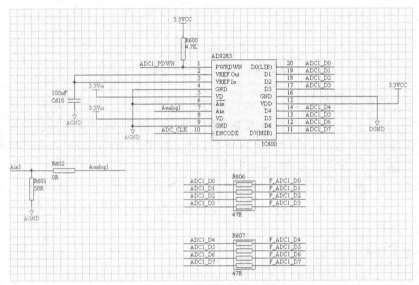

（e）一路信号的 ADC 采样转换电路

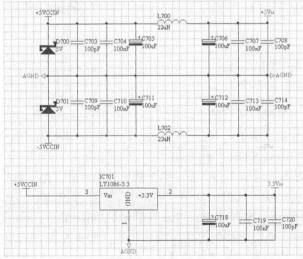

（f）电源转换及滤波电路

图 F4-4 典型电路模块（续图 1）

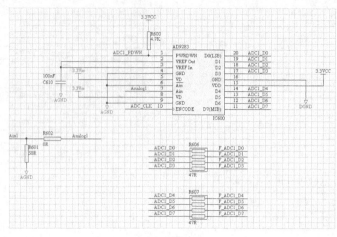

（g）复位电路

图F4-4　典型电路模块（续图2）

（5）绘制完所有的下层电路图后，再次检查电路I/O端口与上层的方框图接口是否对应，设计者此时可以采用下层电路图生成方块图的方法确保所有的端口在顶层电路中已添加完毕。具体方法是在顶层电路上执行菜单命令【Design】/【Create Symbol From Sheet】，在弹出的对话框中选择下层电路图，如图F4-5所示。

（6）单击 OK 按钮后系统会弹出确认接口是否反向的对话框，如图 F4-6 所示，单击 No 按钮（接口的输入/输出方向不变），鼠标光标变成十字形，在顶层电路的合适位置单击鼠标左键，放置方块图。

图 F4-5　选择下层电路图

图 F4-6　确认输入/输出方向是否改变

（7）用同样的方法放置完所有的方块图之后，再调整各方块图的布局并完成相互之间的连线，则顶层电路就绘制完毕了，如图F4-1所示。这种方法就是前面曾提到的"自顶向下"和"自底向上"结合的绘制方法。

（8）完成电路原理图的绘制之后，进行电气规则检查。执行菜单命令【Tools】/【ERC...】，系统弹出电气规则检查设置对话框，如图 F4-7 所示。在弹出的电气规则检查设置对话框的【Net Identifier Scope】栏下，选择【Sheet Symbol/Port Connection】项，即表明进行 ERC 检查时，电路I/O端口仅与其上层电路的方块图接口相连，即只在各自的电路图中有效。

（9）该项通常与生成网络表对话框的【Net Identifier Scope】（网络标识范围）的选项相同。在【Sheets to Netlist】选项下选择【Active project】项，即表明对该项目的所有电路图均进行电气规则检查。该对话框的其他选项均采用系统默认设置，设置完毕后单击 OK 按钮，进行电气规则检查并生成报告文件。

（10）在完成电路原理图检查并确认无误后，即可生成项目文件的网络表。在顶层项目文件的编辑界面下执行菜单命令【Design】/【Create Netlist…】，弹出网络表生成对话框，如图 F4-8 所示。在该对话框中的【Sheets to Netlist】项下选择【Active project】项，【Net Identifier Scope】项选择【Sheet Symbol/Port Connection】项，其具体含义前面已有解释，此处不再赘述。设置完毕后单击 OK 按钮，生成当前项目的网络表"Top.NET"文件。

图 F4-7　电气规则检查设置对话框

图 F4-8　网络表生成对话框

F4.3　电路板设计

（1）在设计项目文件夹"Documents"下新建一个 PCB 文件并命名为"oscillograph.PCB"，然后双击该文件进入 PCB 编辑界面。首先将当前工作层切换到禁止布线层（KeepOutLayer），利用绘制直线工具绘制印刷电路板板框。由于机械结构上的原因，该电路板的尺寸在设计之前已基本确定，根据尺寸要求绘制的印制板板框如图 F4-9 所示。

（2）完成对电路板的规划后，用户需在【Browse PCB】栏下的【Libraries】选项下添加所需的 PCB 库文件。除了系统自带的元件库"PCB Footprints.lib"之外，此处读者还需要添加一个名为"SO IPC.lib"的系统元件库，里面含有常用的贴片 IC 的封装。另外还需要添加自建的"oscillograph.lib"PCB 库文件，里面包含一些特殊元件的封装，其路径就在当前设计数据库的"Documents"文件夹下。

（3）添加 PCB 设计所需的元件封装库后，载入网络表。执行菜单命令【Design】/【Load Nets…】，在弹出的网络表载入对话框中选择生成的网络表文件"Top.NET"，如果系统提示没有错误，那么单击 Execute 按钮执行载入，此时电路板的所有元件及其连接关系就会出现在 PCB 编辑界面下。如果系统提示有错误，那么设计者可以在列表栏单击鼠标右键，在弹出的列表中选择【Report】命令，如图 F4-10 所示，即可生成网络表的报告文件，用户通过该文件可以方便地查看网络表的错误并进行更正，如图 F4-11 所示。

（4）导入正确的网络表之后，下一步需要完成的工作就是对元件进行布局了。同样用户可先隐藏元件之间的预拉线（Connections），并隐藏元件的标注（Comment），然后进行元件的布局。本例采用手工布局的方式布局，设计者在布局的时候应注意遵循前面归纳的多层 PCB 布局原则，例如使用同一类型电源和地网络的元件应尽量集中放置；核心元件布置在 PCB 的中央，外围元件围绕核心元件进行布置；数字电路和模拟电路尽量分开，之间留有一定的隔离带；接口元件应正确摆放并布置在电路板的边缘等。布局初步完成后的 PCB 如图 F4-12 所示。

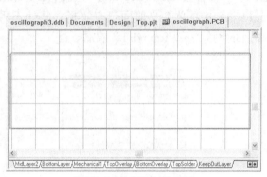

图 F4-9　绘制印制板板框

图 F4-10　生成载入网络表报告文件

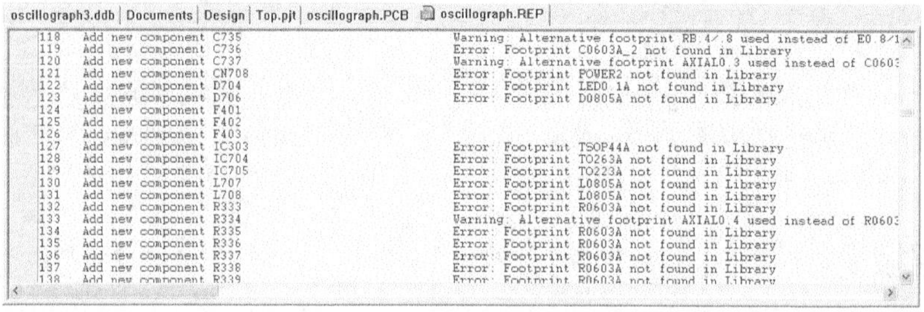

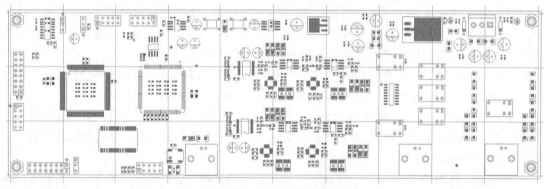

图 F4-11　网络表报告文件示意图

图 F4-12　元件布局示意图

图 F4-12 所示的只是布局初步完成后的示意图，此处考虑的重点是元件之间的相互位置以及整板的整齐美观。在布线的时候，还会根据连线的情况对布局做适当的调整，以方便走线。

（5）内层定义及设置。在前面讲解 4 层板的设计实例时，将对内电层的定义及分割安排在布线（信号线）之后，这是因为对于 4 层板（中间含有两个内电层）PCB 来说，信号线只能在顶层和底层完成连接，故内层的处理可以放在布线之后。但是对于 6 层板这种还含有中间信号层的 PCB 而言，对内层的定义及设置应当放在布线之前。定义好合适的板层结构后，设计者在走线时可以灵活地选择在哪个层面布线。本例的板层设置如图 F4-13 所示。

通过图 F4-13 所示的板层结构可见，该 PCB 有 3 个信号层，即【TopLayer】、【MidLayer1】

和【BottomLayer】，3 个内电层，即【DGND】、【Power】和【AGND】，由于 DGND 层面专门用于铺设"DGND"地网络，所以用户在定义内电层的时候可以直接选择该内电层连接的网络为"DGND"，如图 F4-14 所示。

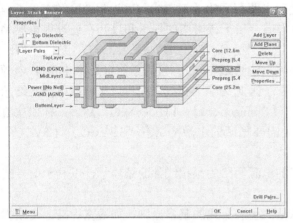

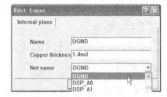

图 F4-13 板层结构设置   图 F4-14 在定义内电层的时候选择连接的网络

【AGND】层面同样也可专用于布设"AGND"网络，这就是前面章节提到的将不同类型的地分布在不同的内电层层面，这样可使电磁兼容性更好。另外，这种板层结构的设置还满足了多项分层原则，例如电源平面和地平面紧密耦合以及每个信号层都与一个内电层相邻等。中间信号层【MidLayer1】介于地平面和电源平面之间，由此可以用来布放地址线和数据线等高速并行总线，这样能够有效抑制这些高速信号线对别的线路产生的干扰。

（6）内层定义完成后，下一步要完成的工作就是布线了。布线之前，设计者首先需要定义与布线相关的设计规则。本例中定义的与布线相关的设计规则如图 F4-15 所示，在【Clearance Constraint】约束项中，除了设置一项整板的最小间距为 9mil 的规则之外，还设置了一项与"覆铜"相关的设计规则。我们之前已经提过，覆铜应与非同名网络的图件保持较大的安全距离，以确保不会发生短路或者电气绝缘被击穿的危险，故此处设置覆铜与非同名网络的图件的最小间距为 15mil，如图 F4-15（a）所示。在另一项【Width Constraint】间距约束项中，如图 F4-15（b）所示，也设置了两条规则，其中"电源网络类"的最小线宽设置为 20mil，其他网络的最小线宽为 10mil。

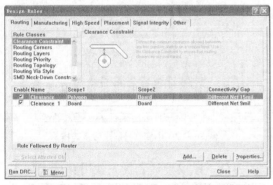

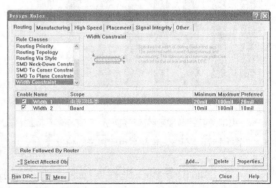

（a）【Clearance Constraint】（间距约束）设置   （b）【Width Constraint】（走线宽度约束）设置

图 F4-15 与布线相关的设计规则定义

虽然在板层定义的时候设置了一层电源网络层 Power，但是可能存在并非所有的电源网络都能通过内电层完成连接的情况，故此处定义一项适用范围为"电源网络类"的走线宽度约束，确保电源网络的线宽在允许范围之类。

（7）用户在完成对设计规则的定义之后，即可开始手工布线。因为此处已经定义了两个网络分别为"DGND"和"AGND"的内电层，属于该网络的焊盘和过孔在通过内电层的时候已连接上对应的网络，所以布线之前可以不必隐藏"DGND"和"AGND"这两个网络的预拉线（实际上这两个网络的预拉线已经被系统隐藏显示）。但是之前定义的 Power 电源平面并没有指定网络（需要被分割为多个区域），因此在手工布线之前可以先隐藏电源网络的预拉线，具体方法是执行菜单命令【View】/【Connections】/【Hide Net】，然后鼠标依次单击需要隐藏的网络，如图 F4-16 所示，此处需要隐藏的电源网络有"3.3VCC""1.5VCC"和"+5VCCIN"等。

通常用户可以将通过内电层完成连接的电源网络的预拉线都隐藏显示，以利于信号线走线的清晰和简化。

（8）在手工布线时，需要遵循前面总结的手工布线的基本原则，如线宽标准、走线拐角等。除此之外，在多层 PCB 布线时，还需要从总体上分析哪些信号线布置在中间信号层（MidLayer）。根据前面的介绍，读者可以将一些特殊信号线（如高速数据线及时钟信号线等）布置在中间信号层。本课程设计对信号层布线的初步规划是：DSP、RAM 和 FPGA 3 者之间相互连接的数据总线、地址总线在中间信号层（MidLayer1），时钟输出线也布置在中间层；另外在线路密集、走线难以布通的情况下，可以再根据实际情况安排一些线路通过中间层连接，这部分线路主要集中在数字电路部分，故【MidLayer1】主要是数字信号的走线层，这样也起到了与模拟信号隔离和抑制干扰的作用。

本课程设计先在【MidLay1】层对数据总线和地址总线进行布线，与中间信号层的走线与顶层、底层走线并无本质上的区别，只是线条的颜色有所不同，以示区别。在与其他层面的导线进行连接的时候，同样需要放置焊盘或者过孔，如图 F4-17 所示。

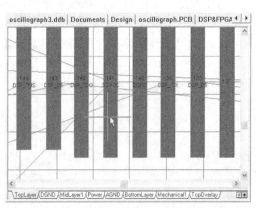

图 F4-16　布线之前隐藏电源网络的预拉线

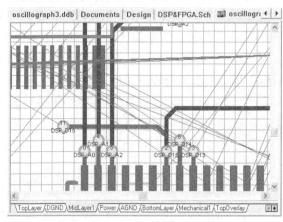

图 F4-17　中间信号层走线及连接

不同层面的导线在进行连接时，为了制造上的方便，建议设计者优先使用穿透式焊盘，尽量少用或不使用过孔。在使用过孔时，要注意选择过孔的起始层面和终止层面，如图 F4-18所示。如果起始层面为【TopLayer】，而终止层面为【BottomLayer】，那么过孔就是通孔，与焊盘并无太大区别，只是内孔的颜色不同；如果过孔不是通孔而是盲孔或者半盲孔的话，那么内孔的颜色是起始层面的颜色和终止层面的颜色各占半个圆，以标识过孔所连通的层面，如图 F4-19 所示。

图 F4-18 选择过孔的起始和终止层面

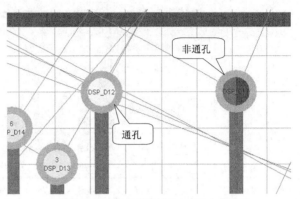

图 F4-19 不同类型的过孔在 PCB 上的指示

如果用户使用的是过孔而不是通孔的话，为了防止设计规则的冲突，还有一项设置需要定义。执行菜单命令【Design】/【Layer Stack Manager…】，在弹出的层堆栈管理器对话框中单击 Drill Pairs.. 按钮，弹出如图 F4-20 所示的钻孔成对管理器对话框。

在图 F4-20 所示的【Drill-Pair Manager】对话框中可以看到，系统已经默认存在一个从顶层（TopLayer）到底层（BottomLayer）的钻孔对，并且该项不能被删除（Delete）。如果设计者需要在 PCB 上使用盲孔或半盲孔等类型的过孔的话，那么首先需要在该对话框中定义钻孔的起始和终止层面，例如在图 F4-18 中使用了一个起始层面为【TopLayer】，终止层面为【MidLayer1】的过孔，那么此处就需要添加（Add）一项钻孔对定义，如图 F4-21 所示。

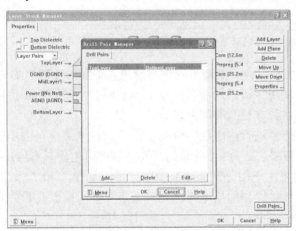

图 F4-20 钻孔成对管理器对话框

图 F4-21 添加新的钻孔对定义

如果此处没有定义钻孔对就使用了非通孔的话，那么过孔的周围会以绿色高亮显示，指示此处违反了层成对的设计规则，如图 F4-22 所示。该规则在设计规则定义对话框的【Manufacturing】选项卡的【Layer Pairs】选项下，双击该项规则，弹出图 F4-23 所示的对话框。如果用户选中了【Enforce Layer Pairs】（强制层成对）选项，那么用户在使用非通孔时就必须先在层堆栈管理器中定义【Drill Pairs】，否则就会出现图 F4-22 所示的错误指示。

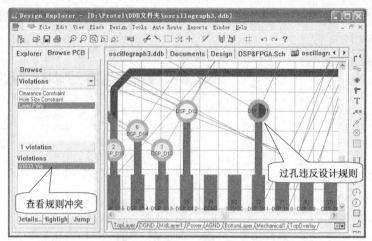

图 F4-22　过孔违反层成对（Layer Pairs）设计规则

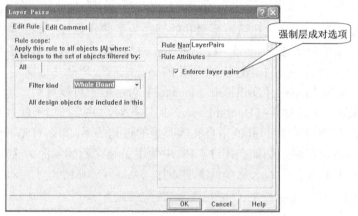

图 F4-23　【Layer Pairs】（层成对）规则定义

通过上面的介绍，可以看到使用过孔不仅会给制造过程带来麻烦，而且在绘制 PCB 的时候也很不方便，所以我们多次强调优先使用穿透式焊盘（MultiLayer Pad），最好不要使用过孔，尤其是要避免使用盲孔和半盲孔等这种非通孔类型的过孔。

（9）信号线布线完成后，下一步就需要进行内电层的分割工作了。在本例中，由于有两个内电层（"DGND"和"AGND"层面）不需要进行分割，故此处需要分割的内电层只有【Power】层面，根据电源使用情况的不同，依次将内电层分割为"3.3VCC""1.5VCC"和"5VCC"等几个相互隔离的区域。内电层分割的具体操作此处不再详述，读者可参考前面几章的实例进行设置。

（10）内电层分割完成后，在信号层上将不能通过内电层连接的电源网络和地网络通过走线连接到最近的节点上，以完成所有的网络连接。同样，设计者可以采用只显示"Connections"层面的方法检查是否存在未完成的连线，另外还可以运行设计规则检查命令【Tools】/【Design Rules Check…】进行检查。

（11）执行补泪滴和覆铜等一些辅助性操作，完成之后再次执行全面的设计规则检查，如果报告没有错误，那么一块6层 PCB 就基本设计完成了。

（12）完成后续的处理工作，如输出需要的电路板信息、打印与存盘等。